ENCYCLOPÉDIE

DES

TRAVAUX PUBLICS

Fondée par **M.-C. LECHALAS**, Inspr génal des Ponts et Chaussées

Médaille d'or à l'Exposition universelle de 1889.

PORTS MARITIMES

PAR

F. LAROCHE

INSPECTEUR GÉNÉRAL
PROFESSEUR DU COURS DE TRAVAUX MARITIMES
A L'ÉCOLE NATIONALE DES PONTS ET CHAUSSÉES

TOME SECOND

TEXTE

PARIS
LIBRAIRIE POLYTECHNIQUE
BAUDRY ET Cie, LIBRAIRES-ÉDITEURS
15, RUE DES SAINTS-PÈRES
MÊME MAISON A LIÈGE

1893

ENCYCLOPÉDIE DES TRAVAUX PUBLICS

PORTS MARITIMES

ERRATA

Pages	Lignes	au lieu de :	lire :
27	titre	chap. IV	chap. VI
43	3	bass ns	bassins
48	4	p. 40	p. 49
92	dernière	bassiu d	bassin de
119	d°	reste encore	reste encore à
129	d°	artie	partie
175	2	par exemple	(par exemple
199	titre	Sect. IV	Sect. VI
d°	1	d' vril	d'avril
210	12	'emploi	l'emploi
215	20	stabili é	stabilité
326	dernière	croquis ci-dessous et page suivante	croquis p. 327 et 328
393	croquis intitulé plau	Le croquis doit-être retourné de 180°	
398	20	qu'il puisse être résolue	qu'il puisse être résolu
429	2	Tancar-ville	Tancarville

ENCYCLOPÉDIE
DES
TRAVAUX PUBLICS
Fondée par M.-C. LECHALAS, Inspr génal des Ponts et Chaussées.
Médaille d'or à l'Exposition universelle de 1889.

PORTS MARITIMES

PAR

F. LAROCHE
INSPECTEUR GÉNÉRAL
PROFESSEUR DU COURS DE TRAVAUX MARITIMES
A L'ÉCOLE NATIONALE DES PONTS ET CHAUSSÉES

TOME SECOND

TEXTE

PARIS
LIBRAIRIE POLYTECHNIQUE
BAUDRY ET Cie, LIBRAIRES-ÉDITEURS
15, RUE DES SAINTS-PÈRES
MÊME MAISON A LIÈGE

1893

TABLE DES MATIÈRES

CHAPITRE VI

MOYENS D'OBTENIR ET D'ENTRETENIR LES PROFONDEURS DANS LES PORTS

PAGES

CHAPITRE VII

OUVRAGES ET APPAREILS POUR LA RÉPARATION DES NAVIRES

§ 2. — Exécution des fondations.

§ 3. — Exécution des maçonneries.

PAGES

SECTION III. — SYSTÈMES DE FERMETURE DES BASSINS DE RADOUB.

§ 1er. — Comparaison des systèmes employés.

§ 2. — Des bateaux-portes.

SECTION IV. — ÉPUISEMENT DES BASSINS DE RADOUB.

§ 1er. — Données générales du problème.

PAGES

§ 2. — Des machines motrices.

§ 3. — Des pompes d'épuisement.

§ 4. — Puisards.

SECTION V. — DES CALES DE HALAGE.

§ 1er. — Cales de construction ou de lancement.

§ 2. — Cales de halage.

SECTION VI. — APPAREILS ÉLÉVATEURS.

SECTION VII. — APPAREILS DE RADOUB FLOTTANTS OU FORMES FLOTTANTES.

ANNEXE DU CHAPITRE VII

SECTION III. — *Systèmes de fermeture des bassins de radoub.*

SECTION IV. — *Épuisement des bassins de radoub.*

SECTION VII. — *Appareils de radoub flottants.*

ANNEXE N° 1

CALCUL DU BATEAU-PORTE DE LA FORME N° 2 DE LORIENT

ANNEXE N° 2

PORT DE CALAIS

ONCOURS POUR L'ÉTABLISSEMENT DES MACHINES D'ÉPUISEMENT ET APPAREILS ACCESSOIRES DES PUISARDS DE LA FORME DE RADOUB

ANNEXE N° 3

RÉSUMÉ

DE LA SOLUTION PROPOSÉE PAR LA MAISON FARCOT AU PORT DU HAVRE POUR L'ÉPUISEMENT DES FORMES DE RADOUB

ANNEXE N° 4

NOTE SUR LE DOCK FLOTTANT DE SAÏGON

CHAPITRE VIII

DÉFENSE DES COTES

§ 1er. — Défense des falaises.

§ 2. — Défense des plages meubles.

§ 3. — Des épis.

§ 4. — Des revêtements du rivage et des digues.

CHAPITRE IX

ÉCLAIRAGE ET BALISAGE DES COTES

ANNEXES DU CHAPITRE IX

ÉCLAIRAGE ET BALISAGE DES COTES

ANNEXE N° 1

ANNEXE N° 2

NOTE

SUR LA CONSTRUCTION D'UNE TOUR-BALISE SUR L'ÉCUEIL DE LA PETITE-BARGE

PAGES

ANNEXE N° 3

ANNEXE N° 4

CHAPITRE X

EXPLOITATION DES PORTS

§ 4. — **Des taxes.**

CHAPITRE XI

CANAUX MARITIMES

CORBEIL. — IMPRIMERIE CRÉTÉ DE L'ARBRE

PORTS MARITIMES

CHAPITRE VI : *MOYENS D'OBTENIR ET D'ENTRETENIR LA PROFONDEUR DANS LES PORTS.*

CHAPITRE VII : *OUVRAGES ET APPAREILS POUR LA RÉPARATION DES NAVIRES.*

CHAPITRE VIII : *DÉFENSE DES COTES.*

CHAPITRE IX : *ÉCLAIRAGE ET BALISAGE DES COTES.*

CHAPITRE X : *EXPLOITATION DES PORTS.*

CHAPITRE XI : *CANAUX MARITIMES.*

CHAPITRE VI

MOYENS D'OBTENIR ET D'ENTRETENIR LA PROFONDEUR DANS LES PORTS

314. Observations générales. — Les procédés employés pour l'entretien des profondeurs à l'intérieur des ports, c'est-à-dire en dedans de la ligne des musoirs des jetées, ne diffèrent pas de ceux auxquels on recourt dans le même but au large de l'entrée, savoir :

1° Les chasses naturelles et artificielles ;

2° Les dragages et les dérochements.

Les ports sans marée pouvant être assimilés, d'une manière générale, aux avant-ports ou aux bassins à flot des ports à marée, on s'occupera surtout du maintien des profondeurs dans ceux-ci.

315. Des ports à marée. — Il y a lieu de distinguer :

1° Le chenal ou l'avant-port extérieur, compris entre les jetées qui s'avancent en mer ;

2° L'avant-port intérieur soumis au libre mouvement de la marée ;

3° Les bassins à flot et leurs chenaux d'accès.

316. Chenal extérieur. — Deux cas se présentent : 1° les jetées sont parallèles, ou du moins forment entre elles un chenal d'une largeur à peu près uniforme ;

2° Les jetées sont convergentes, c'est-à-dire très écartées à leur enracinement au rivage et se rapprochent l'une de l'autre près des musoirs. On verra, tout à l'heure, par suite de quelles considérations on est souvent conduit, aujourd'hui, à préférer les jetées convergentes aux jetées parallèles.

317. Jetées parallèles. Chasses. — Lorsque l'on doit compter exclusivement sur l'action des courants pour maintenir la profondeur du chenal extérieur, il convient de ne pas trop écarter les jetées, de façon à concentrer les eaux dans un lit suffisamment étroit qu'elles pourront balayer.

C'est pour ce motif que la plupart des anciens ports ont un chenal peu large, offrant à peu près la même section qu'avait primitivement (c'est-à-dire avant tout travail de main d'homme) le débouché naturel de l'estuaire où le port a été établi.

Cette disposition a donné et donne des résultats satisfaisants, en ce sens que les chasses naturelles ou artificielles maintiennent entre les jetées des profondeurs égales à celles des chenaux de l'estuaire à l'amont

Cet état de choses a paru très convenable tant que l'on ne disposait que des courants pour entretenir la profondeur de la passe sur la barre ; car, à cette époque, le chenal entre les jetées offrait, à mer basse, beaucoup plus d'eau (de $1^m,50$ à $2^m,50$ par exemple) que la passe.

Toutefois, en ce qui concerne l'effet des chasses

artificielles sur le chenal extérieur, on présente l'observation suivante :

La chasse fonctionnant près du moment de la basse mer (c'est-à-dire vers la fin du jusant), la vase qu'elle entraîne n'est pas emmenée bien loin au large et elle est bientôt ramenée, au moins en partie, dans le chenal, à marée montante, au commencement du flot. La chasse artificielle ne cure donc pas le chenal, elle se borne à remuer la vase.

Cette critique est fondée ; cependant, l'effet de ce déplacement alternatif peut être favorable dans certains cas, comme on le verra plus loin. Il maintient, en effet, la plus grande partie de la vase en suspension et il empêche, en tout cas, qu'elle n'acquière une compacité telle que les courants ne puissent plus l'entraîner.

Depuis qu'on est parvenu, au moyen de dragages sur la barre, à donner à la passe une profondeur plus grande que celle que maintenaient les courants agissant seuls, et quelquefois même supérieure à celle du chenal entre les jetées, la question de l'approfondissement de ce chenal a été étudiée à son tour.

Or, pour les motifs déjà expliqués, on ne pouvait guère songer à augmenter la puissance des chasses naturelles ou artificielles, et cependant le chenal avait besoin d'être non seulement approfondi, mais encore notablement élargi.

On dut donc recourir aux dragages pour satisfaire à cette double condition, et c'est ce que l'on fit avec succès.

Mais, puisque l'élargissement du chenal comportait le déplacement des anciennes jetées, un nouveau problème se présentait, celui de la position à donner aux jetées à établir.

Le plus souvent, on se borne, par raison d'économie, à ne déplacer qu'une jetée parallèlement à elle-même; mais, lorsque les circonstances le permettent, notamment lorsque l'on construit un nouveau port, on préfère généralement aujourd'hui adopter des jetées convergentes.

318. Jetées convergentes. Dragages. — Quand le chenal compris entre les jetées n'est pas balayé par des courants capables d'y entretenir une profondeur convenable, il n'y a pas de motifs, au point de vue nautique, pour faire les jetées parallèles.

Il y a, au contraire, intérêt, surtout quand les jetées doivent être très longues et atteindre de grandes profondeurs, à les disposer de façon à ce qu'elles embrassent un vaste avant-port extérieur, qui sera une véritable rade.

On obtient ce résultat en laissant une grande distance entre les enracinements et en ne rapprochant que progressivement les deux jetées, jusqu'à ramener les musoirs à l'écartement voulu.

Cette disposition offre de nombreux avantages. L'entrée, ou la passe du port, est ainsi généralement très étroite par rapport à la largeur de l'avant-port ; il en résulte que les lames du large pénétrant par la passe s'amortissent en s'épanouissant dans l'avant-port, comme on l'a expliqué (*Travaux maritimes* p. 158). Cet effet d'amortissement ne dépend que du rapport de la largeur de l'entrée à celle de l'avant-port, et non pas de la largeur même de l'entrée.

Si l'avant-port a, par exemple, de 1.000 à 1.500 mètres de large, on pourra donner à l'entrée une ouverture de 150 à 200 mètres au moins.

Or, une large entrée est très utile pour les navires, surtout quand elle est rasée par de forts courants ; en effet, les bâtiments entrants ne sont pas obligés de doubler de trop près le musoir au vent, et ils ne sont pas exposés à être jetés sur le musoir sous le vent pendant le temps qu'ils mettent à traverser la passe.

Dès qu'ils ont franchi la passe, ils trouvent, en dedans de l'entrée, dans l'avant-port extérieur, un élargissement où ils peuvent manœuvrer presque librement, sans crainte d'être drossés sur les jetées.

L'avant-port forme un refuge précieux en cas de tempête, car, bien qu'il n'y règne pas beaucoup de calme, les navires n'y sont jamais en danger de perdition, dès qu'ils ont pu y entrer, et ils y sont en tout cas facilement secourus.

S'il existe devant l'entrée de forts courants, directement alternatifs, capables d'entretenir au large des profondeurs permanentes, on pourra placer dans la direction de ces courants les parties extrêmes des deux jetées sur une longueur suffisante, de façon à forcer le courant à s'y appuyer et à raser exactement la passe ouverte entre les musoirs, comme on l'a fait à Boulogne.

Quand l'avant-port offre une grande surface, les courants alternatifs de vidange et de remplissage contribuent à maintenir les profondeurs entre les musoirs, et même un peu en dedans de la ligne des musoirs.

319. Atterrissement des avant-ports extérieurs. — Cependant, tous les avant-ports réalisés au moyen de jetées convergentes, en saillie sur le rivage, tendent à s'atterrir, et il est indispensable d'en entretenir les profondeurs par des dragages.

Les avant-ports s'atterrissent pour deux motifs :

Le premier tient à ce fait général que, toutes les fois qu'on produit du calme dans un espace en libre communication avec la mer, il s'y forme des dépôts d'alluvions.

Les eaux de la mer contiennent toujours une certaine quantité de matières en suspension, grâce au mouvement dont elles sont animées. Cette quantité est d'autant plus grande que l'agitation est plus considérable ; si les eaux pénètrent dans un espace plus calme, elles laisseront déposer une partie de leurs alluvions, et elles en déposeront d'autant plus que la tranquillité relative sera plus grande.

Ces observations s'appliquent surtout aux matériaux très meubles, comme la vase et le sable fin.

Il en résulte qu'un avant-port s'envasera d'autant moins qu'il sera moins calme, ce qui aura lieu notamment s'il offre une grande superficie exposée à l'action du vent.

Lors donc que les circonstances le permettent, on doit donner à l'avant-port une grande surface et ne pas chercher à y réaliser un calme plus grand que ne le comportent les exigences de la navigation.

Le second motif d'atterrissement tient à une cause plus spéciale, qui résulte de la disposition même des ouvrages.

Il tend toujours à se former un banc de chaque

côté de l'entrée, à l'intérieur, mais surtout sous l'abri du musoir au vent.

Le ressac des lames du large contre la jetée au vent met, en effet, en suspension les matériaux meubles, qui viennent se déposer le long de la face extérieure de l'ouvrage; les eaux ainsi chargées pénètrent par la passe, puis s'épanouissent et s'amortissent dans l'avant-port. Elles laissent, par conséquent, déposer une partie de leurs alluvions en formant une sorte de barre intérieure.

Ces dépôts sont, naturellement, plus abondants dans les parties les plus calmes, c'est-à-dire sous l'abri du musoir au vent.

Les bancs ainsi formés exigent des dragages renouvelés chaque année, car la marche des alluvions ramène incessamment au pied de la jetée de nouveaux matériaux meubles.

320. Dragages dans les avant-ports extérieurs. — Pendant longtemps les dragages dans les avant-ports, où règne une agitation notable, ont été considérés comme particulièrement difficiles.

Les anciennes dragues à godets dont on se servait pour le curage des bassins intérieurs, très abrités, auraient été en danger de perdition dans une eau même modérément agitée, car elles avaient peu de stabilité.

Cependant, de progrès en progrès, on est parvenu à faire des dragues ordinaires susceptibles d'un travail convenable par une houle de 40 à 50 centimètres, comme à l'embouchure de la Tyne, par exemple ; on a pu même leur assurer une stabilité suffisante pour résister à une houle de $0^m,60$, en donnant à leurs coques des formes marines, comme à Port-Saïd, pour l'entretien de l'entrée du canal de Suez sur la Méditerranée.

Mais, si la stabilité est assurée, le travail des dragues reste toujours très pénible par de pareilles houles.

En effet, la drague se lève au passage de la crête, les godets cessent de mordre sur le fond, la machine s'emporte ; un instant après, la drague s'abaisse au passage du creux, les godets s'ancrent dans le fond, la machine s'arrête.

Il résulte de ces variations des efforts exagérés et des chocs sur l'élinde, sur la chaîne à godets et sur le mécanisme, d'où résultent des avaries qui forcent à interrompre le dragage.

Les dragues ordinaires à godets présentent encore deux autres inconvénients :

1° Elles déversent habituellement leurs produits dans des bateaux porteurs, qui vont conduire le déblai au lieu de vidange ; or, l'accostage des porteurs le long des dragues devient dangereux par la houle.

2° Les dragues et leurs porteurs occupent une place considérable autour du point où les godets travaillent.

Une drague exige, en effet, six longues amarres pour son mouillage ; une à l'avant et une à l'arrière pour le mouvement de progression ; deux à bâbord et deux à tribord pour le papillonnage.

Les porteurs doivent pouvoir mouiller et éviter sur leur ancre dans le voisinage de la drague pour attendre leur tour d'accostage.

De pareilles conditions sont très embarrassantes

quand les dragues sont appelées à travailler près de l'entrée du port, soit en dedans, soit en dehors, surtout quand cette entrée est étroite et quand la circulation des navires est un peu active.

Le cas s'est présenté notamment pour les dragages à effectuer sur la barre de Dunkerque, où l'on ne pouvait, par suite du manque de profondeur, travailler qu'à mer haute, c'est-à-dire au moment de l'entrée et de la sortie des navires.

Le sol à draguer étant composé principalement de sable fin, on a résolu cette difficulté en construisant des engins spéciaux, dits dragues marines aspiratrices et porteuses.

321. Dragues marines, aspiratrices et porteuses. — Le principe de ces dragues est basé sur ce fait : si l'extrémité inférieure du tuyau d'une pompe est placée à une très petite distance au-dessus d'un banc de sable et si, par aspiration, on détermine dans ce tuyau un rapide courant d'eau, le sable est mis en suspension, entraîné par l'eau et aspiré en même temps qu'elle.

Ce mode d'attaque du sol est le plus souvent préférable, dans le sable, au piochage direct exécuté par le bec des godets. En effet, la chaîne à godets affecte une courbe dont la tangente est horizontale, sur une certaine longueur près du tourteau inférieur; les godets traînant sur le fond forment donc une sorte d'ancrage dans le sable et la plus grande partie de la puissance de la machine se dépense à vaincre, sans profit pour le dragage, cette résistance passive.

La drague à godets dépense, en outre, une partie de sa force à élever inutilement les déblais d'une quantité notable au-dessus du point de déversement.

Les coques des dragues aspiratrices-porteuses sont munies de puits dans lesquels se déverse le mélange d'eau et de sable entraîné par les pompes ; le sable se dépose et l'eau se déverse par-dessus le pont du bateau.

On évite ainsi les inconvénients de l'accostage d'un porteur indépendant.

La coque a les formes marines d'un véritable navire ; elle est munie d'une hélice actionnée par la machine des pompes : elle peut ainsi transporter les déblais au lieu de vidange.

La lourde et longue élinde, dont une grande partie du poids est située au-dessus du pont dans les dragues ordinaires, est remplacée ici par un tuyau d'une longueur modérée, d'un poids relativement insignifiant et situé presque en entier au-dessous de la flottaison pendant le dragage (on le relève pendant le transport).

Il convient d'ajouter, cependant, que l'on peut faire et que l'on fait aussi des dragues porteuses à élindes.

La forme de la coque et la bonne distribution des poids assurent à la drague aspiratrice toute la stabilité désirable pour son fonctionnement, même par une houle de $0^m,60$ [1].

Le tuyau devant rester dans une immobilité relative, malgré les mouvements de la coque, on le

1. Une houle de $0^m,30$ à $0^m,35$ facilite le travail en s'opposant à l'ensablement de la pompe ; le dragage est encore possible par une houle de $0^m,60$ à $0^m,80$ arrivant suivant l'axe du bateau ; on a même dragué par des lames debout de $1^m,20$ à $1^m,40$, mais alors le déchargement devient dangereux, tandis que le dragage est difficile par une houle de travers n'ayant que $0^m,40$ à $0^m,50$.

termine par deux parties flexibles, l'une à son extrémité inférieure, par laquelle se fait l'aspiration; l'autre à sa partie supérieure, où il traverse la coque pour pénétrer jusqu'à la pompe.

Les dragues aspiratrices conviennent surtout dans les terrains de sable fin et pur; leur rendement diminue quand le sable est gros ou lorsqu'il est vaseux.

L'influence de la grosseur des grains se comprend aisément, puisqu'il s'agit de leur entraînement par un courant d'eau; cependant, on peut signaler, au moins à titre de curiosité, ce fait que les dragues aspirent assez souvent des corps volumineux, tels que morceaux d'argile, de briques, de pierres, etc., même quelquefois des corps à la fois gros et denses, comme des écrous, des burins, des pannes de marteaux en fer.

Quant à la vase, elle a l'inconvénient de rester en suspension et de retomber, en majeure partie, dans la mer avec les eaux qui se déversent hors des puits, par-dessus le pont du porteur.

Les dragues aspiratrices sont incapables de désagréger les terrains agglutinés, si faible qu'en soit la cohésion, par exemple les petites couches lenticulaires d'argile ou de vase cohérente que l'on rencontre fréquemment dans le sable près des côtes. En pareil cas, il faut désagréger le sol par un procédé mécanique quelconque; notamment au moyen de jets d'eau sous pression.

Il existe un grand nombre de types de dragues aspiratrices, dont on trouvera la description dans les ouvrages spéciaux qui traitent des moyens d'exécution des travaux.

Voir notamment :

1° *Cours de Procédés généraux de construction.*

2° Debauve, *Procédés et matériaux de construction.*

3° Pontzen, *Travaux de terrassements et tunnels.*

4° *Annales des ponts et chaussées*, 1888, 1er semestre, page 1034 : Jandin, Drague à air comprimé.

5° *Annales des ponts et chaussées*, 1869, 2e semestre, page 15 : Leferme, Envasement et dévasement du port de Saint-Nazaire.

6° *Annales des ponts et chaussées*, 1889, 1er Semestre, page 185 : Mémoire de M. Eyriaud-Desvergnes sur l'établissement et l'entretien des ports en plage de sable.

322. Profondeurs dans les avant-ports intérieurs. — Les avant-ports intérieurs, situés en dedans de la ligne du rivage, sont toujours plus calmes que le chenal extérieur ; aussi les dépôts vaseux y sont-ils abondants, en dehors des passages balayés par les courants.

Par suite de la nature de ces alluvions, l'emploi des dragues ordinaires à godets est tout naturellement indiqué pour maintenir les profondeurs dans les avant-ports intérieurs [1].

323. Dragues à godets. — Les dragues à godets ont, en effet, un rendement très élevé dans les dépôts suffisamment épais de vase molle ou de sable vaseux,

1. *Annales des ponts et chaussées*, 1880, 1er semestre. Mémoire de M. l'ingénieur en chef Lavoinne sur les procédés de dragage employés dans l'Amérique du Nord.

Debauve, *Procédés et matériaux de construction* (vol. I, chap. IV).

Pontzen, *Travaux de terrassement et tunnels* (chap. X).

Dredging operations and appliances, by J.-J. Webster, *Proceedings of the Institution of civil Engineers* (vol. LXXXIX, p. 2).

lorsque, d'ailleurs, elles travaillent dans des eaux où la houle est peu sensible.

Ces dragues ont reçu, depuis moins d'un demi-siècle, des transformations et des perfectionnements qui ne cessent de se développer chaque jour, et qui ont fait de ces appareils les engins les plus puissants et les plus économiques dont dispose l'ingénieur pour les excavations sous l'eau.

Le transport des déblais au large a lieu également dans les conditions les plus satisfaisantes de rapidité et de bon marché, au moyen des grands porteurs à vapeur employés aujourd'hui pour cet objet.

Grâce aux dragues et aux porteurs, on a pu conduire à bonne fin, dans des délais modérés, des travaux qu'on eût jugés autrefois impraticables et qui, aujourd'hui, rémunèrent largement les capitaux engagés dans ces entreprises (Exemples : le canal de Suez [1]; les travaux de la Clyde [2] et de la Tyne [3]; le canal d'Amsterdam à la mer [4], etc.).

Cependant les dragues à godets donnent lieu à quelques observations critiques.

Ainsi, les attaches des godets sur les maillons qui les portent s'ébranlent et se disloquent; les godets, et surtout leurs becs, s'usent et se déforment ; les

1. Percement de l'isthme de Suez par Monteil, ingénieur de la Compagnie du Canal de Suez. Bureau des Annales industrielles, 18, rue Lafayette, Paris.

2. *Annales des ponts et chaussées*, 1869, 1er semestre. Mémoire de Quinette de Rochemont sur l'amélioration de la Clyde. — The River Clyde, by James Deas, 1873, *proceedings of the Institution of civil Engineers* (vol. XXXVI, p. 145).

3. Memoir on the River Tyne, by W.-A. Brooks, *Proceedings of the Institution of civil Engineers* (vol. XXXI, p. 398).

4. Canal d'Amsterdam à la mer : *Annales des travaux publics* années 1880, pages 155 et 1885, page 1363 et 1493, the Canal Nort Sea Ship, *Engineering*, année 1872, pages 312 et 329.

bagues en acier des maillons et les boulons d'assemblage sont rapidement mis hors de service; la chaîne décapelle quelquefois de dessus le tourteau inférieur, etc.

Il en résulte : que l'entretien d'une drague est une cause de préoccupations constantes, que l'on doit toujours avoir un large et coûteux approvisionnement de nombreuses pièces de rechange, toutes prêtes à être mises en place, qu'il ne se passe pour ainsi dire pas de jour où l'on n'ait quelque chômage plus ou moins long pour les réparations, etc.

En somme, une drague à godets est devenue un outil mécanique assez compliqué et soumis à tous les inconvénients qui résultent de la multiplicité de ses organes.

324. Dragues à cuiller. — Les anciennes dragues à cuiller, actionnées par des hommes, au moyen de roues à tambour, étaient des engins simples et robustes.

Elles ont servi de type pour les excavateurs, que l'on emploie souvent aujourd'hui dans les déblais à sec.

Ce genre de drague a été surtout conservé en Amérique [1].

Il peut rendre des services dans certains cas, par exemple lorsqu'il s'agit de curages près d'un mur de quai, parce que la cuiller se déplace sur toute la largeur du front de la drague, sans exiger le papillonnage de la coque et, par suite, les amarres, tou-

1. *Annales des ponts et chaussées*, 1880, 1er semestre. Mémoire de M. l'ingénieur en chef Lavoinne sur les procédés de dragage employés dans l'Amérique du Nord.

jours embarrassantes, qu'entraîne cette manœuvre pour les dragues à godets.

La drague à cuiller peut même être maintenue en place sans aucune espèce d'amarres et seulement au moyen d'un ou de deux pieux qui passent dans des puits ménagés à travers toute la hauteur de la coque et pénètrent dans le sol.

Mais, jusqu'à présent, on n'a pas encore fait de dragues à cuiller produisant, par heure de travail, un cube de déblai aussi considérable que les dragues à godets.

325. Dragues à mâchoires. — Les dragues à mâchoires sont aussi des machines assez simples et solides.

On peut les faire très légères, et, par suite, le ponton qui les supporte peut n'avoir qu'une petite surface, ce qui permet de l'introduire dans des espaces étroits (pertuis d'écluses, angles rentrants des bassins, etc.), où d'autres dragues ne pénétreraient pas.

Comme la caisse à mâchoires monte et descend verticalement à l'avant du ponton, elle occupe très peu de place en plan et ne forme qu'une saillie insignifiante par rapport à la coque, quelque grande que soit la profondeur à laquelle on drague. Il en est tout autrement, soit des dragues à godets, dont l'élinde a d'autant plus de longueur et occupe d'autant plus de place en plan que la profondeur du dragage est plus considérable, soit des dragues à cuiller dont le manche s'allonge aussi en raison de la profondeur.

Les dragues à mâchoires conviennent donc tout particulièrement pour des curages de peu d'importance à de grandes profondeurs, le long des quais ou dans les pertuis de navigation.

326. Chenaux d'accès des bassins à flot. — Le débouché aval d'une écluse forme généralement une retraite dans l'avant-port, de sorte que la vase tend à se déposer dans ce rentrant.

Quelquefois, on ne peut accéder de l'avant-port à l'écluse que par un chenal d'une certaine longueur, où se forment également des dépôts.

Enfin, dans certains cas, notamment dans les ports en rivière, les bassins à flot débouchent dans un bassin de marée, ou petit avant-port secondaire, formé par des jetées convergentes, ce bassin s'envase assez rapidement.

327. Observations générales. — Dans des conditions analogues, le moyen de curage consiste surtout en chasses artificielles dont le but n'est pas précisément de faire disparaître la vase, mais d'empêcher qu'elle ne forme des accumulations d'une hauteur gênante et d'une compacité telle que les courants n'aient plus la force de les mettre en mouvement.

Considérons, en effet, ce qui se passe d'une basse mer à la basse mer suivante, dans un bassin de marée, dont on suppose la profondeur actuellement suffisante.

A mesure que la marée monte, elle introduit dans le bassin des eaux troubles, qui y déposent leur vase, par suite du calme relatif qu'elles y trouvent ; cet effet dure jusqu'au moment du plein.

Dès que la marée baisse, l'eau sort du bassin, mais sans entraîner la vase qui s'est déposée sur le fond.

Si ce fait se produit pendant plusieurs marées consécutives, le fond du bassin se sera relevé, ou aura perdu la profondeur voulue, et, de plus, les dépôts de vase auront acquis assez de compacité pour que l'on ne puisse plus les enlever autrement qu'avec des dragues.

Supposons, au contraire, que, pendant que la marée baisse, on mette en suspension, par un moyen quelconque, la vase qui s'est déposée, à marée montante, sur le fond du bassin ; cette vase sera entraînée hors du bassin avec l'eau qui en sort, de sorte que, à basse mer, le fond du bassin sera revenu au même état qu'il offrait à la basse mer précédente.

Il semble, d'après cela, que la mise en suspension de la vase devrait être opérée à chaque marée baissante ; mais, pratiquement, cela n'est pas nécessaire.

On peut, en effet, par une mise en suspension suffisamment énergique, charger de vase les eaux sortant du bassin beaucoup plus qu'elles ne le sont naturellement quand elles y entrent. Il en résulte que l'on emmène en une marée baissante plus de vase qu'une marée montante n'en a amené. On peut donc ne procéder à la mise en suspension que de temps en temps, lorsque l'on constate que la diminution de profondeur est sur le point de devenir gênante, pourvu toutefois que, dans l'intervalle de deux opérations consécutives, la vase n'ait pas acquis une cohésion telle que les moyens de mise en suspension dont on dispose deviennent insuffisants.

328. Chasses dans les chenaux asséchant à basse mer. — Lorsque l'avant-radier d'une écluse ou le fond de son chenal d'accès assèche à mer basse, on obtient leur dévasement au moyen de chasses artificielles, dont on prend l'eau dans les bassins à flot.

Autrefois, on établissait une petite porte de chasse dans chaque vantail aval de l'écluse; aujourd'hui, on se contente d'y pratiquer une vanne d'assez faibles dimensions (d'environ 1 mètre carré).

On pourrait également adopter un système de petits aqueducs disposés comme ceux dont on se sert pour le dévasement des chambres des portes (voir 1er vol., p. 159).

On opère les chasses un peu avant le moment de la basse mer et, autant que possible, en vive eau.

329. Chasses dans les bassins de marée n'asséchant pas complètement à basse mer. — L'exemple le plus récent et le plus remarquable de ce genre de chasses est celui du *Canada Basin*, déjà cité (1er vol., p. 491), et dont on trouvera les détails dans les *Proceedings of the Institution of civil Engineers*, 1889-1890, et dans les *Annales des Travaux publics*, octobre 1890.

330. Mise en suspension des alluvions dans les bassins de marée conservant encore une grande profondeur à mer basse. — La question du dévasement d'un bassin de marée très profond, à mer basse, s'est présentée dernièrement à l'occasion du grand établissement maritime de *Tilbury Dock*, sur la Tamise. On n'a pas cru devoir y adopter le système des chasses du *Canada Basin*, pour les motifs suivants : d'abord, la dépense eût été très élevée; en second lieu, on craignait que ces chasses ne fussent pas efficaces. En effet, si elles ont réussi au *Canada Basin*, cela peut tenir à ce que, là, on dispose d'une retenue d'eau pouvant atteindre jusqu'à 9 mètres de hauteur, en vive eau, et que, près du moment de la basse mer, c'est-à-dire lorsque l'on chasse, il ne reste plus que $0^m,90$ à $1^m,20$ d'eau sur le fond du bassin, enfin à ce que ce fond est bétonné.

A *Tilbury Dock*, au contraire, la retenue n'est que de $5^m,40$ à 6 mètres; et, à basse mer de vive eau, il y a encore $7^m,80$ d'eau environ sur le fond du bassin, qui n'est pas bétonné.

Les conditions étaient donc assez différentes pour qu'on ne se crût pas autorisé à conclure du succès obtenu dans le premier cas à une réussite probable dans le second.

Par suite, on s'est borné tout d'abord, pour mettre la vase en suspension, à racler le fond au moyen de herses traînées par un petit remorqueur ; puis on a combiné avec l'action des herses celle de jets d'eau lancés sous une pression estimée à 4 ou 5 kilogrammes environ par centimètre carré, près des orifices d'éjection.

L'effet a été pleinement satisfaisant; le remorqueur fonctionne pendant à peu près six marées baissantes par semaine et maintient le bassin de *Tilbury* entièrement débarrassé de vase.

Les jets d'eau ont été aussi très efficaces pour mettre en suspension la vase qui se dépose dans l'écluse et faciliter ainsi son enlèvement par les courants.

On retrouve ici, mais appliqué à la vase, le principe du procédé expérimenté sur le sable de la barre de Boulogne (voir 1er vol., p. 489).

Du reste, l'idée de désagréger et de mettre en suspension les alluvions pour faciliter leur entraînement par les courants a été mise en pratique sous différentes formes (Exemples : Vannage dragueur de la Garonne : Debauve, *Procédés et matériaux de construction*, t. Ier, p. 381. — Fouilles sous-marines dans un fond de sable : *Génie civil*, 23 février 1889, p. 265), et on peut en imaginer d'autres.

Ainsi, il ne paraît pas douteux que, si l'on amène le sable à l'état fluent, il sera plus facilement entraîné qu'à l'état compact ; or, le procédé du fonçage des pieux dans le sable, par injection d'eau, consiste précisément à rendre le sable fluent, et on y parvient de la façon la plus simple et la plus économique[1].

1. Nous croyons devoir rapporter ici un fait qui nous a été cité par M. Dionisio, ingénieur italien, ancien élève de l'École des Ponts et Chaussées de France, mort, il y a peu d'années, inspecteur du *Génie civil*.

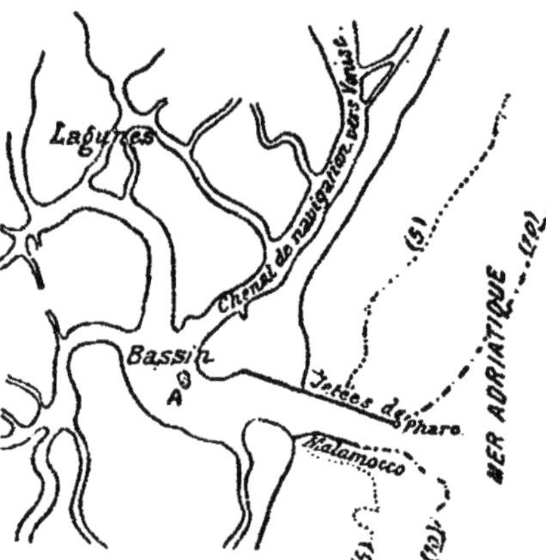

Le chenal de navigation conduisant de Malamocco à Venise débouche dans une sorte de bassin naturel, que les jetées de Malamocco mettent en communication avec la mer.

Or, il s'était formé, vers le point A du croquis schématique ci-contre, un banc devenu gênant pour la navigation.

On eut l'idée de déposer sur ce banc un certain nombre de cartouches de dynamite, dont on détermina l'explosion au moment où le jusant était dans toute sa force. On constata que le sommet du banc s'était notablement abaissé et laissait un libre passage aux navires.

Nous n'avons pu nous procurer aucune donnée positive sur les divers détails de l'opération ; mais l'autorité de l'auteur du récit, alors ingénieur à Venise, nous paraît une garantie absolue. Il semble donc qu'on peut trouver dans ce fait particulier un encouragement à tenter quelques expériences du même genre dans des cas analogues.

331. Entretien des profondeurs dans les bassins à flot. — *Remarques préliminaires.* — Les bassins à flot s'envasent toujours plus ou moins, selon la quantité d'alluvions que contiennent les eaux qui y pénètrent au moment des éclusages. Les eaux entrant par le fond sont naturellement les plus chargées.

Il résulte de cette observation quelques enseignements pratiques :

1° Lorsque l'on établit un bassin à flot, on doit lui donner, surtout près des écluses, une profondeur plus grande qu'au radier du pertuis, de façon à ce que les dépôts ne puissent pas atteindre une hauteur gênante pour la navigation, dans l'intervalle de deux curages successifs.

Cette précaution est surtout motivée lorsque le bassin est creusé dans un terrain très dur, dans le roc par exemple, et qu'on ne peut, par suite, songer à l'approfondir plus tard sans frais exagérés.

L'excès de profondeur à donner au bassin dépend évidemment de l'abondance des apports, de l'intervalle entre les curages, etc. ; mais il dépend aussi des moyens employés pour enlever les dépôts. Si, par exemple, on se sert de dragues à godets, celles-ci ne pourront fournir un bon travail qu'à la condition d'attaquer une couche de $0^m,75$ à 1 mètre environ d'épaisseur, afin que les godets se remplissent bien.

2° On ne doit pas donner, comme on l'a déjà dit, une trop grande surface à un bassin desservi par une seule écluse, car on augmenterait la vitesse et, par conséquent, la puissance d'entraînement des courants de remplissage.

3° Lorsqu'un bassin à flot débouche sur un estuaire très vaseux, il convient de l'alimenter, autant que possible, non pas seulement par le pertuis de l'écluse, mais encore, et surtout, à l'aide de déversoirs de superficie n'introduisant dans le bassin que les eaux moins troubles de la surface près du moment de la haute mer (Exemples : Le Havre, bassin Bellot [1] ; Saint-Nazaire [2] ; Honfleur [3]).

On pourra même chercher, dans certains cas, à alimenter, ne fut-ce que partiellement, le bassin avec des eaux claires, si on peut se les procurer, sans trop de frais, soit par la dérivation de quelque cours d'eau voisin, soit à l'aide de puits artésiens, comme à Bordeaux [4].

332. Curage des bassins à flot. — Le curage s'opère à l'aide des dragues des différents types déjà cités (aspiratrices, à godets, à cuiller, à mâchoires), suivant les circonstances.

Comme les dépôts dans les bassins à flot sont presque exclusivement vaseux, les dragues aspiratrices ont un faible rendement en matière solide, car la vase se maintient, pour la majeure partie, en suspension dans les porteurs ; malgré cela, leur emploi est assez économique. Ces engins sont d'ailleurs peu encombrants, ce qui est un point à

1. *Annales des ponts et chaussées*, 1880, 1er semestre, page 5 : Desprez, Notice sur le bassin Bellot au port du Havre.

2. Prise d'eau du bassin de Penhoët, à Saint-Nazaire, *Ports maritimes de la France*, tome V, page 180 ; Imprimerie nationale.

3. Notice sur les modèles, cartes, dessins, etc., réunis par les soins du ministère des Travaux publics à l'Exposition universelle de 1889. Port de Honfleur, page 425.

4. Alimentation du bassin à flot, *Ports maritimes de la France*, tome VI, page 644 ; Imprimerie nationale.

prendre en sérieuse considération dans un bassin à flot [1].

(C'est dans les dragues aspirant de la vase qu'on a surtout constaté l'entraînement de corps denses et volumineux, par exemple, au Havre, d'un gros galet pesant 10 kilogrammes [2].)

333. Dérochements. — A l'intérieur des ports l'extraction des roches peut se faire par des procédés qui ne seraient pas applicables dans les parties non abritées.

Ainsi, les dragues, les trous de mines forés sous l'eau, le broyage des roches au moyen de pilons, le dérochement à l'air comprimé ou dans l'enceinte d'un batardeau sont employés, suivant les différents cas.

1° *Des dragues* [3]. — Les dragues dérocheuses doivent avoir des chaînes et des godets particulièrement solides; le plus souvent, on place entre deux godets un ou deux maillons armés de crocs recourbés en acier. Vu les résistances que rencontre la drague, il convient de substituer les transmissions par friction aux transmissions par engrenages.

L'emploi des dragues est spécialement indiqué lorsqu'un banc de roches peu épais repose sur un fond meuble ; on peut alors attaquer le banc par-dessous avec les crocs et le briser en morceaux que la drague enlève ou que des plongeurs vont élinguer au fond de l'eau.

1. *Annales des ponts et chaussées*, 1869, 2e semestre, page 15: Leferme, Envasement et dévasement du port de Saint-Nazaire.

2. *Annales des ponts et chaussées*, 1888, 1er semestre, page 1034: Drague à air comprimé de H. Jandin.

3. Amélioration de la Charente maritime, dans l'ouvrage : *Travaux publics*, par Hersent; Imprimerie Chaix, rue Bergère, 20.

2° *Des trous de mine.* — Les trous peuvent être forés sous l'eau soit par percussion à l'aide d'une barre à mine ordinaire, soit par rotation au moyen de forets dont la couronne inférieure est sertie de diamants noirs [1].

Il est nécessaire de bien nettoyer le trou, par un jet d'eau sous pression, au moment où l'on y introduit la cartouche d'explosif.

On fait partir un certain nombre de cartouches ensemble, afin de désagréger le rocher en morceaux assez petits pour que les dragues puissent ensuite facilement les enlever.

Le diamètre, la profondeur et l'écartement des trous, ainsi que la nature et le poids des charges d'explosif, enfin le nombre des mines à enflammer en même temps, pour obtenir le meilleur rendement possible, ne peuvent être déterminés que par expérience, dans chaque cas particulier.

Ainsi, les travaux d'amélioration de la Clyde ont comporté le dérasement d'une barre rocheuse, l'Elderslie Rock, dont on n'avait pas d'abord soupçonné l'existence et qui ne fut découverte qu'en 1854, à la suite de l'échouage d'un navire.

L'écueil est formé par une veine de trapp, qui s'étend en travers de la rivière, à peu de distance en amont de Renfrew.

On en dérasa d'abord le sommet au moyen d'explosions de poudre à canon ; on obtint ainsi une profondeur de 14 pieds (au-dessous des basses mers de vive eau) sur une moitié de la largeur du chenal et de 8 pieds sur l'autre moitié.

1. *Annales des ponts et chaussées*, 1879, 1er semestre, page 277 : G. M. G., Travaux de dérochement exécutés sur la Tees, à Middlesbrough.

En 1880, le colonel Beaumont entreprit l'approfondissement du chenal jusqu'à 20 pieds. La roche fut criblée de trous de mine, percés au moyen de forets rotatifs à diamant.

Les trous étaient pratiqués suivant des files longitudinales, parallèles, au nombre de cinq, ayant 40 pieds de longueur et distantes de 2 pieds 1/2. Dans chaque file, on perçait huit trous à 5 pieds l'un de l'autre; les trous des files voisines étaient disposés en quinconce.

On creusait, chargeait et faisait sauter en même temps les huit trous d'une file, puis l'on opérait de même pour les quatre autres files.

Une drague venait ensuite enlever les fragments de roche.

L'expérience fit reconnaître que les trous ne devaient pas avoir plus de 10 pieds de profondeur pour que la roche fût suffisamment désagrégée et que les dragues pussent en enlever facilement les débris.

On essaya divers explosifs : la dynamite, la gélatine explosive, la nitroglycérine, la tonite et la potentite. La dynamite donna les résultats les plus satisfaisants.

Les trous avaient 2 pouces 1/4 de diamètre (soit $0^m,055$).

On a dû creuser environ seize mille trous de 6 pieds à peu près de profondeur moyenne, et employer 76.000 livres d'explosifs; la dépense a été de 70.000 livres sterling et l'on a enlevé environ 110.000 tonnes de dragage; les travaux ont duré cinq ans.

3° *Broyage des roches*. — L'effet d'une charge

d'explosif déposée à la surface du rocher est assimilable à celui d'un choc brusque et violent.

Or, on peut réaliser ce choc à l'aide de lourds et longs pilons armés d'un tranchant acéré à leur base. C'est le principe de l'appareil connu sous le nom de « dérocheuse Lobnitz[1] ».

La dérocheuse n'exige l'emploi d'aucun explosif, et c'est là un avantage sérieux lorsqu'il y a, sur le point où l'on doit travailler, un mouvement actif de navigation, ou que près de ce point s'élèvent des ouvrages (murs, talus, etc.) que l'explosion risquerait d'ébranler et de faire ébouler.

4° *Dérochement à l'air comprimé.* — L'emploi de cloches à plongeur[2] ou de caissons à air comprimé[3] pour le dérochement sous l'eau ne comporte aucune indication spéciale aux travaux maritimes.

Ce procédé offre l'avantage de permettre :

De localiser et de limiter exactement l'extraction que l'on doit faire; de dresser, mieux que par tout autre moyen, le fond de la fouille; de reconnaître, par des forages, la nature, l'homogénéité et l'épaisseur du rocher, données importantes à recueillir lorsqu'il s'agit d'établir la fondation de lourds ouvrages, par exemple la pile d'un grand pont tournant, etc.

5° *Extraction des roches à l'abri d'un batardeau.* —

1. La dérocheuse Lobnitz : *Annales des Travaux publics*, avril 1888, page 2045; *Génie civil*, 29 décembre 1888, page 129. — On removal of rock under water : *Proceedings of the Institution of civil Engineers*, volume XCVII, page 360.

2. *Annales des ponts et chaussées*, 1848, 1er semestre, page 261 : De la Gournerie, Extraction des roches du Croisic.

3. *Travaux publics*, par Hersent; Imprimerie Chaix, rue Bergère, 20. — Dérochements sous-marins à Brest, Cherbourg et Lorient. — *Génie civil*, 4 avril 1875; Dérochements par cloche plongeante.

Le travail à l'abri d'un batardeau, quand il est applicable, est de beaucoup le plus simple, le plus sûr, le plus rapide. Il est aussi, bien souvent, tous comptes faits, le plus économique, car le prix du mètre cube extrait par les autres procédés, qui n'est presque jamais inférieur à une dizaine de francs, atteint généralement de 30 à 50 francs et s'élève quelquefois à 100 francs et plus ; tandis que, à l'air libre dans un batardeau, ce prix peut s'abaisser jusqu'à 2 fr. 50 et dépasse rarement 5 francs.

Il suffit donc que les frais de la construction, puis de la démolition du batardeau, ajoutés à ceux de l'assèchement de l'enceinte, n'augmentent pas le prix du mètre cube de la différence entre la dépense d'extraction à l'air et le coût de l'enlèvement par les autres procédés, pour que l'emploi d'un batardeau soit préférable à tous égards.

C'est par ces considérations qu'on a été amené à établir, à Marseille, un batardeau en béton, pour l'approfondissement du bassin National[1] et à creuser l'avant-port de La Pallice, à La Rochelle, dans une vaste enceinte constituée, en partie, par les jetées pleines et massives, soudées au roc[2].

1. *Annales des ponts et chaussées*, 1880, 1er semestre, page 357 : Bernard, Batardeau en béton du bassin de Marseille.

2. *Annales des ponts et chaussées*, 1889, 2e semestre, page 455 : Thurninger et Coustolle, Sur les fondations à l'air comprimé du nouveau port de La Pallice, à La Rochelle.

CHAPITRE VII

OUVRAGES ET APPAREILS POUR LA RÉPARATION DES NAVIRES

334. Considérations générales. — Tous les navires, après un certain temps de navigation, ont besoin d'être visités, nettoyés et réparés, ou, comme on dit en terme de marine, d'être radoubés.

Ils doivent donc trouver dans un port les ouvrages et les installations que nécessitent ces opérations, et qu'on appelle, d'une manière générale, des appareils de radoub.

Les appareils de radoub sont utiles pour toute espèce de matériel flottant, mais ils sont indispensables pour les navires à vapeur.

Le nettoyage et la peinture des tôles de la coque d'un vapeur peuvent augmenter d'un cinquième à un quart sa vitesse de marche.

D'ailleurs, on doit admettre comme un fait d'expérience pratique qu'un vapeur a besoin, chaque année, d'un radoub, dont la durée est en moyenne de cinq à quinze jours.

Les appareils de radoub doivent permettre de faire émerger la partie de la coque qui est constamment immergée, quand le navire flotte, et qu'on appelle sa carène ou ses œuvres vives.

Ces appareils varient avec l'espèce et les dimensions des navires, avec la nature et l'importance des opérations à exécuter; leurs dispositions peuvent différer, d'ailleurs, dans une certaine limite, selon qu'il s'agit d'un port à marée ou sans marée.

SECTION I

CARÉNAGE

335. Observation. — Les réparations de peu d'importance et de courte durée sont habituellement désignées sous le nom de travaux de carénage.

Ces travaux ont, par exemple, pour objet : de nettoyer, chauffer, goudronner la carène; de refaire le calfatage des joints des bordages (refaire les coutures, en terme de marine); de changer quelques bordages ou quelques feuilles du doublage métallique, etc.

§ 1er

ABATAGE EN CARÈNE

336. Définition. — L'abatage en carène consiste à incliner fortement un navire sur un de ses flancs, de façon à faire émerger l'autre pour le visiter et le réparer.

337. Mode d'opérer. — Comme il faut exercer une traction énergique sur la mâture pour obtenir cette inclinaison, il convient de diminuer, autant que possible, la fatigue inévitable qui en résulte pour la coque et les mâts.

A cet effet, on commence par décharger complètement le navire et par enlever même le lest; on démonte aussi, le plus souvent, les hauts mâts, leurs vergues et leurs agrès; on ne laisse que les bas mâts et leurs haubans; enfin, on ferme soigneusement les sabords, les panneaux du pont, en un mot toutes les ouvertures par lesquelles l'eau pourrait pénétrer dans la cale quand le navire aura pris toute son inclinaison (ou sa bande, en terme de marine).

Le navire étant ainsi allégé et préparé, le sommet des bas mâts est saisi, près de la hune, au moyen de forts cordages (ou gi 'ins), sur lesquels on exerce une traction énergique par des engins appropriés, palans, caliornes, treuils, cabestans, etc., solidement amarrés à des points fixes. On incline ainsi le navire sur le flanc, jusqu'à immerger les bastingages et une partie du pont, en faisant émerger la quille.

Une pareille opération impose aux différentes parties de la coque et à la mâture des efforts anormaux, auxquels elles ne sont pas destinées à résister habituellement. Aussi, l'abatage en carène n'est-il pratiqué d'ordinaire que pour les navires de faible échantillon, généralement en bois et à voiles. Cependant on peut, avec ces appareils, caréner des navires de 800 tonneaux et même de 1.200 tonneaux.

L'abatage en carène ouvre les coutures du flanc émergé, et, par suite, facilite le calfatage; quand le navire est remis droit sur sa quille, les coutures se resserrent et compriment l'étoupe, ce qui est encore un avantage.

Ceci explique pourquoi la pratique du carénage se conserve surtout pour les navires en bois. Toutefois, ces avantages ne sont pas absolus, car, lorsqu'un bord est calfaté et qu'on émerge l'autre, les coutures du premier se resserrent plus qu'il ne faudrait, puis se desserrent quand on redresse le navire.

338. Points d'amarrage. — L'abatage en carène exige la réalisation de points d'amarrage très solides, capables de résister à l'effort vertical qui tend à les arracher.

On peut les obtenir à l'aide d'un lourd ponton, fortement lesté, qui porte les engins de traction. Dans ce cas, l'appareil n'est pas influencé par la variation du niveau de l'eau dans les bassins.

Dans les mers sans marée, ces points peuvent être des organeaux ancrés dans la plate-forme de cales, qu'on appelle cales de carénage.

Dans les bassins à flot des ports à marée, on peut aussi se servir d'organeaux, mais alors il convient d'en établir plusieurs lignes, étagées sur la cale, de façon à pouvoir abattre aussi facilement en vive eau qu'en morte eau (voir croquis ci-dessous).

L'ancrage des organeaux s'obtient ordinairement au moyen de larges boucliers en fonte, noyés profondément dans de grands massifs de maçonnerie.

En général, l'abatage en carène a lieu dans le sens transversal de la coque, mais on fait quelquefois une opération analogue dans le sens longitudinal. Si, par exemple, on veut faire émerger l'arrière d'un navire pour visiter son hélice ou son gouvernail, on peut charger l'avant, alléger l'arrière et soulever enfin l'arrière au moyen de pontons.

Cet appareil de radoub n'exige pas, comme on le voit, de grands frais de premier établissement (la dépense se réduisant, en somme, à l'achat d'un ponton d'abatage ou à la pose d'organeaux), il n'exige pas non plus des épuisements pour faire émerger les œuvres vives du bateau; son emploi est donc, par suite, économique.

§ 2

GRILS DE CARÉNAGE

339. Mode d'usage. — Dans les mers à marée, on peut échouer un navire sur une plate-forme en charpente, découvrant à mer basse, qu'on appelle un gril de carénage. Le navire reste droit sur sa quille, position normale dans laquelle il fatigue le moins possible; il conserve tous ses agrès et apparaux; il peut même conserver tout ou partie de son chargement.

En tous cas, on doit lui laisser un lest suffisant pour assurer sa stabilité de flottaison.

Le navire s'échoue à mer baissante et l'on fait les réparations à mer basse.

Le navire flotte à chaque haute mer et s'échoue à chaque basse mer; on ne peut donc y faire que des travaux supportant des interruptions, et on ne peut exécuter à chaque marée qu'un travail de courte durée.

340. Emplacement d'un gril. — Le gril de carénage doit être établi dans une partie bien abritée du port et dans un endroit où sa présence ne puisse pas gêner la circulation des navires, par exemple dans un angle rentrant du port d'échouage.

Il faut, en outre, que le navire en réparation puisse être amarré aussi bien quand il flotte à mer haute qu'après son échouage, ce qui conduit à placer le plus souvent le gril de carénage contre un quai ou une jetée.

341. Niveau de la plate-forme. — Le niveau du plancher est toujours à une certaine hauteur au-dessus de la basse mer, mais cette hauteur dépend de l'amplitude de la marée et du tirant d'eau des navires appelés à se servir du gril de carénage.

En tous cas, on admet que la plate-forme doit être

à 1 mètre au moins au-dessus des basses mers ordinaires de morte eau, pour que les bateaux, ayant la plus grande calaison compatible avec l'emploi du gril, puissent être visités et réparés pendant un temps d'une durée suffisante, dans leurs parties basses près de la quille.

Ordinairement, la quille ne repose pas directement sur le plancher ; elle porte, de distance en distance, sur des blocs de bois qu'on appelle des tins.

Le navire échoué ne serait pas dans une position d'équilibre suffisamment stable s'il devait rester droit sur sa quille, sans aucun soutien latéral ; on le contre-bute donc à l'aide de pièces de bois qu'on appelle des épontilles ; cette opération s'appelle l'accorage. Quelquefois il suffit, pour assurer la stabilité du navire quand il est de faible tonnage, de raidir ses amarres frappées au quai sur des organeaux ou sur des canons d'amarrage.

Par suite des sujétions de toutes sortes qu'entraîne l'emploi d'un gril, cet appareil ne sert habituellement qu'à des navires de faible échantillon ; cependant, on a dû exceptionnellement recourir au gril de carénage pour la visite des œuvres vives du plus grand navire qui ait été fait jusqu'à présent, le « Great Eastern », parce qu'aucun autre appareil de radoub n'était capable d'admettre cette énorme construction navale.

342. Exécution. — Les grils sont fondés sur pilotis ; il est assez facile de se rendre compte, d'après les dimensions des bateaux à desservir, du poids que doivent porter au maximum les pieux les plus chargés ; cette pression est presque toujours modérée, elle atteint rarement une dizaine de tonnes par pieu; aussi peut-on fonder un gril dans un fond de vase indéfini où les pieux ne résistent à l'enfoncement que par leur frottement contre la vase qui les entoure, car ils n'ont à supporter aucune poussée latérale qui tende à les déverser.

Les têtes des pieux sont reliées par un double système de moises horizontales de $0^m,25$ à $0^m,30$ d'équarrissage, les unes formant longrines, les autres traversines (Pl. VII, Dieppe).

Les tins, de $0^m,30$ à $0^m,35$, reposent sur la tête des pieux, où ils sont solidement fixés.

Un plancher, cloué sur les moises inférieures, recouvre les vides pour faciliter la circulation des ouvriers.

Le plancher est formé ordinairement de madriers en chêne, de $0^m,06$ à $0^m,10$ d'épaisseur ; on lui donne quelquefois une légère inclinaison (environ $0^m,005$ par mètre) vers le chenal, pour en faciliter le nettoyage et l'assèchement.

L'ingénieur doit, dans chaque cas, étudier les dispositions qui satisfont le mieux aux convenances des navires appelés à se servir du gril.

343. Observation. — Les pontons et les cales, ainsi que les grils de carénage, ne peuvent, comme on l'a dit, servir généralement que pour des navires de faibles dimensions, d'une construction un peu rustique, et pour des réparations d'une courte durée ou d'une faible importance.

Mais, aujourd'hui, la plupart des navires sont de dimensions assez grandes et d'une construction assez délicate pour exiger l'emploi d'appareils d'une autre nature.

D'ailleurs, tous les navires ont besoin, à un moment donné, de réparations de longue durée ou très urgentes qui ne sont plus de simples travaux de carénage et constituent ce qu'on appelle un radoub.

Le radoub d'un navire comporte, par exemple, les opérations suivantes :

Réfection complète du calfatage et du doublage pour les navires en bois ; grattage et peinture des coques en fer ; remplacement de bordages et de membrures, etc.

Quand on radoube un grand navire, il importe de maintenir la coque droite sur sa quille et de l'émerger dans cette position, qui est celle où elle a été construite.

On évite ainsi, autant que possible, de fatiguer les assemblages et de déformer la carène.

On a imaginé et réalisé un grand nombre d'appareils de radoub de types très différents

Ceux qu'on emploie le plus généralement sont les bassins ou formes de radoub en maçonnerie.

L'exécution de ces ouvrages est plus particulièrement du ressort des ingénieurs de travaux maritimes et offre, en général, des dificultés spéciales très sérieuses.

SECTION II

DES BASSINS OU FORMES DE RADOUB

§ 1er

DISPOSITIONS GÉNÉRALES ET DIMENSIONS DES BASSINS DE RADOUB

344. Généralités. — Les formes de radoub sont des bassins que l'on peut épuiser et maintenir à sec pour réparer les navires qu'on y a préalablement introduits.

Un sas éclusé peut servir de bassin de radoub, s'il est muni de moyens convenables de fermeture et si l'on dispose d'engins d'épuisement.

Pendant de longues années, le port de Saint-Nazaire, par exemple, n'a pas eu d'autre appareil de radoub qu'une écluse aménagée exceptionnellement dans ce but spécial.

L'emploi d'une forme de radoub comporte les manœuvres suivantes :

Le bassin étant plein d'eau et son entrée entièrement dégagée, on y introduit le navire.

Puis on ferme l'entrée et l'on épuise le bassin, en ayant soin d'accorer le navire.

Quand la réparation est terminée, on remplit le bassin, on ouvre son pertuis ; enfin, on fait sortir le navire.

Ces indications sommaires, sur lesquelles on

reviendra à différentes reprises, ont uniquement pour but de rendre plus claires les explications qui vont suivre.

345. Emplacement. — Une forme de radoub doit être située de façon que les navires puissent y accéder avec le plus de facilité et de sécurité possible.

En général, on établit les formes dans les bassins à flot ou dans les darses des ports, c'est-à-dire là même où stationnent les navires, et tout à fait à leur proximité.

Cependant, dans les ports à marée, quand il est possible de donner à une forme de radoub une entrée sur le port d'échouage, on y trouve cet avantage que, si un navire arrive en avarie, il peut être directement introduit dans la forme, sans passer par une écluse de navigation, où il courrait le risque d'échouer.

En tout cas, il importe que l'entrée du bassin de radoub soit dans des eaux très calmes, car le plus souvent les navires sont lèges quand ils viennent dans la forme, et ils ne doivent pas être exposés à perdre, sous l'action du vent et de la houle, le peu de stabilité qu'on leur laisse en les allégeant.

De plus, une houle, même assez faible, de $0^m,30$ à $0^m,50$ d'amplitude par exemple, peut devenir gênante et même dangereuse pour les manœuvres d'ouverture et de fermeture, comme on l'expliquera plus loin.

Quand il y a plusieurs formes de radoub dans un même bassin, il convient de les placer à proximité les unes des autres pour en faciliter l'épuisement et l'exploitation.

L'écartement à ménager entre les formes voisines doit être tel que l'on puisse, autant que possible, y déposer commodément deux rangs d'épontilles (*ab*, *cd*) et ménager entre leurs extrémités (*b*, *c*) un chemin ayant la largeur d'une voie de circulation.

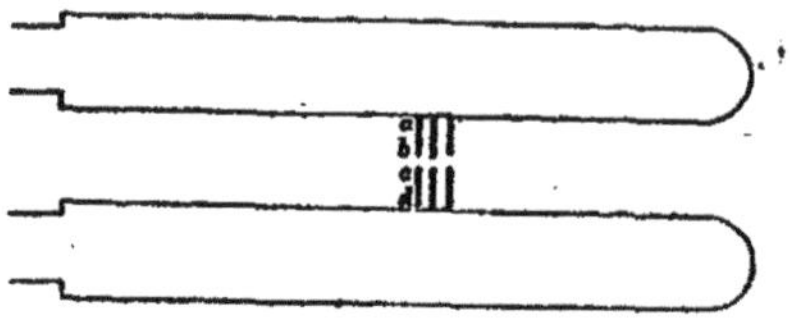

Il résulte du tableau ci-dessous [1], qu'en fait cette largeur varie ordinairement de 12 mètres à 20 mètres.

Si l'importance d'un port est telle qu'il y ait lieu d'y établir un assez grand nombre de bassins de radoub, il convient de les réunir par groupes et de répartir ces groupes dans les différentes parties du port les plus fréquentées par les navires. On évite ainsi aux navires, d'une part, un trop long trajet à l'état lège, c'est-à-dire dans de mauvaises conditions de stabilité, et, d'autre part, des pertes de temps notables, que peut entraîner la traversée de plusieurs écluses ou pertuis.

1.

DÉSIGNATION DES FORMES	LARGEUR DES TERRE-PLEINS	
	INTERMÉDIAIRES	EXTRÊMES
Marseille	7m,10	»
Brest : Pontaniou	14m,00	»
Cherbourg (formes 5 et 6)	18m,00	»
Le Havre (formes 5 et 6)	12m,00	»
— (formes 4 et 6)	33m,50	»
Anvers : petites formes	10m,00	»
— nouvelles formes	20m,00	11m,00
Hull	6m,10	»
Liverpool { Queen's Dock	15m,24	9m,14
Liverpool { Canning Dock	12m,12	10m,67
Liverpool { Clarence Dock	13m,72	9m,75

Dans un port à marée, lorsqu'aucun autre motif ne s'y oppose, on place les formes de radoub des bass ns du côté des terre-pleins attenant au port d'échouage ou aux digues d'enceinte limitant le port. De cette façon, il est possible, par une canalisation de peu de longueur, convenablement disposée, d'évacuer à basse mer une partie au moins des eaux de la forme à assécher. Les frais d'épuisement peuvent se trouver ainsi notablement réduits dans certains cas.

346. Dimensions principales des bassins de radoub. — Il y a lieu de distinguer, dans un bassin de radoub, le pertuis ou l'écluse d'entrée, d'une part, et la forme proprement dite, d'autre part.

A. — DE L'ÉCLUSE D'ENTRÉE.

347. Niveau du radier. — Il est désirable, en théorie, que les plus grands navires que le port est capable de recevoir puissent entrer dans une forme, même lorsqu'ils sont complètement chargés.

Un navire arrivant sous charge peut avoir, en effet, une voie d'eau exigeant son entrée immédiate dans le bassin de radoub; un navire partant peut engager une chaîne ou une amarre dans son hélice au moment de quitter le port, etc.

Dans un port sans marée, le radier de l'entrée devrait donc être à une certaine profondeur au-dessous de la quille arrière du navire chargé, la mer étant supposée à son plus bas niveau connu.

Dans un bassin à flot, le niveau de la mer à considérer serait celui qui a lieu au moment de la fermeture de l'écluse, par les plus faibles hautes eaux connues.

Toutefois, en pratique, cette condition doit être regardée comme excessive dans la plupart des cas, car presque toujours les navires sont allégés lorsqu'ils entrent dans une forme.

Aussi, quand il y a plusieurs bassins de radoub dans un port, on se borne généralement à ne donner une grande profondeur qu'à un très petit nombre d'entre eux, quelquefois même à un seul, pour parer aux besoins éventuels des navires qui devraient être admis sous charge.

Le niveau du radier de l'entrée d'une forme est ordinairement à 30 ou 40 centimètres au-dessous du tirant d'eau arrière des plus grands navires qu'elle doit pouvoir admettre.

348. Forme du radier. — Le radier du pertuis d'entrée d'un bassin de radoub est ordinairement plan (Exemples : Cherbourg, Pl. II ; Saint-Nazaire, Pl. V), parce que le maître couple des grands navires a une forme très aplatie.

Cependant, quelquefois le radier se raccorde aux bajoyers par deux courbes de faible rayon, de 2 mètres par exemple (Le Havre, Pl. IV) ; on en a fait aussi en arc de cercle et en anse de panier (Saïgon, Pl. VI).

349. Inclinaison des bajoyers. — L'inclinaison des bajoyers dépend du système de fermeture.

La fermeture est obtenue, le plus généralement, par une porte busquée ou par un bateau-porte.

(Un bateau-porte est essentiellement un barrage

flottant que l'on vient immerger et appuyer contre des feuillures ménagées dans les bajoyers.)

Si, pour fermer la forme, on emploie une porte busquée, comme celle d'une écluse ordinaire, les bajoyers seront verticaux ou presque verticaux.

Mais, si l'on se sert d'un bateau-porte, les bajoyers ont presque toujours un fruit notable. Disons de suite ici, pour fixer les idées, que ce fruit peut varier dans de larges limites (de 1/3 à 1/8 par exemple). Cette question sera traitée en détail à propos des divers procédés de fermeture.

350. Largeur de l'entrée. — Quelle que soit la forme de l'entrée (rectangulaire ou trapézoïdale), les navires les plus larges pouvant avoir accès dans le bassin doivent traverser le pertuis avec un jeu libre d'au moins $0^m,50$ sur chacun de leurs flancs, pour assurer la facilité et la sécurité des manœuvres ; et il semble prudent, en général, de porter ce jeu à 1 mètre environ.

L'entrée offrira donc, au niveau de la partie des bajoyers dont le maître couple du navire se rapproche le plus, une largeur de 1 mètre à 2 mètres plus grande que la largeur du plus large navire au même niveau.

Aujourd'hui, pour les plus grands paquebots transatlantiques, une largeur de 18 à 19 mètres serait suffisante ; mais, pour les navires cuirassés, la largeur doit être portée de 20 à 24 mètres.

351. Longueur de l'écluse d'entrée. — La longueur des bajoyers de l'entrée dépend également du système de fermeture.

Dans le cas d'une porte busquée, le bajoyer comprendra :

1° Une longueur de 6 à 8 mètres à l'aval de la chambre des vantaux (côté de la forme), pour résister à la poussée qui s'exerce sur la porte quand la forme est vide ; c'est là une donnée pratique, comme on l'a expliqué à propos des écluses (p. 133, *volume I*).

2° La longueur de la chambre des portes.

3° Enfin, une certaine longueur de bajoyer à l'amont de cette chambre (côté du bassin à flot), pour faciliter le guidage des navires et permettre au besoin l'établissement des rainures d'un batardeau. Cette longueur est habituellement de 6 à 8 mètres au minimum.

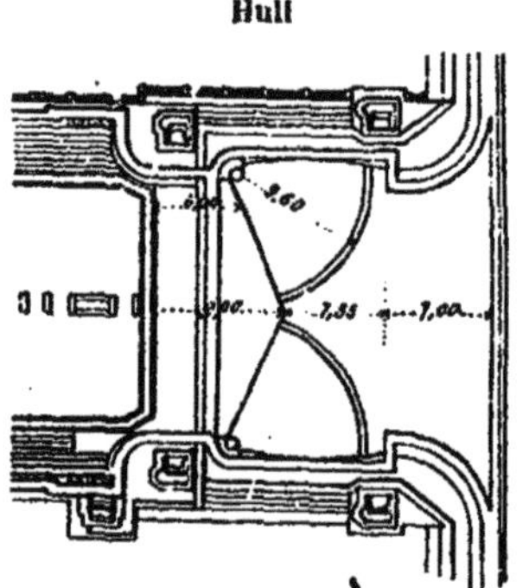

Si la fermeture se fait au moyen d'un bateau-porte, on met généralement deux feuillures pour les motifs qui seront expliqués plus loin.

Par suite, un bajoyer comprendra :

1° Une longueur de 6 à 8 mètres à l'aval de la feuillure aval ;

2° Une longueur de 4 à 6 mètres entre les deux feuillures ;

3° 6 à 8 mètres de bajoyer à l'amont de la feuillure amont.

Il faut, en tout cas, que la feuillure amont soit éloignée du parement du quai d'une quantité suffisante pour que le bateau-porte ne soit jamais exposé à être abordé par les navires passant le long du quai.

Les rainures ont environ 1 mètre de longueur dans le sens de l'axe de l'écluse. On reviendra, du reste, sur les dispositions de détail de ces rainures à l'occasion de l'étude des bateaux-portes.

Southampton : Grande forme de l'Est.

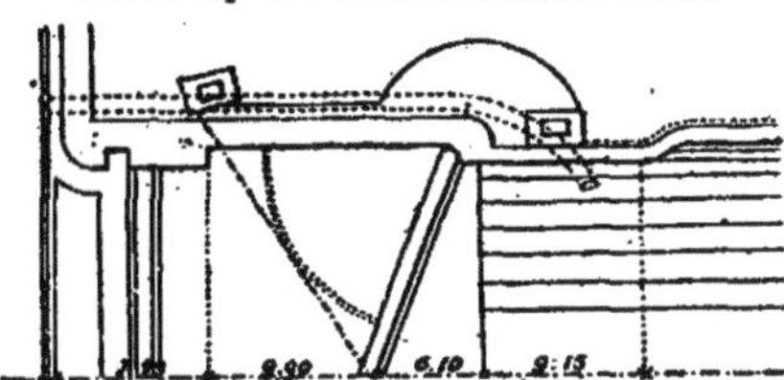

Calais : Fermeture par bateau-porte.

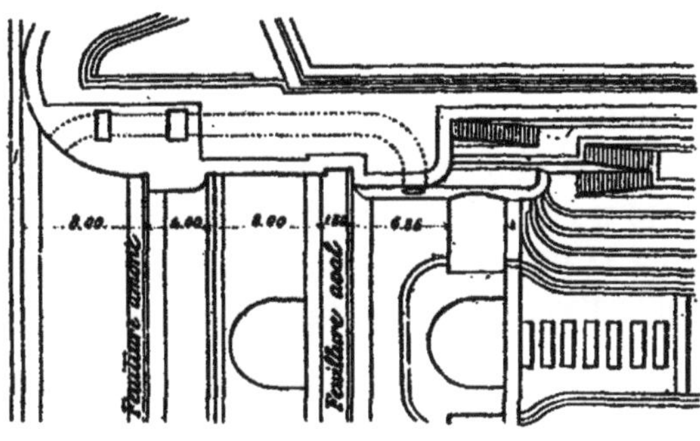

B. — DE LA FORME PROPREMENT DITE.

332. Longueur de la forme. — La forme doit avoir, au delà du pertuis, une longueur suffisante pour que les plus longs navires appelés à s'en servir habituellement puissent facilement y trouver place[1].

1. Si l'on considère un navire posé de telle sorte que sa quille AB soit horizontale, et que, sur cette droite, à partir du point A, on prenne une longueur AC égale à celle de la flottaison au *tirant d'eau moyen*, la distance A'C', comprise entre les deux perpendiculaires élevées par les points A et C à la quille, mesure la longueur maximum de la carène, que

Quand un navire est échoué dans la forme, sa quille AB repose sur le fond, par l'intermédiaire d'une série d'appuis t, t, t.....t, appelés tins (Voir Fig. p. 40).

La longueur de la ligne des tins doit donc être égale à la plus grande longueur de quille que peut avoir un des navires appelés à entrer dans la forme.

Mais, en outre, on considère aujourd'hui comme indispensable de ménager, à l'entrée de la forme, une fosse CDEF, dans laquelle on puisse faire descendre le gouvernail, quand on doit l'enlever, et que, pour ce motif, on appelle une fosse à gouvernail.

Il faut donc que le radier soit plus long que la ligne des tins de toute la longueur EF de la fosse à gouvernail.

De plus, la plus grande saillie GH du bateau-porte doit toujours rester à une certaine distance du tableau de poupe IJ du navire.

Enfin, à l'avant du bateau, il doit rester un espace

l'on désigne, en terme de marine, sous le nom de *longueur de perpendiculaire en perpendiculaire.*

On a déjà dit que, en général, lorsqu'un navire est à flot, la quille n'est pas parallèle au plan de flottaison et que le tirant d'eau est plus grand à l'arrière qu'à l'avant. Le tirant d'eau moyen est alors la moyenne entre

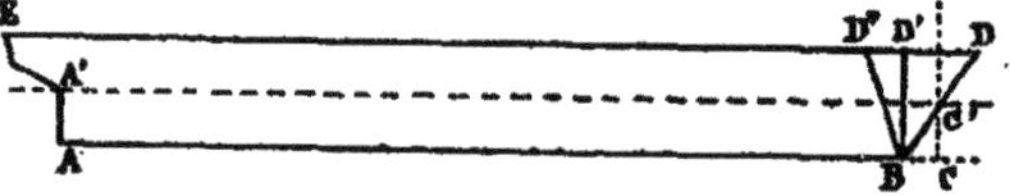

la calaison avant et la calaison arrière ; il détermine la hauteur à laquelle est menée la flottaison supposée parallèle à la quille.

La quille AB s'assemble à l'avant avec une pièce BD, nommée étrave, et à l'arrière à une pièce AA', appelée étambot.

L'étambot est normal ou presque normal au plan AB de la quille.

L'étrave peut être normale à AB ou inclinée de façon à occuper les positions BD', BD ou BD''.

Il en résulte que la longueur d'un navire, sur le pont supérieur (ED) est généralement plus grande que sa longueur entre perpendiculaires.

libre entre l'étrave BK et le bajoyer du fond de la forme.

Ordinairement, le fond d'un bassin est un hémicycle circulaire (Pl. III) ou ogival (Pl. I), pour diminuer le cube de l'eau à épuiser et le cube des maçonneries.

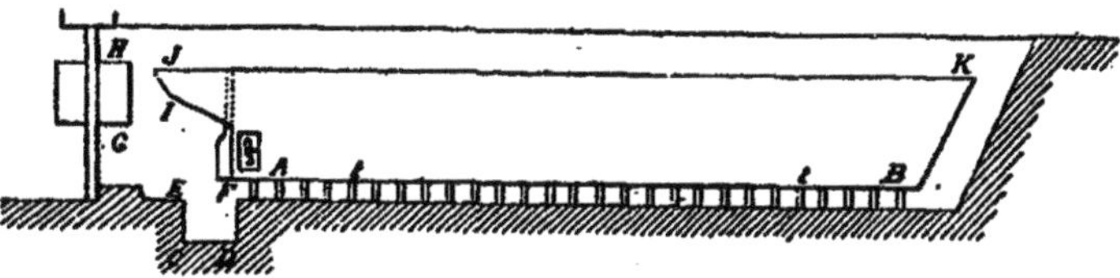

La tendance actuelle étant d'augmenter la longueur des navires, il convient de donner une grande longueur à la forme ou de se réserver, si possible, la faculté de l'allonger plus tard.

Dans certaines circonstances (par exemple : quand la disposition des lieux empêche de construire un nombre suffisant de formes isolées, ou quand le nombre des navires à radouber peut devenir, à certaines époques, exceptionnellement grand), on a donné à des formes une longueur telle qu'elles peuvent contenir deux et jusqu'à trois navires à la fois.

Cette combinaison a des inconvénients au point de vue de l'exploitation du bassin de radoub, car les navires doivent entrer et sortir ensemble, de sorte que l'un d'eux au moins subit un retard inutile.

Mais on peut atténuer ces inconvénients, en établissant une fermeture intermédiaire, qui permet de faire sortir le bateau placé près de l'entrée, sans entraver les opérations de radoub du navire situé vers le fond et qui doit faire usage de la forme pendant un temps plus long.

Si la disposition des lieux le permet, on peut donner à une pareille forme une double entrée, c'est-à-dire une entrée à chacune de ses extrémités, et ménager vers le milieu de sa longueur un moyen de fermeture ; les mouvements des deux navires en

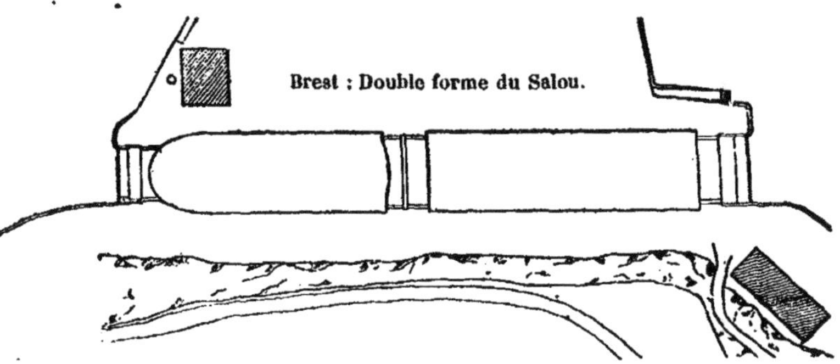

radoub sont alors indépendants (Exemple : Brest, double forme du Salou).

Mais ce sont là des solutions spéciales, applicables à des cas particuliers, pour lesquels il est impossible de donner, *à priori*, aucune indication générale.

353. Profil ou section transversale de la forme. — Le profil transversal d'une forme de radoub dépend d'un certain nombre de considérations relatives à l'exploitation de l'ouvrage.

Il faut que l'air et la lumière pénètrent facilement jusqu'au fond de la forme, qui est toujours plus ou moins humide et sombre, quand elle est occupée par un navire.

L'aérage est nécessaire pour assurer une prompte dessiccation des coques en bois ou de la peinture des coques en fer.

La clarté est indispensable pour que les ouvriers

voient bien leur travail dans la partie la plus obscure de la carène, c'est-à-dire près de la quille, surtout au maître couple, qui a maintenant, en général, une forme aplatie.

Il faut, en outre, que les ouvriers puissent travailler avec le moins de gêne possible sous la carène, près de la quille.

La première considération conduit à donner au profil transversal une forme évasée et à ménager une largeur libre suffisante entre les parois du bassin et les flancs du navire.

La seconde, à donner au fond de la forme une profondeur assez grande au-dessous de la quille.

La tendance était autrefois d'augmenter la largeur et l'évasement des formes. Mais, souvent, les avantages ainsi réalisés étaient plus que compensés par des inconvénients sérieux.

En effet :

1° Un excès de largeur augmente le cube des maçonneries et, par suite, la dépense de premier établissement.

2° Il augmente aussi le cube de l'eau à épuiser et, par suite, les frais d'exploitation.

3° Il rend l'accorage plus difficile.

L'accorage a pour but de maintenir le navire verticalement sur sa quille, quand, par suite des épuisements effectués dans la forme, celui-ci vient à reposer sur les tins. A cet effet, on soutient le navire (on l'accore, en terme de marine), de chaque

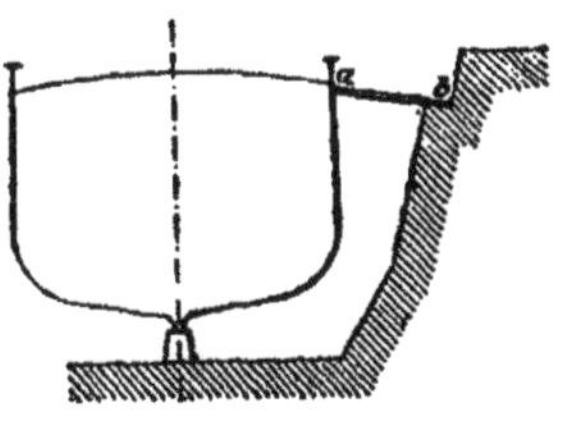

côté, au moyen de pièces de bois, appelées épontilles, s'appuyant, d'une part, contre ses flancs, et, d'autre part, contre le bajoyer.

Plus la distance (*a b*) entre le flanc du navire et la paroi de la forme est grande, plus les épontilles sont longues, lourdes et malaisées à manœuvrer. On considère aujourd'hui comme désirable que la longueur des épontilles ne dépasse pas 4 à 6 mètres.

4° Un trop grand évasement de la forme rend impossible la manœuvre à la grue des poids lourds, tels que pièces de machines ou de gouvernail, qu'il faut hisser du fond du bassin ou y descendre. En effet, les volées deviennent très longues et la stabilité de grues mobiles est malaisée à obtenir.

Un excès de profondeur du radier, sous la quille, conduit à abaisser le niveau des fondations ; or, en général, la difficulté de la construction d'une forme, toujours très sérieuse, augmente beaucoup avec la profondeur des fondations. Il oblige aussi à donner aux tins, invariablement très étroits, une assez grande hauteur, ce qui compromet leur stabilité.

On peut admettre, comme un fait d'expérience pratique, que, en général, il est convenable et suffisant de donner aux tins une hauteur comprise entre $0^m,80$ et $1^m,20$.

Quant à l'évasement moyen du profil, bien que des formes récentes présentent encore des bajoyers en gradins à 45°, il n'est presque jamais aujourd'hui de plus de 1 de base pour 2 de hauteur, et on le réduit souvent davantage, comme on le verra tout à l'heure.

La disposition générale du profil transversal sera suffisamment indiquée, si on ajoute que l'intervalle libre à ménager entre les flancs du navire (au maître couple) et les parties les plus saillantes des bajoyers doit être de 2 mètres environ.

Il s'agit, bien entendu, du navire le plus large que la forme doit recevoir.

Cette largeur de 2 mètres est motivée par les convenances de l'exploitation et se justifie de la façon suivante :

Dès qu'un navire est échoué sur ses tins, c'est-à-dire presque au début de l'épuisement de la forme, des ouvriers se tiennent sur des radeaux disposés en assez grand nombre autour du navire ; ces ouvriers nettoient la coque à mesure que le niveau de l'eau baisse dans le bassin, car il importe de ne pas perdre de temps, l'occupation de la forme étant toujours assez coûteuse.

Il faut donc que ces radeaux puissent suivre, en descendant, les flancs du navire, sans être arrêtés par aucune saillie de la maçonnerie ; or, il est difficile de leur donner moins de $1^m,50$ à $1^m,70$ de largeur pour assurer leur stabilité de flottaison sous le poids des hommes qui s'y tiennent debout.

On est ainsi conduit à fixer à 2 mètres environ la largeur libre qu'il faut ménager, au maître couple, le long des flancs du navire le plus large.

Les considérations qui précèdent déterminent la forme générale des limites du contour dans lequel doit être comprise la section transversale du bassin de radoub.

On peut l'assimiler approximativement à celle

d'un trapèze ayant sa petite base à $0^m,80$ ou $1^m,20$ au-dessous de la quille et dont les deux côtés, également inclinés, passent à 2 mètres à peu près de la partie la plus saillante du maître couple du plus large navire.

Il s'agit de déterminer maintenant la forme que doit affecter réellement le profil du bajoyer et celui du radier.

354. Du bajoyer. — Les épontilles s'appuient, d'une part, sur la coque du navire, d'autre part, contre les bajoyers de la forme.

Pour assurer la stabilité du navire, les épontilles doivent buter contre lui le plus haut possible au-dessus de la quille.

Elles sont placées presque horizontalement, mais légèrement relevées près de la coque, suivant une pente de $0^m,08$ à $0^m,12$ par mètre, ce qui facilite leur coinçage le long des flancs du bateau.

L'appui a lieu ordinairement à la hauteur du pont supérieur. Quand ce pont est situé trop haut, on peut accorer à la hauteur du deuxième pont. Dans le cas où l'on est obligé d'épontiller dans l'intervalle de deux ponts, il faut éviter de prendre la butée sur les parties minces de la coque, qui ne sont pas soutenues au moins par les membrures (couples du navire).

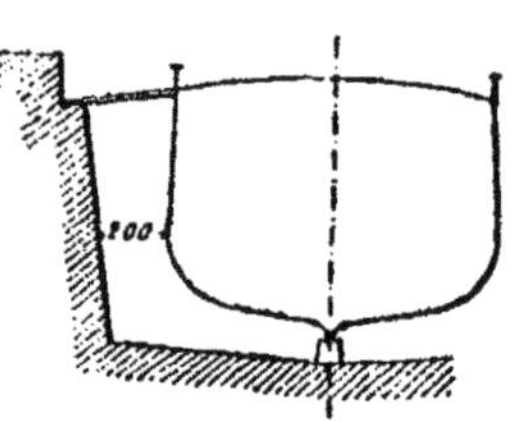

La manière la plus commode d'appuyer les épontilles contre le bajoyer consiste à les faire reposer sur une banquette ménagée dans ce but. Il en résulte qu'il devrait y avoir, théoriquement, autant de banquettes qu'il y a de hauteurs différentes pour les ponts des navires où peut se faire convenablement l'accorage. C'est le motif pour lequel on multiplie généralement les banquettes, en Angleterre. Mais, comme les banquettes doivent avoir une certaine largeur, un grand nombre de banquettes conduit à donner à la forme un grand évasement.

Pratiquement et en fait, on se borne actuellement, en France, à ménager deux ou trois banquettes au plus, correspondant aux hauteurs des deux ou trois types de navires les plus usuels, grands, moyens et petits, auxquels la forme est destinée (Le Havre, Pl. IV).

Quelquefois même, on se borne à n'en faire qu'une au niveau correspondant à la hauteur des navires appelés le plus ordinairement à se servir de la forme (Saint-Nazaire, Pl. V).

C'est là un avantage à prendre en considération, car, moins il y a de banquettes, plus on peut réduire la portée des grues fixes ou mobiles desservant le fond de la forme et qui ont à manœuvrer souvent des poids considérables.

Enfin, quand on se sert, en guise de forme de radoub, du sas d'une écluse dont les bajoyers sont presque verticaux, on scelle de distance en distance, dans la hauteur des bajoyers, des poutres horizontales sur lesquelles on vient faire reposer une des extrémités des épontilles, ce qui supprime complètement les banquettes; ou bien encore on appuie les épontilles sur des sellettes pendantes le long du bajoyer et retenues au moyen de cordes amarrées à des organeaux scellés dans le bajoyer.

Ce système a été employé pendant de longues années à Saint-Nazaire, à l'écluse de communication entre les bassins de Penhouët et de Saint-Nazaire.

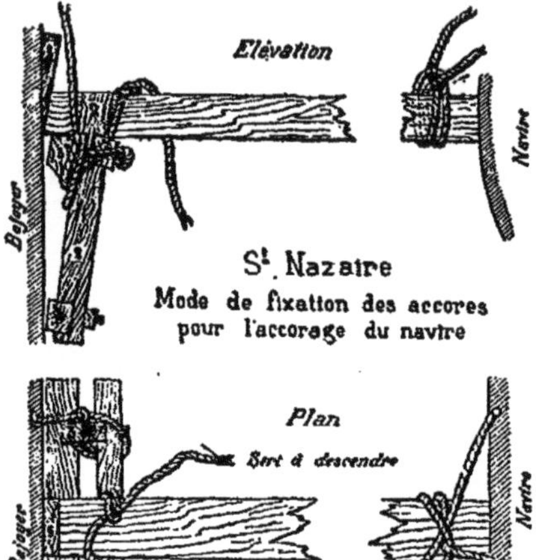

St. Nazaire
Mode de fixation des accores pour l'accorage du navire

Bien que l'appui des épontilles sur des poutres ou des sellettes soit moins commode et moins stable que l'appui sur des banquettes, on reconnaît cependant à ces systèmes l'avantage de pouvoir placer les épontilles exactement à la hauteur qui convient le mieux pour le pont de chaque navire[1].

355. Dispositions générales des banquettes. — Une banquette doit avoir une largeur assez grande pour que les hommes puissent y circuler et y travailler sans danger.

1. Il y a généralement une distance de 5 à 7 mètres entre deux épontilles voisines. On peut donc, comme on l'a fait quelquefois en Angleterre, partager la longueur des bajoyers en deux parties distinctes, les unes à parement presque vertical alternant avec les autres où sont ménagées les banquettes; la longueur de chaque partie est de 5 à 7 mètres environ. On peut même disposer dans le profil transversal à la fois des banquettes hautes et des gradins bas, arrangés de la façon la plus convenable pour l'accorage (*Annales des ponts et chaussées*, août 1892).

Lorsque les banquettes ont peu de hauteur (de $0^m,40$ à $0^m,70$, par exemple), elles n'ont pas habituellement plus de $0^m,30$ à $0^m,60$ de largeur.

Mais, lorsque les banquettes sont séparées par des hauteurs notables (de 2 à 3 mètres, par exemple), la largeur de $0^m,60$ devient insuffisante pour donner toute sécurité aux ouvriers.

L'expérience a fait reconnaître qu'il n'est pas prudent de donner moins de $0^m,80$ à une pareille banquette et qu'une largeur de $1^m,50$ est plus que suffisante.

Une largeur de 1 mètre à $1^m,20$ paraît admissible dans la plupart des cas ; elle correspond à une foulée de $0^m,60$ avec une marge de $0^m,20$ à $0^m,30$ de chaque côté.

De plus, pour que les hommes ne soient pas exposés à heurter du coude le bajoyer, il convient de donner à son parement un fruit de 1/8 à 1/10. Cette disposition permet aussi une facile mise en place des coins de serrage des épontilles.

Le profil d'un bajoyer affecte donc le plus souvent la forme ci-dessus *abcdef*. Toutefois, le parement *ef* de la partie inférieure, comprise entre la dernière banquette et le fond de la forme, reçoit souvent une inclinaison beaucoup plus forte, 1/5 à 1/3, de façon à mieux contre-buter le pied du bajoyer et à réduire la largeur du radier.

356. Profil transversal du radier. — Le profil transversal du radier doit être disposé de façon à répondre à deux conditions principales : 1° assurer l'assèchement du fond de la forme; 2° permettre l'accorage des parties inférieures de la carène des navires.

357. Assèchement du radier. — Le radier d'un bassin de radoub est toujours plus ou moins humide, soit à cause des infiltrations à travers la maçonnerie, soit à cause de l'eau qu'on emploie quelquefois pour le lavage des coques.

Afin d'assurer l'écoulement de ces eaux et l'assèchement du fond de la forme, le radier n'est pas horizontal, mais il offre des pentes transversales qui conduisent les suintements dans les rigoles aboutissant au puisard des pompes de vidange.

358. Emplacement des rigoles. — Autrefois, on ne faisait qu'une rigole placée naturellement dans l'axe longitudinal du radier. Dans ce cas, le radier est concave et présente deux pentes transversales vers la rigole (Exemple : Cherbourg, Pl. I et II).

Aujourd'hui, on préfère généralement faire deux rigoles placées symétriquement de chaque côté de l'axe, et alors le radier est légèrement convexe au milieu (Le Havre, Pl. III et IV). Les motifs de cette préférence sont les suivants :

Une seule rigole centrale a pour effet d'appeler les

suintements et, par suite, d'entretenir l'humidité dans la partie la moins aérée du radier et là où les ouvriers sont dans les plus mauvaises conditions pour travailler.

Une partie des détritus provenant du grattage ou du nettoyage de la coque des navires, les outils que les ouvriers laissent échapper par mégarde, tombent ou sont entraînés dans la rigole, dont le curage n'est pas facile.

Le radier se trouve avoir son minimum d'épaisseur au milieu de sa largeur, et il y est encore affaibli par l'existence même de la rigole. Or, c'est précisément au milieu que l'épaisseur devrait être la plus grande, pour mieux résister à la sous-pression.

Les tins sont à cheval sur la rigole ; ils ne sont donc pas appuyés directement sur le radier à l'aplomb de la quille, c'est-à-dire là où ils supportent l'effort le plus considérable.

Ces inconvénients sont évités par l'emploi de deux rigoles latérales.

Toutefois, on reconnaît à la rigole unique, centrale, l'avantage d'offrir un large dégagement sous la quille, ce qui facilite beaucoup l'exécution de certains travaux qu'on peut avoir à faire à cette partie de la carène des navires en bois, par exemple le remplacement des quilles et fausses quilles, le percement de trous de tarières, l'enfoncement de bas en haut de chevilles ou de gournables.

Quelle que soit la disposition des rigoles, on donne ordinairement aux versants transversaux une inclinaison de 2 à 3 centimètres par mètre, pente suffisante pour l'écoulement des eaux et un facile nettoyage du fond de la forme, et qui permet l'accorage direct, c'est-à-dire sans banquettes, de certaines parties basses de la coque.

359. Accorage des parties inférieures de la carène. — Les épontilles, à peu près horizontales, placées vers la hauteur du pont supérieur, ont pour but de maintenir la coque droite sur sa quille, et il faut observer, d'ailleurs, qu'un navire a, par le fait même de sa construction, une assez grande stabilité dans cette position. Mais la partie inférieure de la carène, si elle n'était pas soutenue par des étais, serait, dans certains cas, exposée à une fatigue anormale.

En effet, quand un navire est à flot, la pression de l'eau maintient la forme de la carène, qui est construite spécialement en vue de résister à cette action ; lorsque, au contraire, le navire est hors de l'eau, ses flancs, en porte-à-faux par rapport à la quille, tendent à s'affaisser, surtout si la cale contient un chargement, et il importe de s'opposer à cette déformation en soutenant le dessous de la carène.

Cet accorage se fait non plus horizontalement, mais verticalement, au moyen d'épontilles *a*,*a*, placées presque droites, ou tout au moins sous une très faible inclinaison.

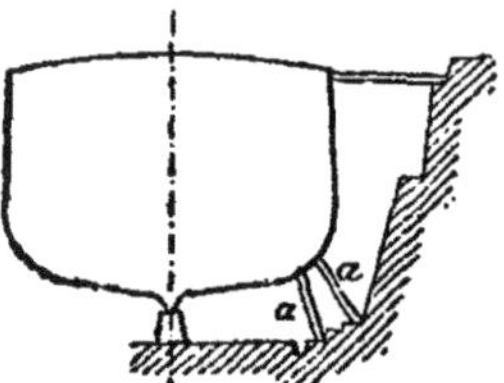

Pour permettre le calage du pied des épontilles, le radier doit offrir, sur une certaine largeur, près des bajoyers quelques banquettes basses ou gradins formant comme des marches d'escalier. La disposition, le nombre et la hauteur de ces banquettes dépendent de la forme des carènes à accorer.

Généralement, on n'en met pas plus de deux ou trois et leur hauteur est d'environ 0m,30.

Du reste, on peut, comme on l'a dit, appuyer les épontilles directement sur le radier, quand il n'a pas une pente trop raide.

Les gradins ont l'avantage de buter le pied des bajoyers et d'augmenter la résistance du radier.

360. Profil longitudinal du radier d'une forme. — Pour comprendre la disposition du profil en long du radier, on doit se rappeler qu'un navire à flot est toujours plus ou moins en différence.

La différence est surtout sensible dans les navires à hélice ; il faut, en effet, que, le bateau ayant son plus faible tirant d'eau, l'hélice soit encore immergée. La différence atteint ordinairement de 0m,005 à 0m,01 environ par mètre de quille, de l'arrière à l'avant.

Il est rationnel de profiter de ce fait pour diminuer la profondeur de la forme, là où l'avant doit reposer sur les tins, et par suite d'introduire par l'avant le navire dans le bassin de radoub.

Le pertuis (ou l'écluse) d'entrée doit donc avoir son radier horizontal, puisqu'il sera parcouru dans toute sa longueur par l'arrière de la quille.

La ligne des tins, au contraire, pourra offrir une rampe peu différente de l'inclinaison de la quille; de cette façon, la quille viendra reposer dans toute sa longueur à peu près en même temps sur les tins, quand l'épuisement de la forme fera échouer le navire.

Les tins ayant ordinairement une hauteur uniforme de 0m,80 à 1m,20, le radier de la forme, dans l'axe de l'ouvrage, aura la même rampe que la ligne des tins, mais sera situé à $0^m,80$ ou $1^m,20$ plus bas.

Il résulte de cette disposition que les rigoles du radier de la forme ont naturellement leur pente vers l'entrée.

Il n'y a à cela que des avantages si le puisard des pompes d'asséchement est également près de l'entrée.

Mais il arrive souvent, surtout quand il y a plusieurs formes groupées ensemble, que le puisard doit être établi vers l'extrémité opposée, c'est-à-dire vers l'arrière de la forme.

Il faut alors ramener une partie au moins des eaux à épuiser de l'avant vers l'arrière, au moyen d'aqueducs percés dans toute la longueur des bajoyers.

Toutefois, le radier n'a pas besoin d'avoir nécessairement une pente égale à celle de la quille quand le bateau navigue, car, lorsqu'on entre un navire dans la forme, on peut modifier sa différence en opérant un changement dans l'arrimage de son chargement.

On parvient même ainsi à ramener la quille à l'horizontalité, de sorte que le radier peut être aussi horizontal.

En tout cas, lorsqu'une forme a deux entrées, son radier doit être nécessairement horizontal.

Dans ce cas, on peut amener les eaux vers l'une ou l'autre des extrémités de la forme, en donnant aux rigoles d'asséchement une pente suffisante, sans cependant trop entailler le radier. Si, par exemple, une forme a 150 mètres de longueur, comme on peut ne donner aux rigoles qu'une pente de 2 à 3 millimètres par mètre, les rigoles n'auront besoin d'être creusées dans le radier qu'à une profondeur de 0m,30 à 0m,45 au point où elles viennent se relier à l'aqueduc de vidange.

Avec un radier horizontal, on peut indifféremment faire entrer le navire par l'avant ou par l'arrière. Alors, si l'aqueduc de vidange est percé dans le bajoyer du fond de la forme, on peut aussi placer la fosse à gouvernail vers le fond de la forme, ce qui permet, en ajoutant une écluse intermédiaire, de réduire les épuisements pour les petits bateaux, tout en les faisant jouir des avantages de la fosse à gouvernail (Exemple : La Pallice [1]).

361. Profils en long et en travers des banquettes et des gradins. — Les banquettes d'accorage règnent dans toute la longueur des bajoyers, qu'elles partagent ainsi en plusieurs étages. Elles sont horizontales.

Chaque banquette découvre donc en même temps sur toute sa surface, de sorte que l'accorage peut se faire simultanément aux différents points de la longueur du navire.

Par contre, les gradins inférieurs ont toujours la pente du radier.

Pour faciliter l'assèchement et le nettoyage des banquettes, on leur donne généralement une petite pente transversale de 0m,01 à 0m,02 par mètre.

362. Des escaliers. — Des escaliers sont néces-

1. Exposition universelle à Paris en 1889. — Notices sur les modèles, dessins et documents divers relatifs aux travaux des ponts et chaussées, réunis par les soins du ministère des Travaux publics.

saires pour descendre du couronnement de la forme sur les banquettes successives et jusqu'au niveau du fond de l'ouvrage.

Il est logique de disposer ces escaliers d'une façon symétrique par rapport aux deux axes, transversal et longitudinal, du bassin. Il y a donc au moins quatre escaliers et quelquefois on en a mis jusqu'à huit (Exemples : Marseille, Bordeaux).

Les escaliers devant être pratiqués par des ouvriers portant des outils et des fardeaux, il convient que le pied (A, A') d'un rampant (croquis n° 1) ne soit pas masqué par une paroi verticale (BC, B').

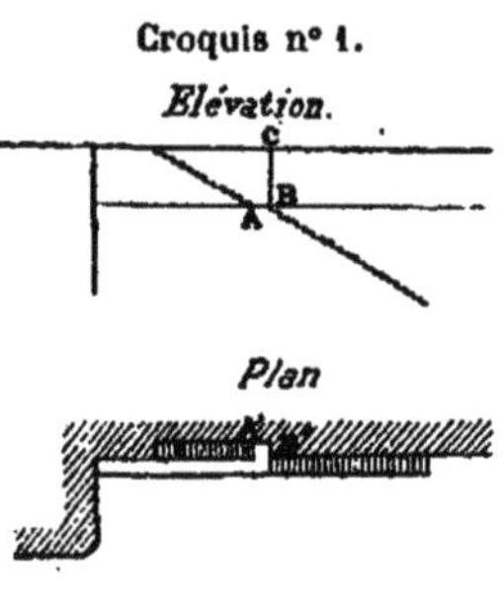

Pour la même raison, il est désirable que les foulées successives se continuent à peu près en ligne droite (voir, page suivante, croquis n° 2), au lieu de se retourner de 180° (voir, page suivante, croquis n° 3).

On pourra consulter, pour les dispositions à suivre, la planche I (Cherbourg).

L'escalier se trouve naturellement partagé en plusieurs parties correspondant à chaque étage des banquettes, et chacune de ces parties doit se terminer par un palier, d'une longueur *bc* au moins égale à celle de l'emmarchement (*a b*, croquis n° 2).

En général, les marches ont une longueur (*a b*, croquis n° 2) égale à la largeur des banquettes ; et habituellement on donne aux marches $0^m,20$ de hauteur et $0^m,30$ de largeur.

Ces escaliers n'étant pas autant exposés que ceux des quais à l'abordage des navires, il n'est pas

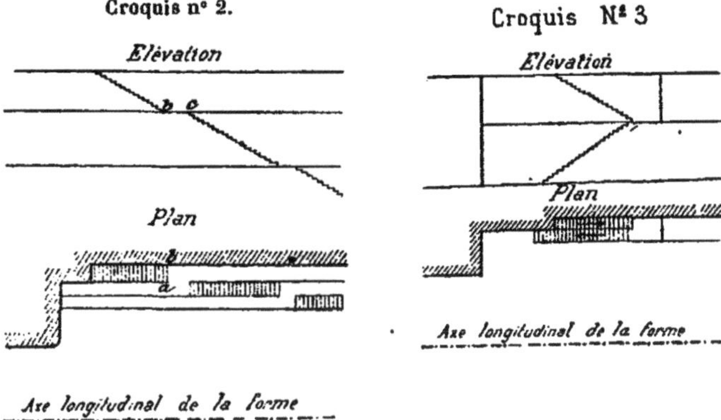

indispensable que la marche soit formée d'une seule pierre dans toute sa longueur.

363. Glissières et plans inclinés. — Pour la descente et le hissage des pièces de bois ou de fer, on ménage dans les bajoyers un certain nombre de glissières (ou plans inclinés) à environ 3 de base pour 2 de hauteur. Le pied des glissières se raccorde, au niveau d'un des gradins inférieurs, par un arc de cercle dont la tangente extrême est horizontale (Pl. IV et croquis p. 66).

Les glissières ont environ 1 mètre de largeur; leur radier est plan ou légèrement concave; il est constitué par de la pierre de taille ou par de la maçonnerie ordinaire, dans laquelle on scelle alors des rails plats métalliques.

Ces glissières sont généralement bordées d'escaliers de chaque côté.

Elles sont réparties d'une façon symétrique sur toute la longueur de la forme, quand les circonstances locales le permettent.

De plus, aujourd'hui on ménage généralement une glissière au fond de la forme, dans le prolongement de l'axe longitudinal, ce qui permet, à la rigueur, de recevoir des navires un peu plus longs que ceux pour lesquels la forme a été prévue.

Les glissières sont tantôt à découvert (Pl. V,

Glissière.

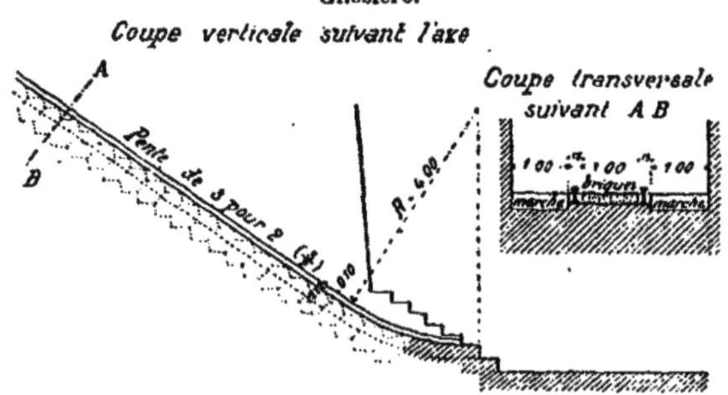

Saint-Nazaire), tantôt couvertes par des voûtes (Pl. IV, Le Havre).

Lorsque les glissières découvertes coupent les banquettes, on peut rétablir, si besoin est, la circulation sur celles-ci à l'aide de ponts volants.

364. Des tins. — Les tins peuvent être en bois ou métalliques.

Tins en bois. — La forme des tins varie dans de larges limites. On peut les composer, par exemple, de trois pièces de bois ayant $0^m,30/0^m,40$ à $0^m,40/0^m,40$ d'équarrissage.

Le tin aura ainsi $0^m,90$ à $1^m,20$ de hauteur et $0^m,40$ d'épaisseur ou de largeur.

Comme le bois est soumis à une forte compression, perpendiculairement à la direction des fibres, on emploiera de préférence les essences résistant bien à ces efforts, soit le chêne ou le greenheart.

La pièce inférieure aura, pour fixer les idées, environ 3 mètres de longueur; la seconde, 2 mètres; et la troisième, ou celle de dessus, 1 mètre seulement de longueur.

Les tins sont généralement espacés d'axe en axe de 1 à 2 mètres. Cet écartement doit être déterminé en raison du poids maximum qu'ils sont appelés à supporter[1].

Quand un navire commence à reposer sur un tin, il tend à l'entraîner dans le sens des petits mouvements dont il est encore susceptible.

Si le navire se déplace latéralement, il tend à faire glisser le tin sur le radier et les pièces du tin les unes sur les autres.

Si le navire se meut longitudinalement, il tend à renverser le tin dont la base d'appui est petite par rapport à la hauteur, et qui a ainsi peu de stabilité.

Pour assurer la fixité du tin dans le sens transversal, on peut maintenir la pièce inférieure par des boulons verticaux (*a*, *a*), scellés dans le radier, et buter en outre ses deux extrémités contre deux dés en pierre de taille (*b*, *b*).

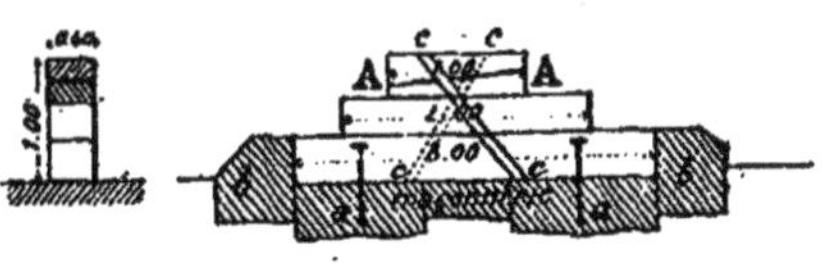

La solidarité entre les pièces superposées du tin

1. Ce poids, pour les plus grands bateaux transatlantiques, peut s'élever jusqu'à 100 tonnes environ par mètre courant de quille, dans la partie la plus lourde de la coque.

s'obtient, d'habitude, à l'aide d'écharpes (*c*, *c*) clouées sur les faces verticales et croisées en sens contraire sur les deux faces opposées. Il est facile d'imaginer, et l'on peut d'ailleurs adopter d'autres dispositions que celles qui viennent d'être indiquées à titre d'exemple, et remplissant le même objet.

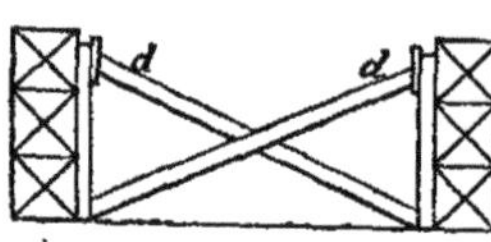

Pour assurer la stabilité des tins dans le sens longitudinal, on les arc-boute quelquefois en les entretoisant à l'aide d'étrésillons (*d*, *d*) disposés en croix, s'appuyant à la base d'un tin et au sommet de l'autre ; ces étrésillons peuvent être serrés, au besoin, à l'aide de coins.

La poutre supérieure A,A (Fig. p. 67) du tin n'est pas formée par une pièce unique, mais par la superposition de deux coins.

Cette disposition est motivée par la nécessité de tenir compte de la déformation que subit habituellement la quille d'un navire.

La quille est parfaitement droite lorsque l'on construit la coque ; mais, quand le bateau a navigué pendant un certain temps, elle prend une courbure sensible, surtout dans les bâtiments en bois. Cette courbure a sa concavité tournée vers le bas ; le navire donne du nez vers l'avant.

Si la ligne supérieure des tins était droite, la quille ne porterait pas sur les tins du milieu quand l'avant et l'arrière reposeraient déjà sur ceux des extrémités. La quille tendrait à se redresser, ce qui déformerait la coque, fatiguerait les assemblages ; et les tins extrêmes supporteraient une charge excessive.

Pour remédier à cet inconvénient, on fait glisser l'un sur l'autre les deux coins formant la poutre supérieure, de façon que la ligne des tins offre, aussi approximativement que possible, la courbure de la quille. C'est dans ce but que les écharpes sont simplement clouées, car elles doivent être déplacées pour serrer les coins.

Tins métalliques. — L'usage des tins métalliques tend à se propager. Ils ont tout d'abord l'avantage

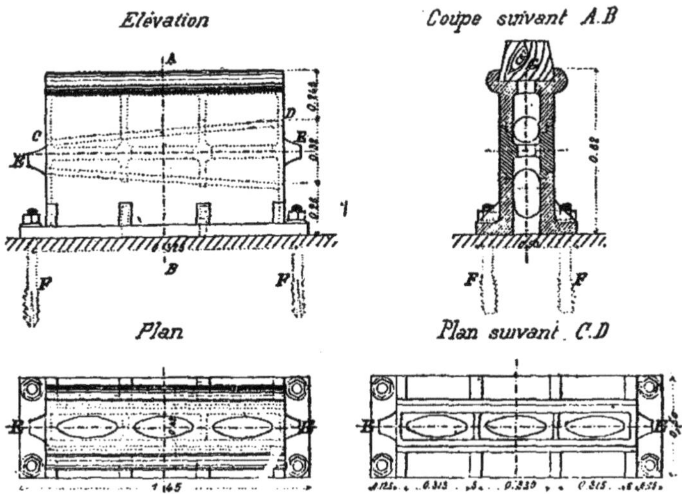

d'une longue durée, tandis que les tins en bois doivent être remplacés, en tout ou en partie, assez souvent.

De plus, ils sont disposés de façon à être aisément démontables, ce qui permet la visite des parties de la quille qu'ils supportent; le démontage d'un tin en bois est, au contraire, toujours assez difficile.

Les tins en fonte, actuellement en usage, se composent de trois parties susceptibles de se séparer. La partie du milieu forme coin et glisse sur les autres, lorsque l'on frappe sur l'un des abouts E, E (Fig. p. 69). La partie inférieure est scellée au radier par l'intermédiaire de boulons F,F. La partie supérieure reçoit une fourrure en bois G, destinée à supporter la quille du navire.

Ces tins ne sont pas arc-boutés entre eux dans le sens longitudinal de la forme; leur stabilité, contre le déversement, est obtenue par l'élargissement de leur base et le scellement de celle-ci dans le radier.

365. Des fosses à gouvernail. — L'opération qui consiste à démonter le gouvernail d'un navire exige que l'on ait une profondeur libre de 3 à 4 mètres, au moins, au-dessous de la quille arrière.

Autrefois, on était souvent obligé, à cet effet, de conduire les grands navires en rade.

On imagine facilement les sujétions et les frais qu'entraînait un pareil procédé, pour l'exécution de manœuvres réclamant une certaine précision et, par suite, un assez grand calme des eaux.

Aujourd'hui encore, pour les petits navires, on recourt au même moyen, dans les bassins à flot; mais l'opération n'en reste pas moins longue et coûteuse, car elle entraîne un changement d'arrimage pour relever l'arrière du bâtiment aussi haut que possible.

On adopte donc maintenant des dispositions permettant de démonter le gouvernail d'un navire pendant qu'il est dans la forme de radoub.

La solution consiste à faire, à l'entrée de la forme,

une fosse d'une profondeur convenable, placée de telle sorte que le gouvernail puisse y descendre librement, et d'une hauteur suffisante pour dégager (désemparer, en terme de marine) la mèche (*a a*) du puits (appelé jaumière) par lequel elle traverse la poupe du navire.

Pour les plus grands bâtiments du commerce actuellement existants, une profondeur de 3m,50 est jugée suffisante, car, avec la hauteur des tins, qui est en moyenne de 1 mètre, on peut faire descendre le gouvernail de 4m,50.

Extrait de la planche III.

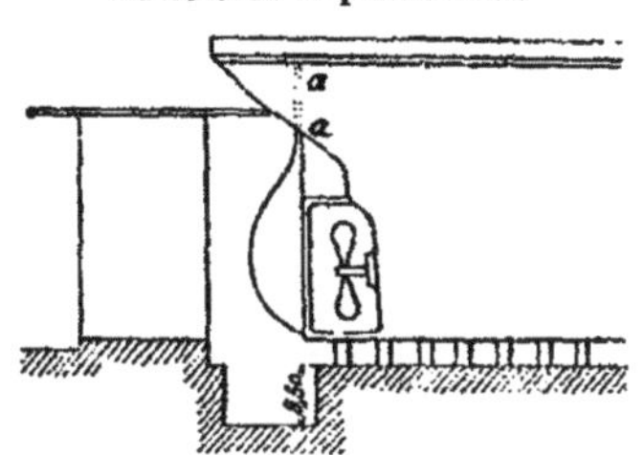

La fosse a, ordinairement, en plan, la forme d'un demi-cercle *abc*, continué par un rectangle *acef*.

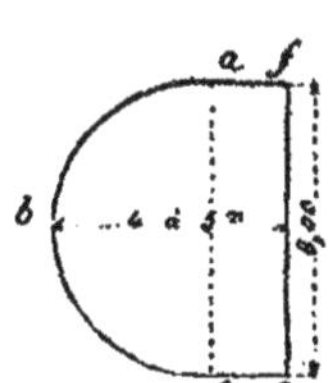

La longueur sur l'axe varie de 4 à 5 mètres et la largeur atteint environ 6 mètres.

Un escalier ou une échelle doit permettre de descendre jusqu'au fond de la forme.

Il est, la plupart du temps, inutile de mettre à sec une fosse à gouvernail, aussi n'est-il pas nécessaire de la faire communiquer avec les aqueducs d'épuisement. Il suffit, en cas de besoin, pour vider la fosse, de recourir à une pompe à bras. Il est alors convenable de ménager un petit puisard dans le fond de l'ouvrage pour recevoir la crépine de la pompe, et pouvoir ainsi assécher parfaitement son radier.

Il est bon de remarquer que le radier d'une fosse à gouvernail n'exige pas une grande épaisseur pour résister à la sous-pression qu'il supporte, parce qu'il a une surface relativement petite et qu'il est soutenu sur tout son pourtour.

En général, une épaisseur de 1 mètre à 2^{m},50 suffit, et on assure l'étanchéité en employant dans le béton ou dans la maçonnerie du radier du ciment de Portland à un fort dosage.

Quelquefois, on appareille le parement du fond en voûte renversée, pour augmenter encore la résistance du radier et en faciliter l'assèchement.

366. Des hiloires. — Un bassin de radoub, quand il est asséché, constitue une fosse béante au milieu du terre-plein.

Certains objets, des barils par exemple, peuvent, sous

Port de Calais.

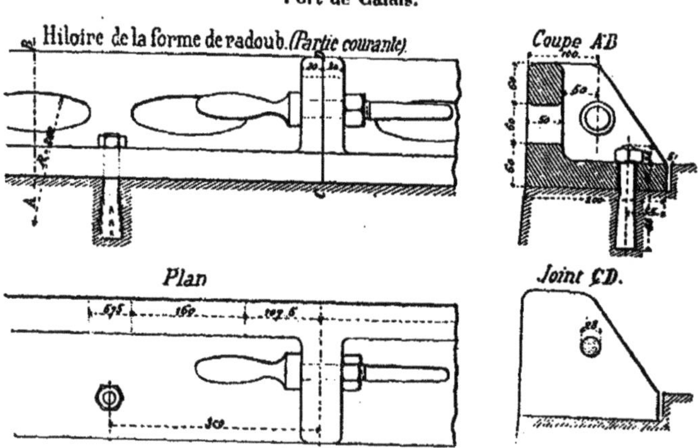

l'action d'un vent violent, d'une fausse manœuvre, etc., être poussés vers la forme, y tomber et occasionner des dégâts aux ouvrages et des accidents aux personnes.

Aussi a-t-on quelquefois jugé convenable, pour prévenir ce danger, de mettre autour du bassin une sorte de parapet très bas, appelé hiloire.

Les hiloires ont été jadis taillées dans la pierre de taille du couronnement, mais il est plus économique aujourd'hui de les faire en fonte (Exemple : Calais).

En tout cas, on est obligé de disposer sur le pourtour de la forme un grand nombre de points d'amarrage : canons, organeaux, etc. Les hiloires peuvent servir dans ce but, en y ménageant des vides et des broches, comme l'indiquent les croquis de la page 72.

367. Grues de manœuvre. — Pour faciliter l'enlèvement et la mise en place des hélices, des gouvernails, etc., c'est-à-dire des pièces lourdes placées à l'arrière des navires, là où leur mâture ne peut être utilisée pour le levage, on recourt avantageusement, dans un certain nombre de ports, à l'emploi de grues fixes, suffisamment puissantes, de 20 tonnes par exemple.

Plan

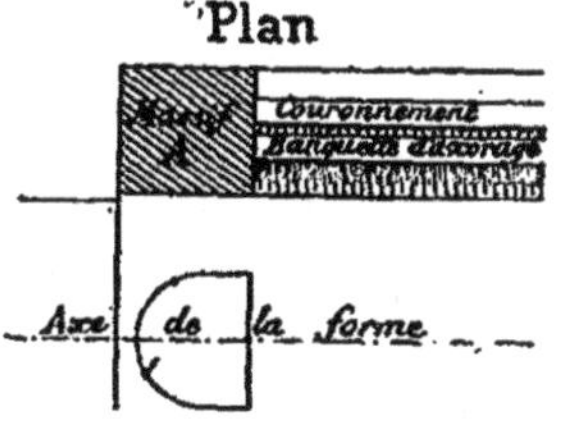

Dans ce cas, il faut édifier un massif de maçonnerie (A), capable de recevoir un pareil engin.

Pour diminuer la volée de la grue, qui doit pouvoir opérer à l'aplomb de la fosse à gouvernail, il convient d'exécuter le parement du bajoyer, à l'emplacement choisi, avec un fruit très faible (1/20 environ), ou vertical.

368. Échelles. — Quelquefois, on ménage de distance en distance, de 50 en 50 mètres par exemple, des échelles en fer entre les divers étages des banquettes, pour mieux assurer les communications.

369. Des aqueducs. — A. AQUEDUCS DE REMPLISSAGE. — Autrefois, pour remplir la forme, on se servait de vannes ou de ventelles percées soit dans les portes d'écluse, soit dans le bateau-porte. Il est encore prudent de se ménager ce moyen de remplissage, mais il convient de donner à ces ventelles de très faibles sections, afin de ne pas affaiblir, par des découpures, les appareils de fermeture, en somme assez délicats et dont la résistance importe avant tout.

Ce procédé a été suffisant tant que l'on n'avait pas éprouvé le besoin de manœuvres aussi rapides qu'à présent.

Mais aujourd'hui les aqueducs doivent avoir de grandes ouvertures, et on les pratique dans les bajoyers de l'entrée.

Leur section doit être, en tout cas, suffisante pour qu'un homme puisse facilement les visiter dans toute leur longueur. On les fait, le plus souvent, circulaires et on leur donne, au moins, 1 mètre à $1^{m},50$ de diamètre.

Il y a nécessairement deux aqueducs placés symétriquement de chaque côté de l'entrée et débouchant en face l'un de l'autre.

L'orifice extérieur C (côté du port) doit toujours être noyé quand la mer est au plus bas niveau qu'elle puisse avoir pendant toute la durée du remplissage.

L'orifice intérieur A débouche près du haut radier

du bassin de radoub compris entre l'appareil de fermeture (portes, bateau-porte) et le mur de chute B qui limite la forme, de façon à ce que l'eau arrive sur le radier presque sans chute verticale.

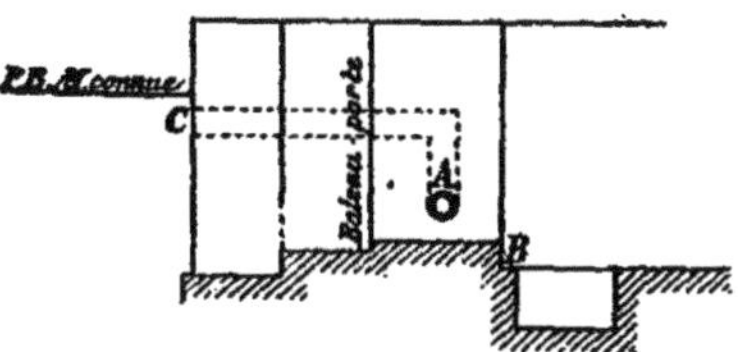

Des rainures permettent d'isoler, du bassin à flot, l'aqueduc, pour la visite, le nettoyage, la réparation des vannes et de l'aqueduc.

B. AQUEDUCS DE VIDANGE. — Lorsque le radier de la forme a une rampe qui s'élève de l'entrée vers le fond et lorsque les machines d'épuisement sont situées vers l'entrée, les rigoles d'asséchement du radier débouchent naturellement dans l'aqueduc de vidange destiné à conduire au puisard les eaux à extraire.

L'aqueduc unique, dans ce cas, traverse un des bajoyers de la forme, et les rigoles d'asséchement y amènent leurs eaux.

Lorsque le radier est en pente, comme dans le cas précédent, et que les machines d'épuisement sont à l'arrière, on peut épuiser la plus grande partie des eaux (celle qui est comprise entre le plus haut niveau que peuvent atteindre les eaux dans la forme et le niveau de la partie haute du radier à l'arrière), au moyen d'un seul aqueduc qui traverse le bajoyer d'hémicycle, vers le fond de la forme.

Quant au volume d'eau qui reste dans la partie basse, vers l'entrée, il faut nécessairement le ramener vers l'arrière. A cet effet, on ménage dans les bajoyers longitudinaux deux aqueducs offrant une pente en sens contraire de celle du radier. Ces aqueducs débouchent, d'un côté, dans la forme, près du mur de chute, et, de l'autre, dans le grand aqueduc de vidange, vers l'arrière.

Par le fait même de cette disposition, on a ainsi trois aqueducs de vidange qui, naturellement, fonctionnent ensemble pendant l'épuisement.

Si le radier est horizontal et si les machines d'épuisement sont vers l'arrière de la forme, on peut, à la rigueur, n'avoir qu'un seul grand aqueduc près du fond de l'hémicycle.

Mais on reproche au système du grand aqueduc unique de déterminer des courants sensibles dans le sens de la longueur de la forme, lorsque les moyens d'épuisement sont extrêmement puissants et que la vidange se fait, dans les premiers moments, avec une grande vitesse.

Cet inconvénient se trouve déjà atténué quand on est conduit à adjoindre à l'aqueduc de l'hémicycle deux grands aqueducs latéraux dans les bajoyers.

Pour le faire complètement disparaître, on a cherché, dans les formes n°s 1, 2, 3, 5 et 6 du Havre, à donner à l'eau un écoulement non plus longitudinal, mais transversal.

A cet effet, on a ménagé dans chacun des bajoyers un grand aqueduc longitudinal, relié à une des rigoles d'asséchement par des tuyaux en poterie (Pl. III et IV). Le nombre de ces tuyaux a été pris tel que leur section totale soit au moins égale à celle des aqueducs.

Toutefois, il semble prudent de faire communiquer avec le radier les aqueducs longitudinaux, par un large débouché libre, aussi bien vers l'avant que vers l'arrière de la forme, pour en permettre une visite facile et pour y pratiquer au besoin des chasses de nettoyage.

On donne ordinairement aux grands aqueducs une forme ovoïdale; leur hauteur doit être au moins de $1^m,80$ à la clef, pour la commodité des ouvriers qui ont à y travailler.

370. Observation. — Les renseignements donnés ci-dessus, à titre d'indications générales, sur les diverses parties d'une forme de radoub ne doivent pas faire oublier qu'il y a, dans chaque cas particulier, toute une série de questions spéciales, dont la solution, souvent embarrassante, exige une étude de détail très attentive de la part de l'ingénieur chargé de dresser et d'exécuter les projets.

§ 2

EXÉCUTION DES FONDATIONS

371. Généralités. — Les indications qui précèdent déterminent les dimensions et dispositions générales que doit offrir un bassin de radoub; on va examiner maintenant le mode de construction de l'ouvrage.

La condition principale que doit remplir un bassin de radoub est d'être aussi étanche que possible, car les pénétrations d'eau sont une cause d'altération des mortiers et les épuisements des infiltrations peuvent devenir une cause sérieuse de dépense dans l'exploitation de l'appareil.

La partie de l'ouvrage exposée aux plus grandes pressions d'eau, et par suite aux infiltrations les plus abondantes, est le radier. Les maçonneries qui le constituent devront donc être aussi imperméables que possible, c'est-à-dire faites, dans toute leur épaisseur, avec un mortier riche en chaux ou en ciment.

Il convient de remarquer ici que le radier d'un bassin de radoub est destiné à être normalement maintenu à sec; c'est là une condition différente de celle que l'on a rencontrée dans les écluses de bassins à flot, où, au contraire, le radier est habituellement couvert d'eau et n'est qu'exceptionnellement exposé à être asséché.

L'épaisseur du radier doit être calculée dans l'hypothèse où la forme est vide et ne contient pas de navire, car ce cas se présente notamment quand on met le bassin à sec, pour préparer les tins destinés à supporter un navire qui doit y entrer.

Dans ces calculs, on rencontre les incertitudes déjà signalées à l'occasion des écluses (vol. I, p. 151 et 152), relativement au choix des formules et à l'appréciation de la sous-pression.

Toutefois, dans le cas d'un bassin de radoub, il convient d'avoir égard à la condition d'étanchéité, qui est ici dominante, et par suite ne pas craindre d'augmenter un peu les épaisseurs tant du radier que des bajoyers.

Quant au mode de fondation de l'ouvrage, il est tout à fait analogue à celui du radier d'une écluse dans les mêmes conditions et pour les mêmes natures de terrains.

On passera rapidement en revue les diverses natures du sol de fondation, en suivant l'ordre adopté pour les écluses.

A. — FONDATIONS DANS UNE FOUILLE ASSÉCHÉE AU NIVEAU DU DESSOUS DU RADIER.

372. Roc solide et imperméable. — Si la forme est creusée dans un terrain rocheux étanche, on donne au radier et aux bajoyers, qui ne sont alors que de simples revêtements, une épaisseur qui n'est jamais inférieure à 1 mètre et qui, dans la plupart des cas, atteint 2 mètres (Exemples : La Pallice[1], Saint-Nazaire, Pl. V, et Cherbourg, Pl. I et II).

Pour d'aussi faibles épaisseurs, toute la maçonnerie sera faite avec du mortier riche ; si ce mortier est de chaux hydraulique, il sera prudent de prévenir les infiltrations par une certaine épaisseur ($0^m,50$ à $0^m,60$) de maçonnerie avec mortier de ciment de Portland, ou tout au moins de recouvrir la partie postérieure des bajoyers (côté du rocher) par un enduit de ciment.

373. Roc solide perméable ou avec infiltrations. — Si le rocher donne lieu à des infiltrations, on pourrait conserver les mêmes épaisseurs que dans le cas précédent, mais à la condition d'isoler ces

1. Exposition universelle à Paris en 1889. — Notices sur les modèles, dessins, etc. relatifs aux travaux des ponts et chaussées, réunis par les soins du ministère des Travaux publics.

infiltrations par des drainages, tant le long des bajoyers que sur le fond du radier (Exemple : Marseille, formes nos 1, 2, 3 et 4[1]).

A Marseille, on a jugé nécessaire d'établir dans l'intérieur même des massifs, un peu en avant du rocher, un drainage en briques creuses (*c*, *d*) qui permet de renvoyer dans l'aqueduc d'épuisement E les eaux qui auraient pu traverser la couche A B.

Port de Marseille.

374. Terrain meuble incompressible. — Dans ce cas, le radier a au moins l'épaisseur habituelle des radiers d'écluse dans les mêmes circonstances (Pl. III et IV).

Quant aux bajoyers, qui doivent alors résister aux poussées extérieures, leur forme même contribue à leur stabilité, en raison des élargissements successifs que déterminent les banquettes vers l'intérieur de la forme.

D'ailleurs, ils sont pleins, ou ils ne sont percés que par un seul aqueduc longitudinal, d'une section relativement petite, si on la compare à celle des aqueducs des écluses.

1. Exposition universelle à Melbourne en 1880. — Notices sur les dessins, modèles relatifs aux services des ponts et chaussées, des mines, etc., réunis par les soins du ministère des Travaux publics de France.

Exposition universelle à Vienne en 1873. — *Ibid.*

Sébillotte, *Construction des ports et bassins de radoub de Marseille* ; imprimerie Bernascon, à Marseille, 1877.

Leur épaisseur moyenne peut donc être, comme pour les quais, de 40 à 50 0/0 de leur hauteur.

375. Terrain meuble compressible. — Si le sol meuble n'est pas absolument incompressible, il convient de faire reposer la fondation sur des pilotis (Exemple : Le Havre).

Toutefois, on pourra généralement se borner à ne

Port du Havre (Bassin de la Citadelle).

Coupe transversale de la forme de radoub N° 1

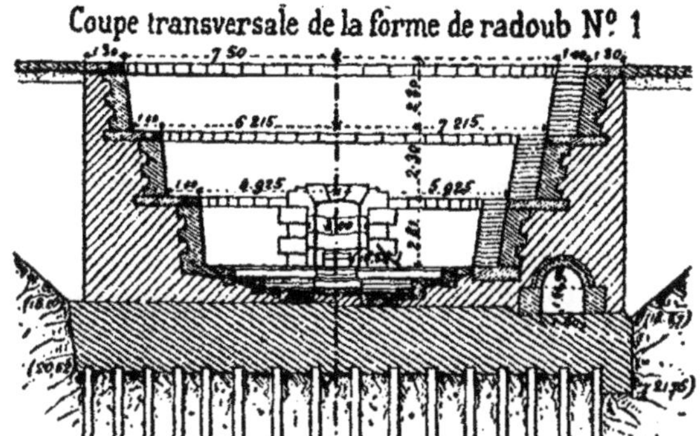

mettre des pilotis que sous les bajoyers, d'une part, et, d'autre part, sous la partie du radier occupée par la largeur des tins, de façon à reporter le poids du bateau sur des appuis fixes et résistants.

376. Exécution des bajoyers par havage. — A Bordeaux, le bassin de radoub a été construit, comme l'écluse du bassin à flot, en établissant d'abord les bajoyers au moyen d'une enceinte de puits PP, foncés par havage, puis soudés entre eux (croquis p. 82).

Le béton constituant le radier a été coulé dans

le fond de la fouille creusée dans cette enceinte [1].

Un projet de bassin de radoub étudié pour le port

Port de Bordeaux.
Fondation de la forme de radoub.

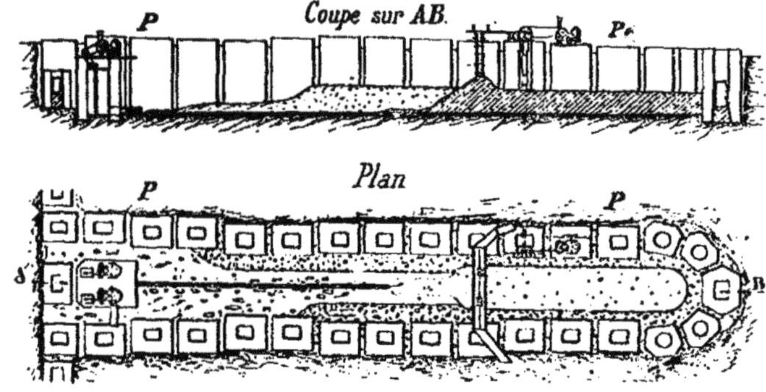

Port de Brest.

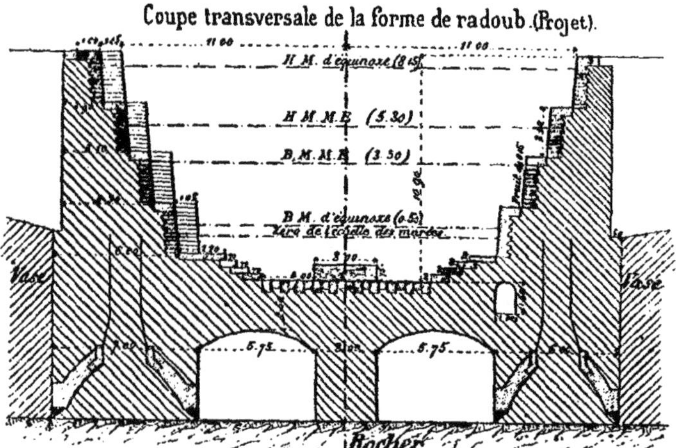

de commerce de Brest, dans un terrain de vase pro-

1. *Ports maritimes de France*, t. VI.

Exposition universelle à Melbourne en 1880. — Notices sur les dessins, modèles, etc., relatifs aux services des ponts et chaussées, des mines, etc., réunis par les soins du ministère des Travaux publics de France.

fonde (croquis p. 82), avait été conçu dans le système adopté pour la construction de l'écluse du quatrième bassin à flot de Rochefort (Voir p. 176 du tome Ier).

B. — FONDATIONS SOUS L'EAU.

377. Généralités. — Quand le sol de fondation, bien que résistant, est tellement perméable qu'on ne peut assécher la fouille où la forme doit être établie, la construction devient beaucoup plus difficile.

Les solutions adoptées dans ce cas sont du même genre que celles qui ont été indiquées à l'occasion de la fondation des écluses dans les mêmes circonstances; mais on peut dire que c'est surtout à l'occasion de la construction des bassins de radoub qu'elles ont été d'abord imaginées.

Les projets les plus intéressants, au point de vue historique, se sont présentés à l'arsenal maritime de Toulon.

A Toulon, le sous-sol des darses est composé d'un terrain calcaire, suffisamment résistant, mais très perméable.

Il était relativement facile d'y draguer, à toute profondeur, la fouille nécessaire pour l'établissement d'une forme; mais on ne pouvait songer à épuiser cette fouille, même isolée par un batardeau.

378. Fondation dans un caisson unique en bois. — Pour le bassin de radoub n° 1, on eut l'idée de construire un énorme caisson en bois, de dimensions telles qu'il pût contenir la forme tout entière.

Ce caisson étanche fut lesté et échoué sur le fond de la fouille; puis on épuisa l'eau qu'il contenait. Le fond et les parois étaient contre-butés, de façon à pouvoir résister aux pressions qu'ils avaient à supporter.

On espérait donc pouvoir entreprendre la maçonnerie à sec dans cette vaste enceinte. Mais l'on rencontra des difficultés extrêmes et de toutes sortes. Une des principales fut l'impossibilité de faire reposer convenablement le fond du caisson sur le sol de la fouille draguée, qui présentait des inégalités de niveau et de résistance.

On parvint cependant à surmonter tous ces obstacles, et la forme ainsi exécutée autrefois est encore en service.

379. Fondation dans un caisson en béton. — On renonça, pour les autres bassins de radoub de Toulon, à ce mode de fondation, et l'on se décida à créer une enceinte, non plus en charpente de bois, mais en béton coulé sous l'eau.

Tous les détails relatifs à ce genre de construction ont été donnés dans le magistral mémoire de Noël (*Annales des ponts et chaussées*, 1850, 1er semestre).

La solution adoptée consiste à couler sous l'eau, sur le fond de la fouille, une épaisseur suffisante de béton pour former le radier et à élever, sur le pourtour du radier, des murs, également en béton coulé dans une enceinte en charpente et qui formeront les bajoyers.

On obtient ainsi un bassin analogue à une immense baignoire, qu'on épuise quand le mortier a fait prise, et dans lequel on exécute les maçonneries de parement des bajoyers et du radier.

Puis on détruit le côté de l'enceinte en béton qui fermait l'entrée de la forme.

On réalise donc ainsi une enceinte imperméable dans un sol perméable; le principe est simple et rationnel; mais son application offre, dans la pratique, des difficultés très sérieuses.

La première opération est le dragage de la fouille jusqu'à la profondeur voulue ; il faut ensuite fermer l'entrée de l'enceinte ainsi creusée par un bourrelet de terre afin d'empêcher les vases extérieures de combler la fouille et afin d'assurer un calme parfait.

Le béton du radier est toujours coulé dans une enceinte de pieux et palplanches à établir préalablement. Ces travaux préliminaires exigent la construction d'appontements en charpente, sur lesquels circulent des ponts roulants, destinés à supporter les treuils, les sonnettes et les autres apparaux.

Les pieux de ces appontements sont situés en dehors du radier, qu'ils ne doivent pas traverser.

Les ponts roulants ont donc nécessairement une grande portée et leur résistance doit être calculée en conséquence.

La seconde opération consiste à couler le béton du radier.

Il faut que le béton ne soit pas déposé sur la vase; on doit donc d'abord nettoyer aussi parfaitement que possible le fond de la fouille.

L'enlèvement de la plus grande partie des vases se fait par les moyens ordinaires, dragues à main, pompes, etc., manœuvrées du haut des ponts roulants, mais avec beaucoup de lenteur et non sans difficulté.

Ces engins laissent toujours une certaine quantité de dépôts, dont il faut achever l'enlèvement au moyen de scaphandriers munis de curettes et qui versent la vase dans des seaux qu'on enlève du haut des ponts.

Le fond de la fouille étant bien débarrassé de vase, on coule le béton par couches successives, d'environ $0^m,50$ d'épaisseur.

Mais le coulage du béton détermine la formation d'une grande quantité de laitance, et cette laitance empêcherait l'adhérence et la soudure des couches successives entre elles.

Il faut donc favoriser l'écoulement de la laitance sur le talus d'avancement, ce qui oblige à ne pas laisser un trop grand intervalle entre les têtes de deux couches superposées.

Il faut, en outre, enlever la laitance au pied du talus d'avancement, comme on l'a fait pour la vase.

Quand le radier est réalisé sur toute son épaisseur, il s'agit d'élever sur son pourtour les murs de béton qui compléteront l'enceinte et feront partie, sur trois côtés, des bajoyers de la forme; c'est la troisième opération.

L'exécution de ces murs est analogue à celle des quais en béton coulé dans un coffrage en charpente.

L'enceinte étant terminée, il reste à épuiser la cuvette ainsi formée, pour entreprendre les maçonneries de revêtement.

Les principales difficultés rencontrées dans ce système de construction concernent le coulage du béton.

Quelque soin que l'on prenne pour assurer la soudure des couches successives, en enlevant la laitance au fur et à mesure de sa production, on ne parvient jamais à obtenir un massif étanche, même en laissant aux mortiers un temps très long pour achever leur prise, une année par exemple.

Aussi, lorsque l'on commença les épuisements de l'enceinte, il se produisit d'abondantes infiltrations à travers le béton et même de véritables sources jaillissantes. Les engins d'épuisement dont on disposait devinrent insuffisants, et l'on fut obligé de recourir, après coup, à une disposition (adoptée depuis toujours à l'avance) qui consiste à partager la longueur de l'enceinte en trois ou quatre compartiments, au moyen de deux ou trois cloisons intermédiaires en béton, de façon à pouvoir concentrer sur un seul compartiment toute la puissance des pompes d'épuisement.

A la suite des divers incidents survenus pendant l'exécution des travaux, Noël était arrivé à formuler les préceptes généraux qui devaient assurer le succès de ce genre d'entreprise.

Un grand nombre de bassins de radoub ont été construits de cette façon dans la Méditerranée.

Mais ces ouvrages étaient destinés soit à des bâtiments de commerce de moyen échantillon, soit aux anciens bateaux de guerre, qui étaient alors construits en bois.

Aussi, lorsque la marine militaire employa les navires cuirassés, dont la largeur, le tirant d'eau et le poids étaient très supérieurs à ceux des bâtiments en bois, les ingénieurs de Toulon, malgré l'expérience qu'ils avaient acquise, éprouvèrent quelque incertitude sur le succès de l'application du système suivi jusque-là à l'établissement des formes que réclamait le nouveau matériel naval.

380. Fondation dans un caisson métallique unique. — C'est alors qu'un entrepreneur, M. Hersent, proposa de construire les bassins de Missiessy, à Toulon, en revenant au principe de la construction en caisson flottant, mais en y appliquant les perfectionnements que permettait l'emploi de l'air comprimé [1].

Puisque les difficultés rencontrées dans la construction de la forme n° 1 tenaient surtout à ce que le caisson en bois ne s'appliquait pas exactement sur le fond de la fouille, il était facile d'y remédier en munissant le caisson d'une chambre de travail à air comprimé.

De cette façon, on serait sûr :

1° Que le tranchant de la chambre de travail reposerait exactement dans toute sa longueur sur le terrain solide ;

2° Que le fond de la fouille serait parfaitement dressé dans toute l'étendue du caisson ;

3° Que le béton coulé dans la chambre de travail formerait une assise solide et régulière à la base de l'ouvrage.

Une autre partie des difficultés rencontrées avec

1. Rapport fait à la Société d'encouragement pour l'industrie nationale, par M. Voisin Bey, sur une combinaison nouvelle imaginée par M. Hersent, pour la construction de deux nouvelles formes de radoub au port de Toulon. — Séance du 9 avril 1880.
Construction de deux bassins de radoub dans la darse de Missiessy, par M. Hersent, 1878.

les caissons en bois tenait aux déformations subies par les parois verticales sous la pression des eaux.

M. Hersent proposa de construire les premières assises maçonnées du bassin de radoub dans l'enceinte même du caisson encore flottant, dont la paroi métallique s'élevait au-dessus de la chambre de travail.

Cette maçonnerie, exécutée à sec et à l'air libre, formait, pour ainsi dire, le lest du caisson et, par sa présence même, contre-butait les parois verticales du caisson, déjà soutenues d'ailleurs par des contreforts métalliques A (Fig. 1).

Un bateau-porte provisoire B fermait celui des

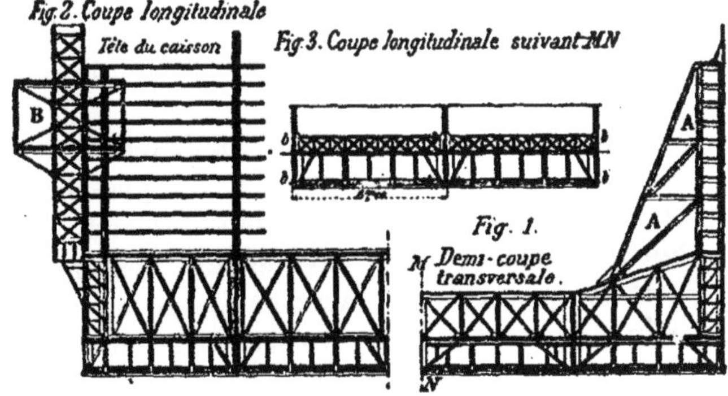

petits côtés du caisson où devait se trouver l'entrée de la forme (Fig. 2).

Après de longues discussions, ce système nouveau fut adopté et réussit pleinement.

Il n'a pas été fait jusqu'ici, à notre connaissance, un caisson ayant de plus grandes dimensions que celui de Missiessy. Il mesure 144 mètres de long sur 41 mètres de large; la chambre de travail était partagée en sections de 8 mètres de longueur par des cloisons intermédiaires *b, b* (Fig. 3).

Le principe de la construction d'une partie des maçonneries dans le caisson flottant a soulevé des questions très délicates au sujet de la façon dont se comporterait le plafond de la chambre de travail, sous la charge variable des maçonneries et sous la pression également variable des eaux.

Et d'abord les bajoyers devront être élevés de façon qu'ils atteignent, à chaque instant, le niveau de la flottaison ; ils doivent résister par eux-mêmes à la pression latérale ; la tôle du caisson est seulement destinée à assurer l'étanchéité ; elle n'a besoin, pour cela, que d'avoir une épaisseur très faible ; elle doit cependant pouvoir servir de batardeau sur 1 mètre environ de hauteur, comme on l'expliquera tout à l'heure.

Tant qu'on peut maçonner ou bétonner horizontalement sur toute la surface du plancher de la chambre de travail, le caisson descend lui-même horizontalement, sans subir aucune flexion.

Mais, quand on commence à élever les bajoyers, il n'en est plus de même ; les bajoyers représentent un excédant de charge qui tend à faire enfoncer les côtés du caisson plus que son milieu. Il en résulte une tendance à la flexion dans le sens longitudinal et dans le sens transversal.

Le calcul conduit à reconnaître que la flexion longitudinale est peu sensible ; on peut d'ailleurs l'atténuer en diminuant la charge des extrémités des bajoyers et en augmentant la sous-pression sous ces bajoyers au moyen de l'air comprimé. Il n'en est pas ainsi de la flexion transversale, dont l'effet est de bomber le caisson, c'est-à-dire de le soulever en son milieu.

Tant que le radier n'a pas acquis toute son épaisseur, on atténue cet effet en chargeant le caisson en son milieu, avec des moellons ; mais ce moyen n'est applicable que pendant une période assez courte de la construction, car on ne peut charger indéfiniment le caisson, sous peine de déterminer son enfoncement au-dessous du niveau du sommet de la partie déjà construite des bajoyers.

L'ensemble du radier et des cloisons de la chambre de travail doit donc résister, à un moment donné, à un effort de flexion, et leurs dimensions doivent être calculées en conséquence.

Mais cet effort varie de sens pendant la construction. Il y a lieu, en effet, de tenir compte de la pression horizontale due à la poussée de l'eau sur les longs côtés du caisson. Or, cette poussée tend, à partir d'un certain moment, à faire fléchir le radier en sens contraire de la sous-pression.

La sous-pression tendait à le bomber, la poussée horizontale tend à le creuser.

Il en résulte que les efforts maxima par tension et par compression, tant pour le fer que pour la maçonnerie, varient en chaque point, à chaque avancement de l'ouvrage.

Il faut donc calculer d'avance ces efforts pour les différentes phases de la construction, afin d'en conclure les épaisseurs à donner au radier et aux bajoyers, aux diverses profondeurs d'immersion.

Ces calculs sont encore compliqués par l'incertitude qui règne sur la détermination du moment d'inertie de la poutre hétérogène, composée d'une section de la chambre de travail correspondant à une cloison intermédiaire et de la partie du radier que cette section supporte.

Comme c'est, en définitive, le poids des bajoyers qui détermine surtout la plus grande fatigue du caisson, il y a intérêt à ne leur donner que la moindre hauteur et la moindre section possibles, tout en assurant leur résistance tant que le caisson n'est pas échoué sur le fond de la fouille.

C'est dans ce but qu'il convient que la tôle des parois verticales du caisson puisse faire batardeau sur une hauteur de 1 mètre environ au-dessus du niveau où les bajoyers sont arasés; cette condition détermine l'écartement à donner aux fermettes ou contreforts des parois, d'après l'épaisseur de la tôle et la résistance minimum que doivent offrir ces fermettes.

381. Fondation exécutée au moyen de plusieurs caissons métalliques. —L'emploi d'un caisson d'aussi grandes dimensions que ceux des bassins de Missiessy ne laisse pas, en pratique, que de présenter de très grandes difficultés.

M. Hersent, ayant été chargé de construire dans le même système, à Saïgon, un bassin de radoub, proposa de partager le caisson en deux parties (Pl. VI). Le point délicat, pour la construction de la fondation, consiste dans l'obligation de faire une soudure exacte entre les deux moitiés du radier; mais on est parvenu à l'effectuer d'une manière satisfaisante[1].

1. *Marine et colonies, port de Saïgon. — Construction d'un bassin d*

382. Fondation par caissons amovibles. — Le système de construction dans un caisson métallique entraîne l'existence d'une grande quantité de fer noyé dans la maçonnerie.

Bien qu'aujourd'hui on n'ait plus, au même degré, les craintes conçues autrefois sur l'inconvénient pouvant résulter de la présence de ces fers dans l'ouvrage, il semble cependant qu'il serait désirable de réaliser une maçonnerie pleine et homogène, ne renfermant aucune partie de fer susceptible de la faire éclater, par suite du boursouflement que produit l'oxydation du métal.

Nouvelles formes de radoub du port de Gênes.

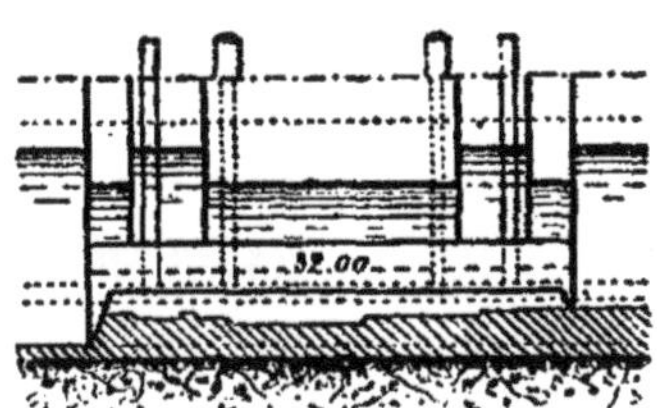

Ce *desideratum* a conduit à l'invention de la fondation à l'air comprimé dans un caisson amovible.

Il fut imaginé par M. Montagnier et appliqué d'abord à la construction de piles de ponts en rivières, de barrages, etc. Il a été employé ensuite, comme on l'a dit, à la construction des jetées du port de la Pallice (*Travaux maritimes*, p. 395). Enfin, on achève en ce moment, dans ce système, au port de Gênes, l'établissement de deux formes de radoub[1].

radoub dans l'arsenal de Saïgon au moyen de caissons métalliques et d'air comprimé, par M. Hersent, ingénieur civil, entrepreneur, 1885; Paris, chez Broise et Courtier.

Travaux publics, ouvrages exécutés au moyen de l'air comprimé, dragages, dérochements, etc. Description et moyens d'exécution, par Hersent; Paris, imprimerie Chaix, 1889.

1. Zschokke et Terrier, *Travaux hydrauliques de fondations pneumatiques exécutés en Italie de 1883 à 1889*; Paris, imprimerie Chaix, 1889.

Annales des Travaux publics, cahier de janvier 1889.

Génie civil, novembre 1889.

383. Observation. — Bien que les divers systèmes de fondation imaginés et employés jusqu'ici permettent de résoudre pratiquement le problème de la fondation d'un bassin, dans la plupart des sols qui peuvent se présenter, cette fondation est cependant quelquefois si difficile, si coûteuse et si incertaine, qu'on a dû, dans quelques cas, renoncer à construire les formes en maçonnerie, et les remplacer par d'autres appareils de radoub : cales de halage, appareils élévatoires, formes flottantes, etc., dont on parlera plus loin.

§ 3

EXÉCUTION DES MAÇONNERIES

384. Prescriptions particulières. — L'étanchéité étant l'une des conditions essentielles à réaliser dans un bassin de radoub, la maçonnerie doit être pleine et garnie d'un mortier compact, riche en chaux ou en ciment, pour assurer son imperméabilité.

A ce point de vue, un béton bien fait offre toutes les garanties désirables, et on l'a employé sur une grande échelle à Birkenhead et Liverpool pour la construction (radier et bajoyers) d'un certain nombre de grands bassins de radoub établis récemment, et cependant on travaillait là, non sous l'eau, mais dans des fouilles maintenues à sec par des épuisements et où, par conséquent, il eût été facile de faire de la maçonnerie.

Le parement d'une forme de radoub, étant complètement visible, doit présenter un bon aspect; mais, sauf en quelques points particuliers, il n'est pas nécessaire d'y employer des pierres de grandes dimensions. Il vaut mieux, pour la bonne et économique exécution, ne se servir que de matériaux faciles à manier.

Toutefois, l'emploi de la pierre de taille est indispensable dans toutes les parties saillantes du pertuis d'entrée que les navires en mouvement peuvent venir accoster.

Il est également indispensable dans les heurtoirs et les feuillures des bateaux-portes, et cela pour les motifs déjà donnés à l'occasion des buses et des chardonnets des écluses. Il faut, pour ces parties, exposées à des efforts exceptionnels, se servir de pierres de très grandes dimensions, très résistantes et parfaitement appareillées.

Dans la forme proprement dite où les navires n'ont jamais que des mouvements peu sensibles, sont parfaitement guidés et ne risquent pas d'aborder les bajoyers avec choc, les arêtes saillantes des banquettes, des escaliers et les marches sont faites en pierres de taille qui n'exigent pas de grandes dimensions.

On rappellera ici que, le bassin étant habituellement vide, les infiltrations viennent des parements postérieurs des bajoyers et par le dessous du radier. D'où la convenance de faire le radier, sur toute son épaisseur, avec un mortier riche.

Si le massif des bajoyers est fait avec du mortier de chaux hydraulique, il semble à propos d'exécuter les maçonneries des parements, tant postérieurs qu'antérieurs, jusqu'au plus haut niveau que peuvent atteindre les eaux dans la forme et sur une épaisseur suffisante (de 1 mètre à $1^m,50$), en mortier de ciment à fort dosage, ou tout au moins de recouvrir, jusqu'à la même hauteur, le parement postérieur (côté du terre-plein) par un enduit de ciment.

Si, d'ailleurs, les bajoyers ont de faibles épaisseurs, comme, par exemple, dans le cas examiné d'une forme établie dans un roc solide et imperméable (p. 79), toute la maçonnerie doit être exécutée avec un mortier riche.

SECTION III

SYSTÈMES DE FERMETURE DES BASSINS DE RADOUB

§ 1er

COMPARAISON DES SYSTÈMES EMPLOYÉS

385. Division du sujet. — Un bassin de radoub devant être maintenu à sec et les frais d'épuisement étant un élément à prendre en sérieuse considération dans l'exploitation de l'appareil, le système de fermeture doit être aussi étanche que possible.

On peut fermer un bassin de radoub de plusieurs manières différentes ; les deux systèmes le plus ordinairement employés sont les portes d'écluse et les bateaux-portes ; chacun d'eux a ses avantages et ses inconvénients ; mais, dans la plupart des cas, on donne la préférence aux bateaux-portes.

On va comparer ces deux systèmes. On parlera ensuite des fermetures obtenues, dans certains cas, au moyen de caissons glissants ou roulants.

386. Des portes d'écluse. — La manœuvre des portes d'écluse est simple, prompte, facile et n'exige qu'un personnel peu nombreux ; elle reste encore possible dans les conditions où celle d'un bateau-porte serait impraticable, par suite d'un calme insuffisant des eaux devant l'entrée.

L'emploi des portes peut donc être justifié quand la forme débouche dans un avant-port où règne de l'agitation.

Mais, même dans ces conditions, où les portes semblent convenir parfaitement, la manœuvre en

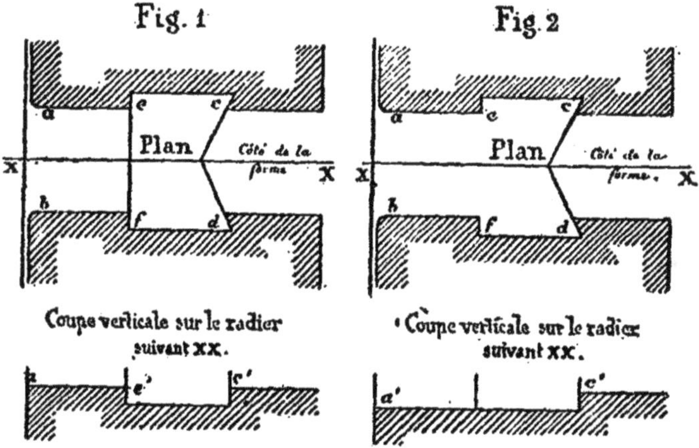

devient malaisée lorsque l'entrée du bassin de radoub tend à s'envaser, ce qui a presque toujours lieu dans les avant-ports ; les matières en suspension se déposent, en effet, dans la retraite comprise entre le parement du quai $a\ b$ et les portes $c\ d$. Pour réduire l'importance des dépôts devant la porte, la chambre ne doit pas se terminer, du côté de l'avant-port, par un seuil (*e f*, *e'*, plan et coupe, Fig. 1), comme dans les écluses. Elle doit, au contraire, être horizontale jusqu'en *a b*, *a'*, (plan et coupe, Fig. 2).

Pour enlever les dépôts qui peuvent se produire, on est obligé de recourir à des moyens de dévasement souvent laborieux.

On sait, d'ailleurs, combien il est difficile et incertain d'obtenir l'exacte application d'un vantail à la fois sur le chardonnet, sur le busc et sur le poteau busqué de l'autre vantail, surtout quand il y a de l'agitation au moment de la fermeture. Il en résulte que l'étanchéité des portes, bien que possible, est assez délicate à assurer.

La nécessité de chambres pour loger les vantaux, quand ils sont ouverts, entraîne l'allongement du pertuis d'entrée et augmente d'autant plus la dépense qu'il s'agit d'une partie difficile de la construction.

Une porte a besoin d'être visitée, peinte, etc., de temps en temps et le busc lui-même peut réclamer des réparations. Or, si la face des portes, du côté de la forme, peut être facilement entretenue pendant le temps que le bassin de radoub est vide, il n'en est pas de même de la face extérieure (côté de l'avant-port). Pour visiter cette face, ou le busc, il faut donc se ménager la possibilité de faire un batardeau, ce qui exige des rainures en avant et à une certaine distance de la chambre des portes (voir croquis p. 47).

La réalisation d'un batardeau à poutrelles est

toujours un travail lent, malaisé ; aussi préfère-t-on généralement aujourd'hui disposer les rainures de façon à pouvoir employer un bateau-porte comme batardeau. Ce système de barrage flottant amovible offre, en effet, une solution simple, commode et rapide pour la fermeture étanche d'un pertuis de grande largeur.

387. Des bateaux-portes. — La manœuvre d'un bateau-porte est plus lente et exige un personnel plus nombreux que celle d'une porte d'écluse ; en outre, elle est difficile et quelquefois dangereuse quand l'eau est agitée.

Mais la rapidité de l'entrée ou de la sortie d'un navire n'est pas une condition essentielle ; ordinairement, au contraire, on a tout le temps voulu pour ces opérations, par le fait même de la durée, presque toujours assez longue, du séjour que doit faire un navire dans un bassin de radoub.

Quant à la sujétion d'un personnel nombreux pour la manœuvre, il faut remarquer que, au moment où l'on introduit, par exemple, un navire dans un bassin de radoub, on dispose toujours d'un grand nombre d'hommes, qui sont indispensables pour la conduite, le halage, l'accorage et le grattage du navire ; ces hommes doivent être présents sur les lieux au moment où s'opèrent les manœuvres du bateau-porte et peuvent, par conséquent, y concourir, sans qu'il en résulte une augmentation de dépense.

Il est certain que les bateaux-portes exigent pour leur manœuvre plus de calme que les portes d'écluse, et l'on comprendra mieux l'importance de cette condition quand on examinera la construction et le fonctionnement de ces engins; mais ils offrent, à d'autres points de vûe, de nombreux avantages.

La feuillure du bateau occupe une très petite longueur (2 mètres environ), dimension bien inférieure à la longueur d'un vantail.

Il est vrai qu'il faut toujours, en avant de la feuillure du bateau-porte, une autre feuillure permettant d'établir un batardeau (qui sera naturellement formé, dans ce cas, par un bateau-porte), mais cette seconde feuillure présente ici l'avantage de permettre d'introduire au besoin dans la forme un navire de longueur exceptionnelle.

Cette dernière considération a souvent conduit, à l'époque où l'on ne faisait pas de fosse à gouvernail, à ménager non seulement les deux rainures dont on vient de motiver la nécessité, mais encore une troisième rainure (Exemple : Toulon, formes n°s 1 et 2 de Castigneau), ou même à augmenter la distance habituellement admise entre les rainures (Exemple : Le Havre, formes n°s 4, 5 et 6, Pl. III).

Port de Toulon.
Bassin de radoub n° 1 de Castigneau.

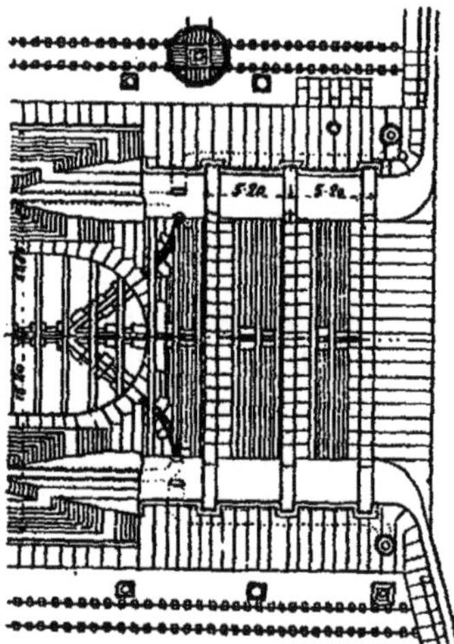

Aujourd'hui, si la rainure amont (côté du bassin à flot) n'est pas principalement réservée pour former batardeau il convient de faire une seconde fosse à gouvernail près de cette rainure (Exemple : Calais).

C'est là une sujétion dont on peut s'affranchir en plaçant la fosse, non pas vers l'avant, mais vers l'arrière de la forme (comme à La Pallice[1]); mais alors le radier doit naturellement être horizontal.

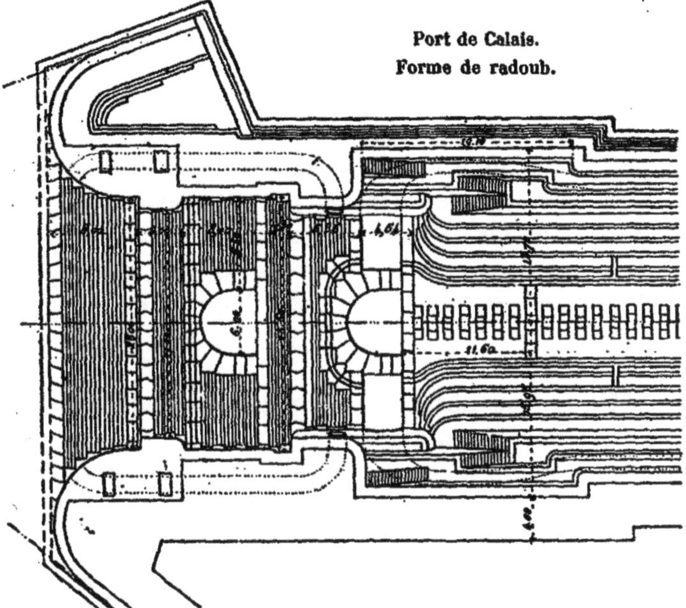
Port de Calais.
Forme de radoub.

Le bateau-porte s'appuie sur une feuillure plane, ce qui en assure, aussi bien que possible, l'exacte application et contribue à l'étanchéité de la fermeture.

Cette étanchéité est encore augmentée au moyen de tapis d'étoupe, appelés des paillets, qui sont fixés sur les fourrures en bois, dont sont munis la quille et les étambots du bateau-porte.

1. Exposition universelle à Paris en 1889. — Notices sur les modèles, dessins, etc., relatifs aux travaux des ponts et chaussées, réunis par les soins du ministère des Travaux publics.

Le bateau est construit symétriquement par rapport à son axe longitudinal, de sorte qu'on peut le présenter sur la feuillure indifféremment par l'une ou l'autre de ses deux faces, ce qui permet de visiter, gratter, peindre et réparer successivement chacun de ses côtés, quand la forme est asséchée.

Si le bateau a besoin d'une grosse réparation, on peut l'introduire dans une forme, comme un navire.

Quand plusieurs formes de radoub ont des entrées de mêmes dimensions, il suffit, à la rigueur, d'avoir pour ce groupe un seul bateau de rechange, qui servira, en outre, de batardeau pour les pertuis de navigation, pour les écluses par exemple, ayant les mêmes dimensions que les entrées des formes, s'ils ont été d'ailleurs disposés en vue de l'emploi de ce bateau-porte.

Un bateau-porte ne se loge pas dans une chambre, à la façon d'un vantail d'écluse, mais se retire complètement hors du pertuis ; on n'a donc, en général, aucun intérêt à réduire sa largeur. Or, plus la largeur est grande, mieux on utilise la résistance des matériaux à la flexion, sous la pression de l'eau, quand le bassin est vide, et plus on augmente la stabilité de flottaison du bateau.

En raison de leur grande largeur, on peut faire supporter aux bateaux-portes une voie charretière ou même une voie ferrée, ce qui est souvent nécessaire (Exemple : Dunkerque).

Enfin, un bateau-porte, par suite de son mouvement de soulèvement, se dégage facilement de la vase, ce que ne peut faire une porte d'écluse.

Pour tous ces motifs, on recourt généralement aux bateaux-portes comme moyen de fermeture des bassins de radoub.

388. Des caissons glissants ou roulants. — Cependant, on s'est servi aussi dans quelques cas particuliers de caissons glissants ou roulants, analogues à ceux qu'on a mentionnés à l'occasion de la fermeture du pertuis de communication de deux bassins à flot (Pl. IX et vol. Ier, p. 227).

Ces caissons ont à peu près tous les avantages des portes d'écluse : rapidité et facilité de manœuvre, bon fonctionnement dans une eau où règne une agitation notable ; et ils n'ont pas l'inconvénient d'exiger, comme les portes, un grand allongement du pertuis pour loger les vantaux; leur étanchéité est d'ailleurs aussi satisfaisante que celle d'un bateau-porte.

Mais, de même que les portes d'écluse, ils ne permettent pas d'admettre exceptionnellement, dans la forme, des navires un peu plus longs que ceux pour lesquels elle a été prévue et ils sont d'un entretien difficile. Comparés aux bateaux-portes, ils entraînent une augmentation notable de dépense pour la construction du pertuis d'entrée, à cause de la nécessité d'y ménager l'enclave, en forme de tiroir, où doit se loger le caisson, quand la forme est ouverte.

Aussi la solution de la fermeture d'un bassin de radoub par un caisson ne paraît-elle motivée que dans des circonstances spéciales.

En fait, aujourd'hui en France, on emploie

presque exclusivement les bateaux-portes pour la fermeture des bassins de radoub ; aussi ne donnera-t-on quelque développement qu'à l'étude de ces appareils.

§ 2

DES BATEAUX-PORTES

389. Définition. — Un bateau-porte est essentiellement un écran étanche, amovible, susceptible de flotter et que l'on peut faire couler en introduisant un lest d'eau dans sa coque.

Pour fermer un bassin de radoub à l'aide d'un bateau-porte, on pratique une feuillure transversale dans le pertuis d'entrée.

Le bateau flottant est amené au droit de la feuillure, où on l'échoue.

Lorsqu'on veut enlever le bateau-porte, on épuise le lest d'eau qu'on avait introduit pour l'échouage, le bateau se relève et se dégage de la feuillure.

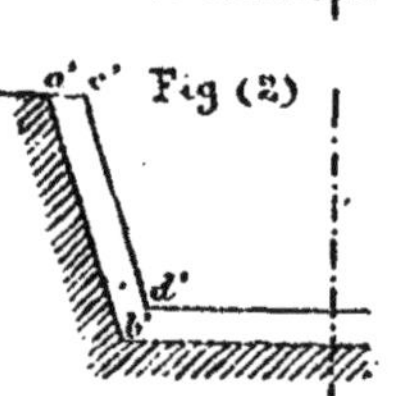

390. Des feuillures. — La feuillure présentera donc une forme telle qu'elle permette le dégagement du bateau-porte.

Si ce dégagement s'opère par un simple mouvement d'ascension, les rainures des bajoyers ne peuvent être verticales, *abcd* (Fig. 1), mais elles doivent, au contraire, offrir une certaine inclinaison telle que *a'b'c'd'* (Fig. 2).

391. Détermination de l'inclinaison de la rainure d'un bajoyer. — Il faut que, dans son soulèvement, la quille du bateau-porte se dégage complètement de la rainure du radier (*b c b' c'*).

Cette rainure a, d'habitude, $0^m,50$ environ de profondeur ($cc' = 0^m,50$).

Il faut, en outre, que la quille puisse passer librement au-dessus du radier *b'c'*, et pour cela elle devra s'élever de $0^m,30$ à $0^m,50$, par exemple, au-dessus de lui.

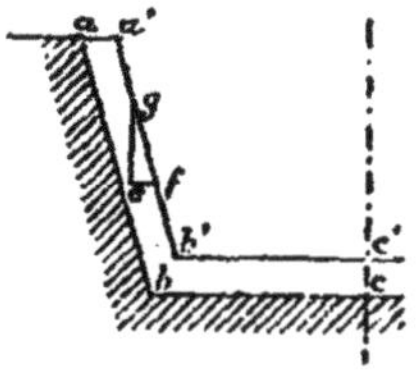

Le soulèvement total minimum *e g* du bateau-porte sera donc de $0^m,80$ à 1 mètre.

Il est nécessaire que les étambots du bateau soient alors sortis des rainures des bajoyers. Or, les étambots s'appuient sur les rainures au moyen de fourrures ayant horizontalement une largeur *e f* de $0^m,25$ à $0^m,35$.

Par conséquent, dans l'hypothèse du dégagement du bateau-porte par un simple mouvement d'ascension verticale, l'inclinaison des bajoyers serait de $\left(\frac{e\ f}{e\ g}\right) = \frac{0^m,25 \text{ à } 0^m,35}{0^m,80 \text{ à } 1 \text{ mètre}}$, soit environ de 1/3 à 1/4, c'est-à-dire de 1 de base pour 3 à 4 de hauteur.

Ces inclinaisons ont été, en effet, adoptées dans un grand nombre de formes anciennes et même récentes (Exemple : A la forme de Dunkerque, encore en construction en 1891, l'inclinaison des rainures est de 1/3).

Il en résulte que la longueur du pont supérieur du bateau-porte est plus grande que celle de la quille de tout l'évasement du pertuis, ce qui augmente le poids de la partie située au-dessus de la flottaison. Or, le poids de cette partie haute des bateaux-portes est, comme on le verra, un inconvénient au point de vue de leur stabilité.

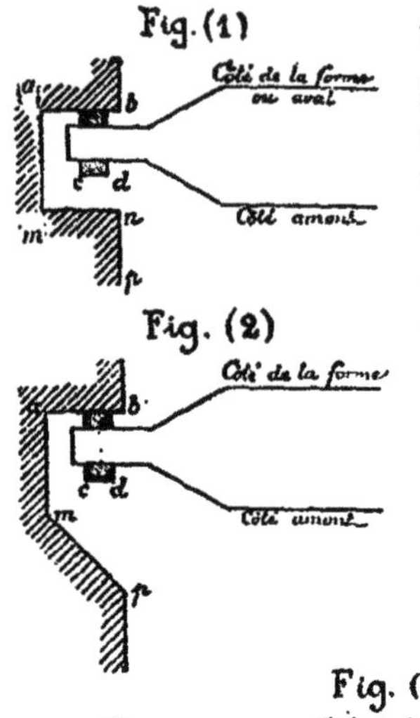

On a donc cherché à réduire l'inclinaison des bajoyers.

On observe qu'il n'est pas nécessaire que les étambots se dégagent de la feuillure par un simple mouvement d'ascension verticale et que ce dégagement peut avoir lieu en combinant ce soulèvement avec une rotation horizontale.

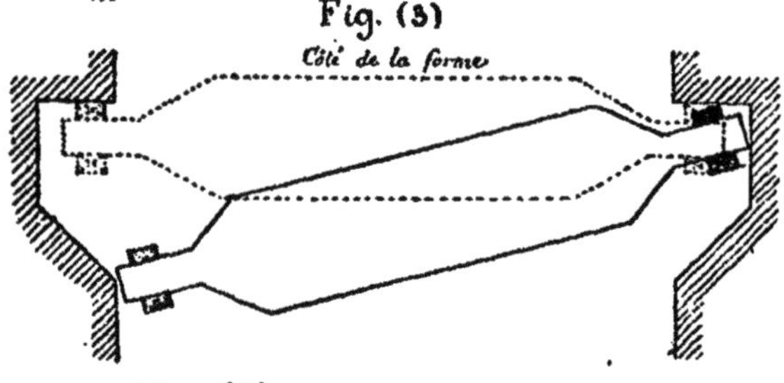

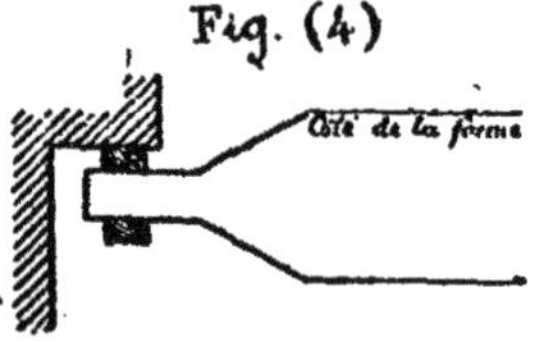

Ainsi, le bateau pourra tourner autour d'un de ses

étambots si la rainure (*a b*) a plus de profondeur que les fourrures n'ont de largeur (*c d*), et si l'angle droit amont *m n p* (Fig. 1) est remplacé par un pan coupé *mp* (Fig. 2).

En effet, la quille du bateau étant soulevée au-dessus du radier, on pourra pousser le bateau vers le fond d'une des rainures du bajoyer, puis lui faire opérer une rotation (Fig. 3) qui permettra de le faire sortir de son enclave.

Par ces combinaisons, on peut, soit réduire l'inclinaison des bajoyers notablement au-dessous du 1/4, soit même leur donner un parement vertical. Ces deux solutions ont été, en effet, adoptées dans de nombreux ouvrages récents.

On a été plus loin, et l'on a quelquefois supprimé complètement l'une des faces de la feuillure (Fig. 4).

Cette dernière disposition entraîne, dans certains cas, pour la manœuvre du bateau-porte, des sujétions spéciales.

En effet, on verra, à l'occasion de la stabilité des bateaux-portes, que quelques types de ces engins perdent entièrement, à un moment donné, leur stabilité de flottaison quand on les échoue. A ce moment, le bateau a donc une tendance à se coucher sur un flanc ou sur l'autre.

La feuillure dans laquelle glisse l'étambot a l'avantage, même quand elle est évasée par un pan coupé, de s'opposer à ce renversement.

Si l'une des faces de la feuillure n'existe pas, on devra, pendant l'immersion du bateau-porte, maintenir sa coque dans la position verticale, au moyen d'amarres frappées tant à sa tête qu'à son pied (voir cro-

Fig. 1.
Port de Lorient.
Coupe AB et élévation latérale du bateau-porte.

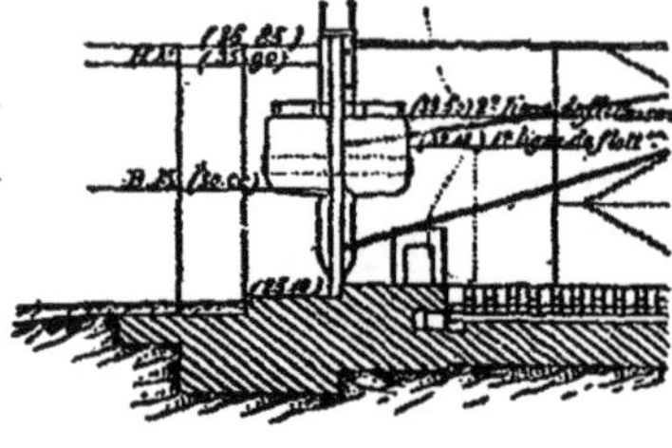

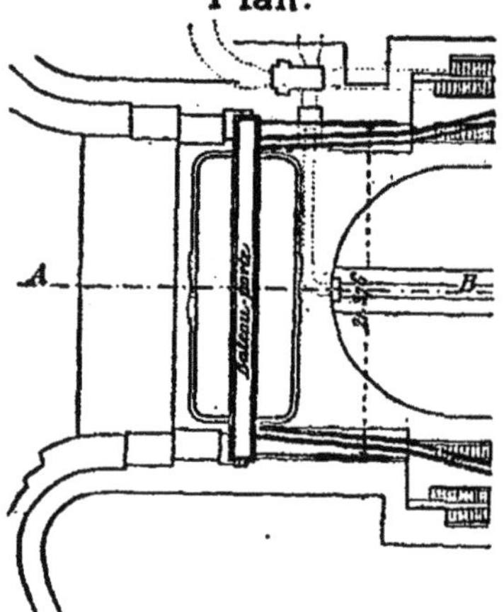

quis ci-contre, Fig. 1).

Assez souvent, la première feuillure (la plus éloignée de la forme) n'a pas de rainures, parce qu'elle est destinée à ne servir qu'exceptionnellement (quand on veut établir un batardeau, par exemple) (Fig. 2).

Pour la seconde feuillure, qui normalement reçoit le bateau-porte, on a quelquefois supprimé la rainure du

Fig. 2.

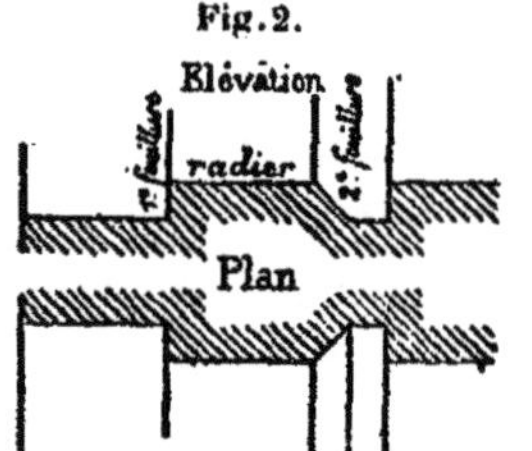

radier, tout en conservant celles des bajoyers, qui suffisent pour maintenir le bateau-porte (Le Havre, formes nos 5 et 6, Fig. 3 et Pl. III).

Fig. 3.

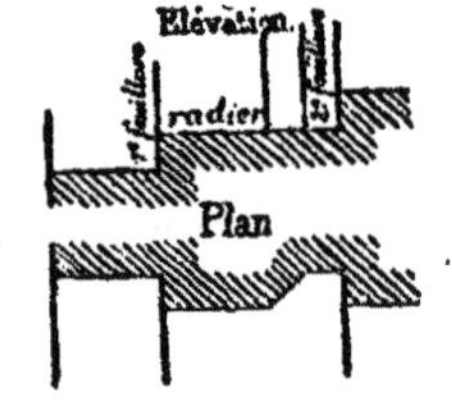

Les rainures ont habituellement une profondeur de 0m,50 à 1 mètre (Fig. 4), une longueur (parallèlement à l'axe longitudinal de l'ouvrage) de 0m,70 à 1 mètre, et l'angle du pan coupé est de 45° environ.

Du reste, ces dimensions de détail ne sont données qu'à titre d'indication ; elles dépendent évidemment de celles de l'étambot et des fourrures dont il est garni.

Fig. 4.

392. Conditions générales auxquelles doit satisfaire un bateau-porte. — De quelque système que soit un bateau-porte, il doit remplir un certain nombre de conditions générales :

1° Avoir une stabilité suffisante de flottaison ;

2° Pouvoir fonctionner quand la mer est au plus bas niveau par lequel les navires sont exposés à entrer dans la forme ou à en sortir ;

3° Réaliser une fermeture étanche ;

4° Être capable de résister aux plus grandes pressions qu'il aura à supporter ;

5° Être d'un entretien facile.

Cette dernière condition entraîne la convenance de donner aux bateaux-portes une forme symétrique par rapport aux plans diamétraux verticaux, tant longitudinal que transversal, car, de cette façon, on pourra appliquer le bateau sur sa feuillure, tantôt par une face, tantôt par l'autre, et par suite, comme on l'a dit, visiter, peindre et réparer alternativement chacune de ses faces.

Les autres conditions seront examinées dans des articles spéciaux.

393. Types divers de bateaux-portes. — Les premiers bateaux-portes ont été construits en bois.

Les deux plus anciens types affectaient soit la

forme d'un véritable bateau ou d'un caisson flottant, soit celle d'un écran massif, supporté par des flotteurs.

Dans ce dernier cas, l'écran devait résister par lui-même à la poussée de l'eau ; les flotteurs ne contribuaient pas à sa solidité ; chaque partie de l'ouvrage remplissait isolément l'objet principal pour lequel elle était établie.

Ces portes en bois ont pu suffire à l'époque où les navires n'avaient pas de très grandes largeurs ; mais, même alors, leur construction offrait de grandes difficultés, de même nature d'ailleurs que celles déjà signalées à l'occasion des portes d'écluse en bois.

De plus, dans ce cas particulier, on rencontrait des sujétions spéciales. Le bois, après une longue immersion, augmente de poids, de sorte qu'un bateau neuf se soulevait bien, mais que son soulèvement devenait insuffisant après un certain temps de service ; il fallait donc tenir compte de cette variation du poids de la construction, et cela d'après des données plus ou moins incertaines. L'altération du bois se trouvait d'ailleurs aggravée par cette circonstance qu'une des faces du bateau-porte, celle de l'extérieur, restait en contact avec l'eau, tandis que l'autre, du côté de la forme, était exposée à l'air tout le temps que le bassin de radoub était vide.

Aujourd'hui, tous les bateaux-portes se font en fer et tôle, et aussi en acier, pour les mêmes motifs qui ont fait adopter ces matériaux dans les portes d'écluse.

Mais, tout en changeant la nature des matériaux, on a conservé, en principe au moins, dans la construction, des dispositions très analogues à celles des bateaux en bois. Ainsi, les uns sont de véritables caissons flottants, comme au Havre par exemple (voir croquis p. 119), les autres peuvent être considérés comme composés d'un écran plein, soutenu par un flotteur, comme à Dunkerque (voir croquis ci-dessus).

Port de Dunkerque.
Bateau-porte de l'écluse d'amont.

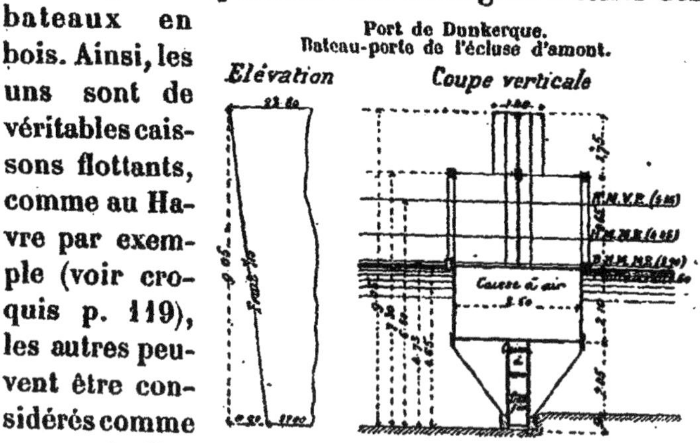

394. Des bateaux-portes métalliques. — La forme des rainures fixe, en élévation longitudinale, celle du bateau-porte. Quant à la section horizontale, au niveau de l'eau, elle est déterminée surtout par les conditions de la stabilité de flottaison.

Les autres dispositions sont arrêtées d'après le régime de la mer, là où la forme débouche.

Trois cas sont à considérer sous ce dernier rapport. La forme débouche :

1° Dans une darse d'un port sans marée;

2° Dans un bassin à flot d'un port à marée;

3° Dans un avant-port à marée.

395. Type principal des bateaux-portes pour les ports sans marée. — Le type adopté aujourd'hui, en France, notamment à Toulon et à Marseille, a été imaginé, en 1858, par de Coppier, ingénieur des constructions navales.

Il se compose essentiellement :

D'un grand caisson étanche (*a b c d*), divisé en deux compartiments. Le premier A, à la partie inférieure, renferme un lest fixe ou permanent; le second B, toujours plein d'air, assure la flottaison du bateau-porte, dont il forme la carène.

Port de Toulon.

Bateau-porte de la forme n° 3 de la darse Vauban.

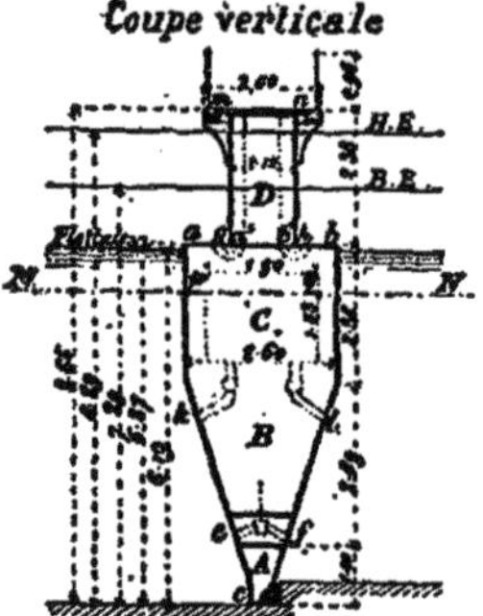

Dans la carène B se trouvent deux caisses C, C, munies chacune d'orifices (*k*,*l*) qui permettent, par l'introduction ou l'évacuation d'un lest amovible d'eau, de faire immerger ou émerger la porte.

Ces deux caisses sont placées symétriquement par rapport à l'axe transversal du bateau. Cette symétrie est nécessaire pour pouvoir maintenir le bateau toujours horizontal pendant sa manœuvre, ce que l'on

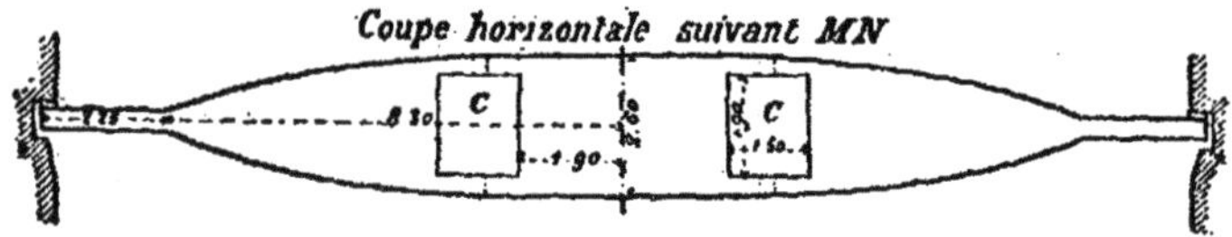

obtient en remplissant plus ou moins l'une ou l'autre de ces caisses.

La surface supérieure horizontale (*a b*) du grand caisson s'appelle le *pont étanche ;* il est à une très faible hauteur au-dessus de l'eau, pour des motifs que l'on expliquera plus loin.

La largeur *a b* du pont étanche est déterminée par

les conditions de stabilité du bateau-porte; elle est toujours assez grande.

Au-dessus du pont s'élève un écran formé par un compartiment étanche D, dont la largeur $a'b'$ est moindre que ab. Le bateau-porte offre donc un ressaut au niveau du pont étanche, que, pour ce motif, on appelle aussi quelquefois *pont de ressaut*.

La largeur de l'écran D est déterminée par les conditions de résistance qu'il doit offrir à la poussée de l'eau, quand la forme est vide.

Par raison de symétrie, le compartiment D est divisé, dans le sens de la longueur du bateau, en trois parties, dont l'une au centre et les deux autres, égales entre elles, placées de chaque côté de la première, sont séparées de celle-ci par une cloison.

Chacune de ces trois parties peut communiquer, soit avec la darse, soit avec la forme, au moyen d'orifices tels que g, h.

Tous les orifices (g, h, k, l) sont munis d'appareils d'ouverture ou de fermeture, que l'on peut manœuvrer du pont supérieur (m, n) du bateau-porte.

Des tuyaux d'aération permettent l'entrée ou la sortie de l'air par le haut des caisses, suivant qu'elles se vident ou se remplissent d'eau.

Voici comment on procède à la manœuvre :

1° *Échouage*.

Le bateau-porte flotte; le bassin de radoub est plein d'eau.

On amène la porte au-dessus de sa rainure.

On ouvre toutes les soupapes, au nombre de six au moins, des orifices g, h d'introduction de l'eau dans le compartiment supérieur ou écran D; à ce moment, toutes les autres ouvertures sont encore fermées.

On ouvre alors toutes les soupapes *k*, *l*, au nombre de quatre au moins, des orifices d'introduction de l'eau dans les caisses C, C.

L'eau pénètre dans ces caisses à leur partie inférieure et chasse l'air par les tuyaux d'évent, qui restent toujours ouverts à leur partie supérieure. Le bateau s'enfonce peu à peu et l'on maintient son horizontalité en manœuvrant convenablement les soupapes *k*, *l*.

La manœuvre des soupapes *g*, *h* des compartiments supérieurs peut contribuer également, pendant l'immersion, au maintien de l'horizontalité.

Bientôt l'eau couvre le pont étanche ou de ressaut; elle pénètre à ce moment dans les compartiments supérieurs, mis préalablement, comme on l'a vu, en libre communication avec la mer [1].

Avant que les caisses C,C ne soient remplies, le bateau s'échoue sur la feuillure, mais n'y exerce encore qu'une très faible pression, ce qui permet de le mettre exactement en place au moyen de la traction opérée par des amarres actionnées par des cabestans.

Élévation longitudinale.

On le fixe alors dans sa position définitive au moyen de cales M, engagées entre les étambots et le fond des feuillures.

On ferme ensuite celles des soupapes du compartiment supérieur D qui sont sur la face du bateau

1. Disons de suite ici que ce genre de bateau n'a généralement que la stabilité de forme (en terme technique), c'est-à-dire la stabilité due à la largeur du pont étanche; il en résulte que le bateau perd sa stabilité au moment même où le pont est immergé.

tournée vers l'intérieur de la forme, c'est-à-dire les soupapes *h*; par contre, les soupapes *g* de l'autre face doivent rester ouvertes pour maintenir la libre communication du compartiment D avec la mer.

La porte étant bien disposée, il suffit de commencer l'épuisement pour qu'elle s'applique sur sa feuillure.

Quand la porte est arrivée à sa position normale et y est bien calée, on achève de remplir les caisses C,C; pendant ce temps, on continue l'épuisement de la forme.

Avant que le niveau de l'eau dans la forme ne soit descendu au-dessous du plafond *p*, *q* des caisses C, on ferme les soupapes *l* de ces caisses donnant du côté de la forme; on achève alors l'épuisement.

2° *Émersion.*

La forme est supposée vide.

La première opération à faire est de fermer les trois soupapes *g* du compartiment supérieur D, qui jusqu'ici sont restées ouvertes du côté de la darse; ceci a pour but d'emmagasiner en D un lest d'eau d'un volume convenable.

L'utilité de cette manœuvre va être expliquée tout à l'heure.

On s'assure ensuite qu'il n'a pas pénétré d'eau dans la cale B; s'il en existe, on l'évacue dans la forme, en ouvrant la soupape de vidange (*f*), ménagée dans ce but au point le plus bas de la cale; on ferme cette soupape de vidange dès que la cale est asséchée.

Puis on vide l'eau que contiennent les caisses C,C;

il suffit pour cela d'ouvrir les soupapes (*l*) situées du côté de la forme.

Quand les caisses sont vides, on ferme ces soupapes et l'on introduit l'eau dans le bassin de radoub.

Lorsque l'eau à l'intérieur de la forme atteint à peu près le même niveau qu'à l'extérieur, il arrive, le plus souvent, que la porte se décolle toute seule de sa feuillure ; si cela n'a pas lieu par suite d'une adhérence excessive des paillets sur la pierre, on détache la porte par un procédé mécanique, par exemple au moyen de leviers (anspects, en marine) ou de vérins.

La porte une fois décollée se soulève, mais elle est bientôt arrêtée dans son mouvement d'ascension par le poids de l'eau emprisonnée dans le compartiment supérieur D, et qui se trouve relevée au-dessus de la mer par suite du soulèvement même du bateau.

On voit que, si cette surcharge n'existait pas, et si la porte se décollait brusquement, quand l'eau dans la forme est encore notablement au-dessous du niveau de la mer, il se produirait tout à coup un remplissage violent de la forme, déterminant une sorte de mascaret, dont les conséquences seraient désastreuses et pour la porte, et pour le navire alors dans la forme, et même pour les navires se trouvant dans la darse, aux abords de la forme.

Lorsque la porte a subi son premier soulèvement, on attend que le remplissage de la forme soit à peu près complet ; puis on ouvre tous les orifices (*h*) du compartiment supérieur D, qui se vide peu à peu, en même temps que la porte achève son soulèvement.

Bientôt, le pont étanche émerge, le bateau reprend

sa stabilité de flottaison et on peut l'emmener hors du pertuis.

Une manœuvre convenable des soupapes des orifices (*h*) permet de maintenir le bateau constamment horizontal pendant son émersion.

Si, pour un motif quelconque, on devait déplacer la porte quand le bassin est encore plein d'eau, avant l'épuisement, il faudrait vider au moyen de pompes les caisses C,C, puisque l'on ne pourrait plus évacuer leur eau dans la forme.

Ce motif engage à placer ces caisses aussi haut que possible, immédiatement au-dessous du pont étanche, et à leur donner peu de profondeur pour diminuer le travail des pompes.

Ce relèvement du fond des caisses C permet de n'en faire la vidange que lorsque le remplissage de la forme est déjà commencé, car il suffit que l'eau dans la forme soit au-dessous du fond des caisses pour que celles-ci puissent se vider.

On accélère ainsi la manœuvre.

On peut signaler ici, dès à présent, l'intérêt qu'il y a à donner aux caisses C un petit volume, et par suite à placer le pont de ressaut à une petite hauteur au-dessus de la flottaison ; on reviendra plus loin sur ces deux points.

396. Types de bateaux-portes en usage pour les formes débouchant dans les bassins à flot des ports à marée. — Dans ce cas, on peut imiter le type des bateaux-portes décrit pour les mers sans marée, en plaçant le pont étanche de façon que le bateau puisse encore se soulever, même par les plus faibles hautes mers de morte eau connues (Exemple : Saint-Nazaire, croquis ci-dessous et Pl. VIII).

Mais alors, en vive eau, le bateau devra se soulever :

1° De la hauteur nécessaire pour dégager le bateau de sa feuillure, en morte eau ;

Port de Saint-Nazaire.

Bateau-porte de la forme n° 1.

Coupe verticale

2° De toute la hauteur représentée par la différence entre les plus faibles hautes mers de morte eau et les plus fortes hautes mers de vive eau.

De plus, on remarquera que, dans ce cas, la plus grande partie du bateau-porte se trouve située au-dessus de la flottaison, de sorte que la stabilité n'est assurée qu'en donnant au bateau-porte une très grande largeur à la ligne d'eau.

Coupes horizontales

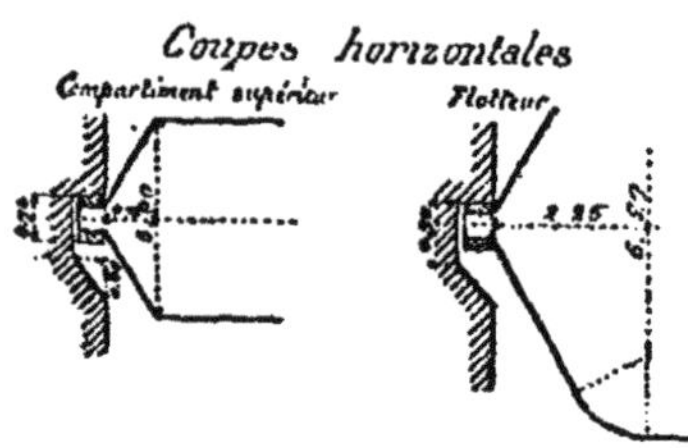

Ces deux inconvénients ont conduit à étudier un type différent.

Pour le décrire, on prendra comme exemple un des bateaux-portes récents du Havre (formes n°s 5 et 6, voir croquis page suivante).

Il se compose essentiellement d'un caisson divisé par un pont étanche en deux compartiments. Le compartiment inférieur A forme flotteur et contient le lest permanent nécessaire à assurer la stabilité du bateau lorsqu'il flotte.

Le compartiment supérieur B peut être mis, par des orifices *b*, *b*, en libre communication avec la mer, quand le bateau est échoué.

Port du Havre.
Bateau-porte de la forme n° 5.
(Bassin de l'Eure).

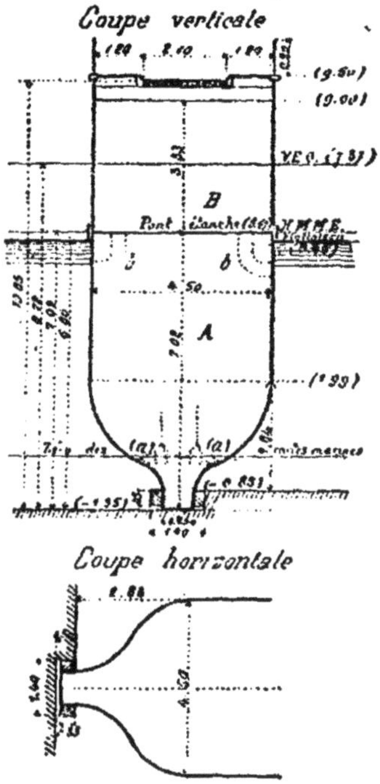

Coupe verticale

Coupe horizontale

On admettra que la section horizontale du bateau est la même sur toute sa hauteur.

Le bateau est lesté avec un lest fixe, tel que, en morte eau, sa quille reste encore à une hauteur convenable au-dessus du radier.

Pour faire immerger le bateau *en morte eau*, il suffira d'introduire à fond de cale, par les vannes *a*,*a*, un lest d'eau amovible.

Ce lest étant évacué quand la forme est asséchée, le bateau, lors du remplissage, ne se soulève que vers le moment où le niveau de l'eau dans la forme est peu différent de celui du bassin, et il ne se soulève que juste de la quantité nécessaire pour dégager la quille.

Pour manœuvrer le bateau *en vive eau*, on introduit d'avance dans la cale, au-dessus du lest fixe, une quantité d'eau telle que la quille reste encor à une hauteur modérée au-dessus du seuil. Pour immerger le bateau, on ajoutera un supplément de lest amovible ; et, pour le faire émerger, on enlèvera simplement ce supplément de lest.

En un mot, on règle la quantité d'eau-lest qui doit rester dans le bateau, de façon qu'au moment du remplissage de la forme celui-ci ne se soulève que de la hauteur nécessaire à son dégagement et pour une dénivellation déterminée entre les eaux du bassin à flot et celles de la forme.

On réalise avec ce type un certain nombre d'avantages :

1° En mettant le lest amovible à fond de cale et non près du pont étanche, on augmente la stabilité du bateau, qui peut avoir alors la stabilité de poids au lieu de la stabilité de forme, condition toujours désirable, comme on l'expliquera bientôt ;

2° La section à la flottaison étant constante, s'il n'y a que stabilité de flottaison, cette stabilité reste sensiblement la même aux différentes hauteurs d'enfoncement du bateau.

Il semble même qu'on pourrait se dispenser d'un pont étanche, puisqu'il n'a joué jusqu'ici aucun rôle ; mais son utilité n'est pas contestable.

En effet, la mer pénétrera, par les conduits *b*,*b*, dans le compartiment supérieur *B*, dès que, par l'enfoncement du bateau, le pont étanche se trouvera au niveau de l'eau. Dès lors, quelle que soit la hauteur de l'eau du bassin à flot au-dessus du pont étanche, la sous-pression conservera toujours, à peu de chose près, la même valeur et, par suite, le volume du lest amovible à introduire pour faire échouer le bateau sera limité au strict nécessaire.

Mais, si l'on veut soulever le bateau-porte, la forme de radoub étant pleine d'eau, il faut épuiser le lest introduit à fond de cale, et pour cela l'élever à une assez grande hauteur, ce qui entraîne forcément un travail plus considérable que dans le système de de Coppier.

Il est vrai que cette opération n'est motivée que dans des circonstances exceptionnelles.

397. Types usités dans les avant-ports à marée. — Lorsqu'une forme de radoub débouche dans un

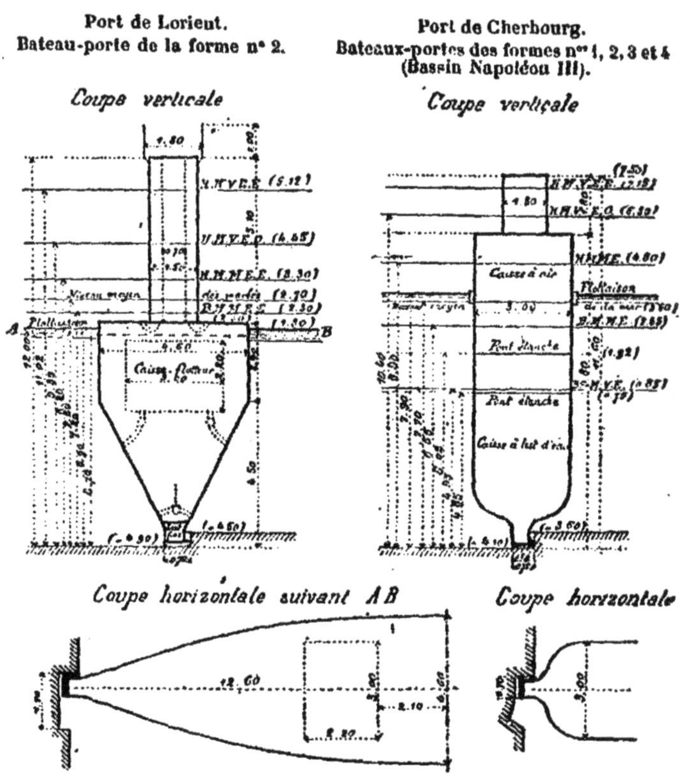

avant-port à marée, on ne saurait commencer la manœuvre du bateau-porte près du moment de la haute mer; il faut, en effet, toujours s'assurer d'un laps de temps suffisant pour les mouvements de la porte et du navire à caréner.

Or, ce temps dure depuis le moment où la mer montante atteint le niveau qui permet au bateau-porte de se dégager jusqu'à l'instant où la mer descendante le fait échouer de nouveau.

Port de Cherbourg.
Bateau-porte de la forme n° 5.
Coupe verticale.

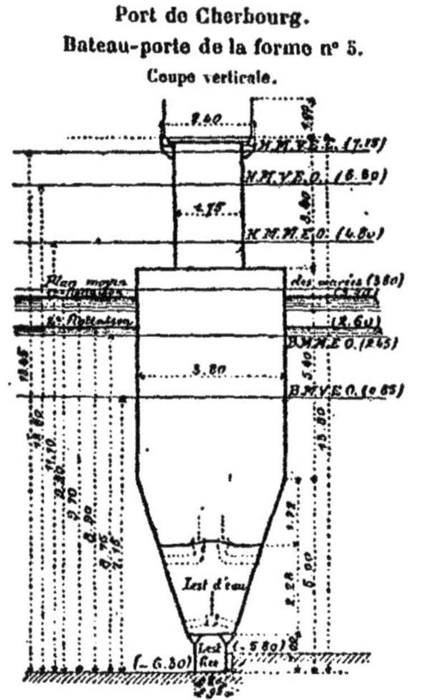

Coupe horizontale

On estime qu'il est prudent de réserver pour ces manœuvres environ six heures.

On est ainsi conduit à faire en sorte que le bateau-porte commence à se soulever quand la marée montante a atteint à peu près le niveau moyen de la mer, et qu'il s'échoue, à la marée baissante, lorsque l'eau revient à peu près à ce même niveau moyen; on règle, en conséquence, la flottaison normale du bateau-porte.

On rencontre ici un cas intermédiaire entre celui des formes dans les mers sans marée et celui des formes dans les bassins à flot des mers à marée.

Aussi trouve-t-on, pour ce genre de bateau-porte, soit le type de de Coppier, appliqué par exemple à Lorient, forme n° 2, soit le type déjà cité du Havre, qui a été imité du reste de celui adopté à Cherbourg pour les six grandes formes du bassin Napoléon III, où la marée joue librement avec une amplitude pouvant dépasser 7 mètres.

398. Observation. — En résumé, les bateaux-portes en usage actuellement se réduisent, au moins en principe, à ces deux formes ; mais, quel que soit le système adopté, il est nécessaire, pour éviter les inconvénients d'une levée trop brusque du bateau-porte, qu'il ne puisse jamais se soulever avant que l'eau n'ait sensiblement atteint le même niveau à l'intérieur et à l'extérieur de la forme de radoub.

Pour satisfaire à cette condition, on a quelquefois disposé au-dessus du niveau des plus hautes mers, c'est-à-dire près de la passerelle qui couronne le bateau-porte, des réservoirs que l'on remplit d'eau douce, prise aux conduites de distribution du port, et que l'on peut toujours vider au moment même où l'on veut soulever le bateau.

Il faut observer que la manœuvre d'un bateau-porte, quel qu'en soit le type, est toujours une opération assez délicate, qui exige une certaine instruction pratique de la part des hommes qui en sont chargés, et que l'expérience du personnel contribue puissamment à la réussite des diverses opérations que cette manœuvre comporte. Aussi cherche-t-on, autant que possible, à n'avoir dans un même port qu'un seul modèle de bateau-porte, et n'en confie-t-on la conduite qu'à des équipes bien exercées.

399. Conditions générales de fonctionnement d'un bateau-porte. — Pour simplifier les explications qui vont suivre, on les appliquera à un type déterminé, celui de de Coppier par exemple.

Soit MN, croquis ci-dessous, la flottaison normale du bateau, c'est-à-dire sa ligne d'immersion lorsqu'il est muni de tous ses agrès et chargé de tous les poids qu'il peut avoir à supporter pendant la manœuvre, entre autres celui des hommes qui doivent rester à bord.

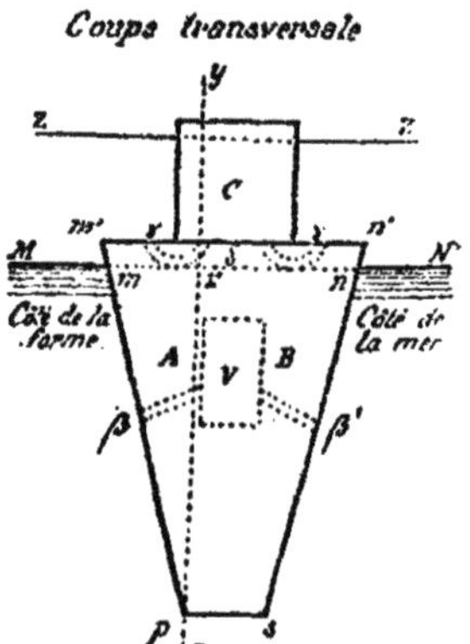

Soit xy la trace, sur le plan vertical, de la face d'application du bateau contre la feuillure.

Si A est le déplacement de la partie gauche de la carène, *mrp* sur le croquis, B le déplacement de la partie droite *nrps*, le poids du bateau-porte à flot est égal à A + B.

Immersion. — L'immersion du bateau s'obtient en remplissant les caisses V par les robinets β, β' [1].

« Les caisses V doivent donc avoir une capacité suffisante pour faire couler le bateau au-dessous du pont de ressaut $m'n'$, car, à partir de ce moment, la

1. Nota. — Les parties entre guillemets sont extraites, en substance, d'une note de M. Walton, sous-ingénieur de la marine, présentée en 1887.

poussée reste à peu près constante, puisque l'eau pourra s'introduire par les robinets γ,γ' dans la partie supérieure C et y circuler librement.

« Soit δ le déplacement *mnm'n'*; la première condition se traduirait donc par l'expression :

$$V > \delta$$

« Mais, en réalité, la poussée ne reste pas absolument constante quand le pont de ressaut est couvert; elle augmente avec l'immersion du bateau : 1° du déplacement de la charpente qui fait que le contenant n'est pas égal au contenu; 2° des parties fermées où l'eau n'accède pas, à savoir : les puits de descente de la passerelle dans la cale. Soit *u* le déplacement des puits de descente, *u'* celui de la charpente; il en résulte que, de la flottaison *m' n'* à la flottaison Z Z où le bateau est coulé, l'accroissement de poussée est égal à $u + u'$. La condition d'immersion totale du bateau est donc :

$$V > \delta + u + u'$$

« π étant le poids du mètre cube d'eau de mer, le bateau viendra s'appuyer sur le fond de la feuillure, en y exerçant une pression P, représentée par

$$P = \pi\,[V - (\delta + u + u')]\text{ »}$$

Le poids P représente la force d'immersion et il ne faut pas que cette force soit trop faible, car, pendant le remplissage de la capacité C, il s'établirait une sorte d'équilibre entre le poids d'eau déjà introduit en V et la poussée due à l'immersion; sous l'action de la houle, le bateau-porte subirait alors une série d'oscillations verticales, très dangereuses au moment où le bateau est sur le point de reposer sur la feuillure du fond, car à chaque descente se produira un choc de la quille sur le radier. Ce choc représente, eu égard à la masse considérable d'un bateau-porte, un coup de marteau violent sur la quille et sur les pierres de la feuillure, qui peut désorganiser les ouvrages.

Il convient, pour cette raison, de ne pas prendre P inférieur à 2 tonnes, là même où l'action de la houle est peu à redouter, et il faut dépasser notablement cette valeur si la houle doit être un peu forte; on l'a portée, dans certains cas, jusqu'à 10 et 12 tonnes.

Comme V doit être plus grand que δ, il y a intérêt à réduire δ afin de diminuer le volume d'eau à introduire pour échouer le bateau ; on active ainsi la manœuvre.

Or, δ est le déplacement ou, ce qui revient au même, le volume de la partie du bateau située hors de l'eau, comprise entre le plan de flottaison et le pont étanche. Ce volume est égal au produit de la surface du bateau à la flottaison par la hauteur du pont étanche au-dessus de l'eau.

Comme la section à la flottaison est déterminée par les conditions d'équilibre, on ne peut réduire que la hauteur.

La hauteur du pont étanche au-dessus de l'eau est, en effet, toujours petite; elle n'est, le plus souvent, que de 5 à 10 centimètres.

Mais, sous la pression du vent, la traction des amarres, etc., le bateau éprouve de légers mouvements de roulis, et, si le pont venait alors à être couvert par quelque petite lame, la stabilité de flottaison serait modifiée et pourrait même être compromise.

Il convient donc, lorsque le calme des eaux n'est pas bien assuré, de porter de 10 à 15 centimètres la hauteur du pont étanche au-dessus de l'eau.

Émersion. — « Pour l'émersion du bateau-porte, on vide les caisses V (appelées souvent caisses-flotteurs) dans la forme de radoub en ouvrant le robinet β ; puis on referme ce robinet. A ce moment, le poids total du bateau est égal au poids primitif A + B, augmenté du poids de l'eau contenue dans le compartiment supérieur, dont les orifices sont alors fermés, $a + b$. On a donc :

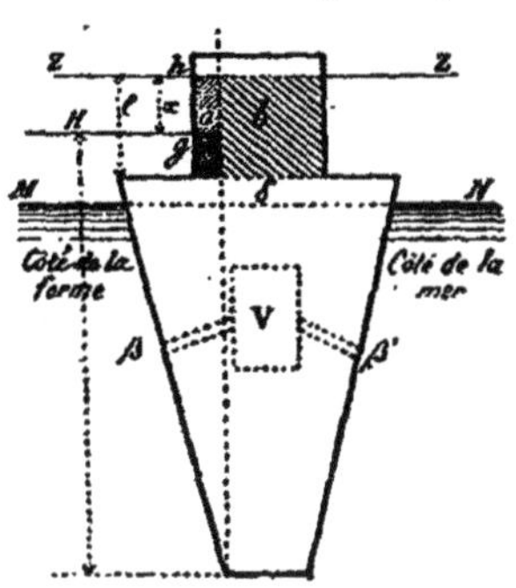

$$\text{Poids} = A + B + a + b.$$

« On ouvre les vannes et la forme se remplit peu à peu.

« A quel moment le bateau se soulève-t-il?

« Soit x la différence de niveau pour laquelle le soulèvement se produira, et voyons quels sont le poids et la poussée du bateau quand on a le niveau Z en mer et H dans la forme.

« On a :

$$\text{Poids} = A + B + a + b.$$

« Déplacement :

$$A + B + \delta + u + u' + a\left(1 - \frac{x}{l}\right) + b$$

l'avant-dernier terme correspondant à la partie quadrillée de la figure.

« Cette expression du déplacement n'est pas tout à fait exacte, en ce sens qu'il faudrait retrancher de $u+u'$ la partie relative au volume de a correspondant à la hauteur $gh=x$, qui ne donne pas de poussée de la part de l'eau ; mais l'erreur n'a qu'une influence insignifiante sur l'équation finale.

« Force émersive = déplacement — poids.

« Soit :

$$f=\delta+u+u'-\frac{x}{l}a.$$

« Si l'on connait la force f nécessaire pour vaincre le frottement du bateau contre les bajoyers, c'est-à-dire pour produire le décollement, cette équation donnera la valeur de x. Le cas limite est celui où $x=o$, car, si la force de frottement devenait un jour un peu plus forte qu'on ne l'avait supposé, le bateau-porte ne se décollerait plus de lui-même, et il faudrait le secours de vérins. Il faut donc, pour un fonctionnement sûr du bateau-porte, la condition :

$$\delta+u+u'\geqslant f$$

« Cette condition remplie, le bateau se décolle pour une certaine différence de niveau, et se soulève un peu ; on ouvre alors les soupapes pour faire vider la partie supérieure ; le bateau se soulève de plus en plus et finit par sortir des rainures et se mettre à la flottaison MN, ce qui permet son enlèvement.

« En résumé, pour qu'un bateau-porte soit dans de bonnes conditions d'immersion et d'émersion, il faut que ses divers éléments satisfassent aux deux inégalités :

$$V>\delta+u+u'\geqslant f.$$

La pratique semble avoir conduit à considérer une force ascensionnelle, f, de 2 à 3 tonnes comme un minimum et une force de 4 à 7 tonnes comme une bonne moyenne.

On l'a portée quelquefois à 12 tonnes, chiffre qu'on peut admettre comme un maximum.

Soulèvement. — Le décollement se produit pour une différence de niveau x, que l'on a déterminée, entre les eaux de la forme et de la mer.

On peut toujours rendre cette différence aussi petite qu'on le désire; mais l'expérience semble montrer qu'il est tout à fait inutile de la faire descendre au-dessous de $0^m,30$ et que, si elle dépasse $0^m,70$ à $0^m,80$, le vide restant à remplir dans la forme est trop considérable.

Quand le décollement est effectué, l'eau pénètre dans la forme par les rainures, le niveau s'établit peu à peu, le bateau-porte monte, pour s'arrêter dans une position déterminée.

« On peut vouloir se rendre compte de combien le bateau s'est soulevé quand il est dans cette position nouvelle.

« Soit YY (Fig. p. 130) la nouvelle flottaison, et y la hauteur dont s'est soulevé le bateau.

« Il faut écrire qu'à ce moment le poids égale la poussée.

« Or,

$$\text{Poids} = A + B + \varpi_h$$

« en appelant ϖ_h le poids de l'eau contenue dans la partie supérieure (entre zz et $m'n'$).

« Poussée $= A + B + \delta +$ déplacement de la artie ombrée du croquis.

« En admettant que, dans cette partie supérieure C, les déplacements sont proportionnels aux hauteurs, ce qui est presque rigoureux, ce déplacement peut s'évaluer par l'expression :

$$(\bar{\omega}_h + u_h + u'_h)\left(\frac{l_h - y}{l_h}\right)$$

« le premier facteur étant le déplacement de la partie entière jusqu'au niveau de la mer zz, quand le bateau repose sur le radier.

« On a donc :

$$A + B + \bar{\omega}_h = A + B + \delta + (\bar{\omega}_h + u_h + u'_h)\left(\frac{l_h - y}{l_h}\right)$$

« Expression d'où l'on déduira y. »

Il convient que y soit plus petit que la hauteur de la feuillure inférieure (qui est d'environ $0^m,50$), afin que la quille du bateau-porte ne démasque pas complètement le bas de l'entrée de la forme, et que l'eau soit toujours obligée de passer entre le paillet et la feuillure pour pénétrer, sans violence, dans la forme.

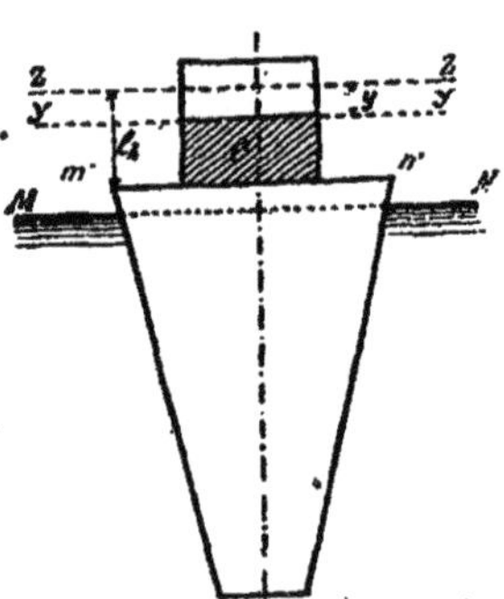

Une valeur de $0^m,25$ à $0^m,35$ semble convenable pour y.

Après ce premier soulèvement, on ouvre les soupapes du compartiment supérieur C ; le niveau de l'eau à l'intérieur de C étant plus élevé que le niveau de la mer à l'extérieur, la partie C se vide peu à peu et le bateau arrive à flotter sur la ligne de flottaison normale MN.

400. Stabilité des bateaux-portes. — Un corps flottant est en équilibre stable quand son centre de gravité (G) est au-dessous du centre de poussée (*o*) de l'eau qui le soutient[1].

Le centre de poussée est le centre de gravité du volume d'eau déplacé par la partie immergée du corps flottant, autrement dit par sa carène; aussi l'appelle-t-on habituellement le centre de carène.

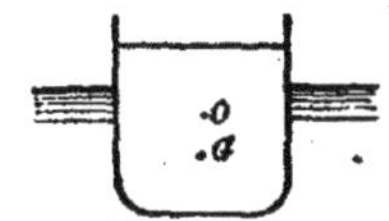

La poussée est nécessairement égale et directement opposée au poids du corps; elle est d'ailleurs toujours verticale, les composantes horizontales des poussées élémentaires se faisant équilibre.

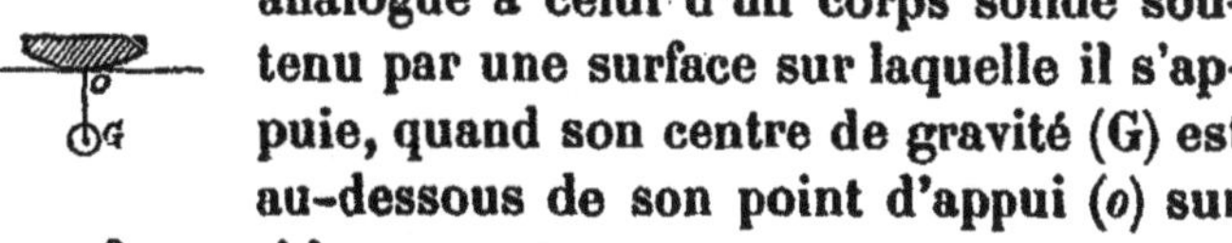

Le genre d'équilibre dont il est ici question est analogue à celui d'un corps solide soutenu par une surface sur laquelle il s'appuie, quand son centre de gravité (G) est au-dessous de son point d'appui (*o*) sur la surface qui le supporte.

Mais, si cette condition est suffisante pour assurer la stabilité de l'équilibre, elle n'est nullement nécessaire.

Ainsi, dans le cas d'un corps solide, l'équilibre peut être stable même quand le centre de gravité est au-dessus de la surface d'appui. Il suffit pour cela que, si on imprime un déplacement au corps, son poids tende à le ramener à sa première position; autrement dit, que le moment de son poids, par rapport à la verticale du nouveau point d'appui, tende à produire un déplacement en sens contraire de celui qu'on a imprimé.

Cette condition peut s'exprimer d'une autre façon

1. *Hydraulique*, par M. Collignon, édition de 1880, page 41.

quand il s'agit d'un corps qui repose en équilibre sur un plan horizontal, par exemple, où il s'appuie par une surface cylindrique ayant pour section droite un arc de cercle.

Dans ce cas, l'équilibre est stable si, après un petit déplacement par rotation sur le plan d'appui, le centre de gravité du corps (g) se trouve au-dessous de la rencontre (P) de la verticale (aP), qui le contenait avant le déplacement, avec la verticale (Pa') passant par la nouvelle génératrice d'appui (a') quand le déplacement a été opéré.

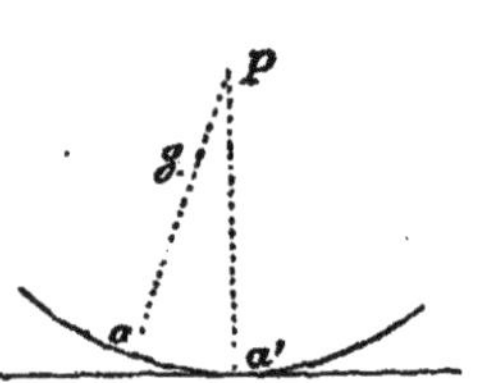

Ce point de rencontre P joue, quand il s'agit des corps flottants, un rôle important. On l'appelle le *métacentre*.

Si nous lui conservons ce nom, même pour les corps non flottants, nous pouvons dire que l'équilibre est stable quand le centre de gravité est au-dessous du métacentre, et c'est aussi l'expression de la stabilité des corps flottants.

Dans un bateau-porte, il est souvent difficile de disposer la construction de façon que son centre de gravité soit constamment au-dessous du centre de carène, ce qui assurerait le genre d'équilibre qu'on appelle *stabilité de poids*, en termes de constructions navales, par opposition à l'autre genre d'équilibre que l'on appelle *stabilité de forme*, et dont on parlera plus loin.

Cela tient à ce que le bateau a une hauteur généralement notable et quelquefois considérable au-dessus du plan de flottaison et à ce que les poids dont il est nécessairement chargé doivent, le plus souvent, se trouver ou au-dessus du plan de flottaison ou tout près de ce plan, pour être convenablement disposés; c'est ce qu'on exprime en disant qu'un bateau-porte est surtout chargé dans ses hauts.

La grande hauteur du bateau au-dessus de la flottaison est notamment nécessaire dans le type de de Coppier, lorsque ce bateau est destiné à fermer une forme de radoub débouchant dans un bassin à flot, où il y a une différence très notable entre le niveau des plus faibles hautes mers de morte eau et celui des pleines mers les plus fortes de vive eau (Exemple : Saint-Nazaire, croquis p. 118).

Quant aux poids des apparaux et de l'équipage nécessaires à la manœuvre, ils sont naturellement sur le pont, en forme de passerelle, qui couronne le bateau.

On doit se rappeler d'ailleurs que, dans ce type, les caisses que l'on remplit ou que l'on vide, pour l'immersion ou l'émersion, sont placées près du pont étanche, c'est-à-dire près de la flottaison, pour faciliter leur remplissage, leur vidange ou leur épuisement; leur poids se trouve donc aussi près des hauts.

Il résulte de ces observations qu'il est quelquefois impossible de réaliser d'une façon rationnelle la stabilité de poids pour un bateau-porte.

Cependant il arrive, par suite de circonstances exceptionnelles, que ce genre d'équilibre (stabilité de poids) est le seul admissible; par exemple, quand on ne peut donner au bateau une largeur suffisante à la flottaison parce qu'on ne veut pas perdre trop de longueur de forme. Dans ce cas, il faut recourir à un lest lourd qu'on arrime au fond de la cale, abaisser au besoin les caisses à eau, réduire autant que possible le poids des hauts, etc.

Mais, lors même que la stabilité de poids n'est pas indispensable, il y a toujours intérêt à chercher à s'en écarter le moins possible, c'est-à-dire à abaisser le centre de gravité, et, par suite, à diminuer le poids de la construction au-dessus de la flottaison, et c'est là un des motifs pour lesquels on rétrécit souvent le bateau au-dessus du pont étanche.

Si le centre de gravité est au-dessus du centre de carène, la stabilité du bateau dépend de la forme et surtout de la largeur du bateau au plan de flottaison.

Que la stabilité d'un corps flottant soit possible lorsque le centre de gravité est au-dessus du centre de carène, le fait est rendu certain par des expériences familières; un homme peut rester debout sur un petit radeau formé de madriers superposés ; mais la mesure du degré de cette stabilité et l'appréciation des éléments qui y concourent exigent des calculs spéciaux, longs et minutieux.

Le principe de ces calculs se simplifie dans le cas particulier d'un bateau-porte qui a deux plans médians de symétrie verticaux et perpendiculaires entre eux, quand on admet d'ailleurs : 1° que le déplacement du bateau reste constant pendant le petit mouvement de roulis qu'on est censé lui imprimer; 2° que, de chaque côté de l'axe, la largeur à la flottaison diffère très peu, après l'inclinaison, de ce qu'elle était avant; c'est, en effet, ce qui a toujours très sensiblement lieu dans le cas qui nous occupe.

Ce mouvement d'inclinaison transversale se traduit alors par une simple rotation autour de l'axe longitudinal K de la section de flottaison, de telle sorte que le volume de la partie immergée K*bb'* est égal à celui de la partie émergée K*aa'*.

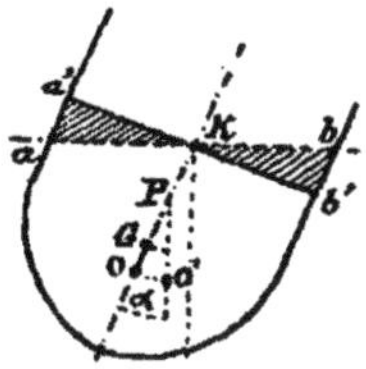

Il suffit de calculer la position du centre de carène *o'*, dans l'hypothèse de l'inclinaison limite α que l'on adopte, et de voir où la verticale menée par ce point *o'* rencontre l'axe du bateau.

Ce point de rencontre P s'appelle, comme on l'a dit, le métacentre.

L'équilibre est stable si le centre de gravité G est au-dessous du métacentre P.

La stabilité est d'autant plus grande que le centre de gravité est situé plus bas au-dessous du métacentre, et l'expérience conduit à reconnaître que, pour avoir une stabilité convenable, la distance entre ces deux points doit, dans un bateau-porte, être, en général, de 0m.60 au moins.

La position du point P est définie d'habitude par la formule :

$$\rho = r - a$$

ρ est la hauteur GP du métacentre P au-dessus du centre de gravité G ;

a est la hauteur GO, du centre de gravité G au-dessus du centre de carène O ;

r est égal à PO et est donné par la formule $r = \frac{I}{V}$, dans laquelle V est le volume immergé de la carène et I le moment d'inertie de la section de flottaison par rapport à l'axe longitudinal K du bateau.

La discussion de cette formule met en évidence les divers éléments qui agissent sur la stabilité.

Ainsi :

1° r étant toujours positif, la distance (ρ) du centre de gravité au centre de carène augmente avec la largeur du bateau à la flottaison, et l'augmentation croît, dans un certain rapport, avec le cube de cette largeur.

On voit ainsi l'intérêt qu'il y a à augmenter la largeur de la porte et, en tous cas, à ne pas trop la réduire.

2° A égalité de moment d'inertie à la flottaison (I), le terme r sera d'autant plus grand que le volume immergé V sera plus faible.

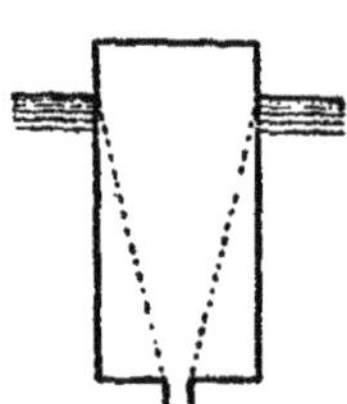

Lors donc que d'autres considérations ne s'y opposent pas, il vaut mieux, en général, rétrécir la carène au-dessous de la flottaison que de lui conserver la même largeur jusqu'auprès de la quille. Si l'on était conduit, par les motifs déjà expliqués, à adopter pour le bateau des tirants d'eau variables, le rétrécissement ne commencerait qu'au-dessous du plan de flottaison le plus rapproché de la quille.

3° Pour arriver à donner une valeur convenable au rayon ρ du métacentre, il est parfois nécessaire de rendre négatif le terme a, c'est-à-dire de placer le centre de gravité au-dessous du centre de carène et de recourir ainsi à la stabilité de poids, ou tout au moins de rendre a très petit.

On y parvient en plaçant un lest lourd arrimé dans la partie basse du bateau.

On doit comprendre aussi maintenant pourquoi un

bateau-porte, type de Coppier, perd nécessairement sa stabilité de forme dès que son pont étanche disparaît sous l'eau, de sorte que le bateau tend à se coucher sur un flanc ou sur l'autre; on voit donc l'intérêt qu'il y a, en général, à le maintenir dans une rainure s'opposant à ce déversement.

De même, pendant le relèvement, le bateau ne reprend sa stabilité de forme qu'après l'émersion de son pont étanche.

On donnera, à titre d'exemple, le calcul de la stabilité du bateau-porte de la forme n° 2 de Lorient (voir Annexe n° 1).

101. Construction des bateaux-portes. — Autrefois, on donnait aux bateaux-portes des formes arrondies, rappelant celles des navires; mais ces formes courbes ne sont pas nécessaires pour un appareil qui n'a à opérer que des mouvement très rares, très lents et à petite distance; et, de plus, elles ont le grave inconvénient d'augmenter le prix de la construction, par suite des travaux de forge, de recoupe, de faux équerrage et des pertes de métal qu'elles entraînent.

Les formes planes et les assemblages rectangulaires doivent être recherchés, autant que possible.

Dans cet ordre d'idées, le type du bateau-porte de Dunkerque (p. 111), dont les dispositions ont été étudiées avec le plus grand soin par M. l'inspecteur général Guillain, alors ingénieur du port, peut être cité comme un exemple de construction éminemment simple et pratique.

Toutefois, il convient de rechercher des formes à peu près lisses, d'éviter les recoins, les pièces extérieures plus ou moins compliquées de cornières, qui favorisent le dépôt des vases et sont difficiles à tenir en bon état de propreté; il convient également d'éviter les pièces saillantes sujettes aux chocs et abordages, etc.

Il importe aussi d'avoir égard à l'influence de ces formes extérieures sur la stabilité du bateau, qu'il faut assurer largement, sous peine d'être assujetti à des difficultés de manœuvre, dont l'insuccès pourrait avoir de graves conséquences.

La visite et l'entretien de toutes les parties intérieures de la coque doivent être rendus faciles, en donnant aux divers compartiments des dimensions suffisantes pour que les hommes y accèdent sans peine.

Des trous d'hommes, au nombre de deux ou trois, permettront de descendre de la passerelle supérieure dans la cale, quand les compartiments supérieurs sont pleins d'eau.

La coque doit être étanche; on s'en assure, après son achèvement, en la remplissant d'eau jusqu'au pont étanche et en lui faisant subir, pendant un certain temps, une heure par exemple, une pression d'une atmosphère à une atmosphère et demie.

La quille et les étambots qui supportent toute la poussée du bateau doivent être très solides; on leur donne ordinairement 0m,50 à 0m,60 de largeur dans le sens perpendiculaire au plan longitudinal du bateau; leur hauteur est d'environ 0m,60 à 0m,80; la quille doit, en tout cas, être plus haute que le busc d'une dizaine de centimètres au moins; le busc a ordinairement de 0m,30 à 0m,50 de hauteur.

La quille et les étambots sont munis, sur leurs deux faces verticales et sur une largeur de 0m,25 environ, de fourrures en bois, de $0^m,10$ à $0^m,12$ d'épaisseur, garnies de tapis d'étoupe appelés paillets, ayant environ $0^m,07$ d'épaisseur, qui assurent l'étanchéité du contact sur les pierres de taille de la rainure.

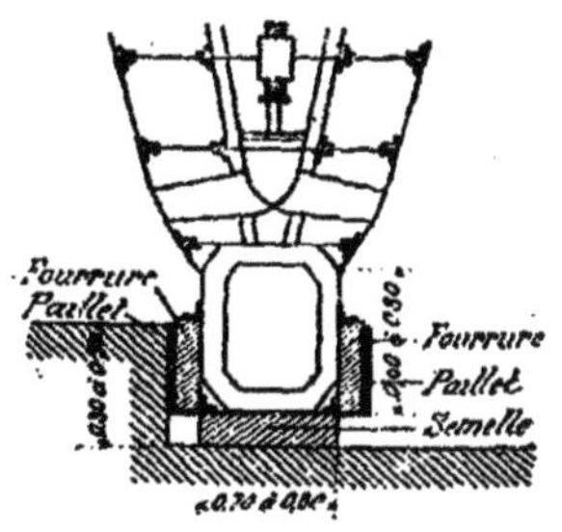

La visite, la réparation ou le remplacement des paillets se font en abattant le bateau en carène. On a été conduit quelquefois à mettre les paillets non pas sur le bateau, mais sur la rainure; dans ce cas, un cadre en bois portant les paillets est fixé sur la pierre de taille, mais il est amovible.

Le bateau-porte devant, comme on l'a dit page 109, pouvoir être poussé au fond de la rainure, puis opérer un mouvement de rotation, la largeur du fond de la rainure sera un peu plus grande que l'épaisseur complète de l'étambot.

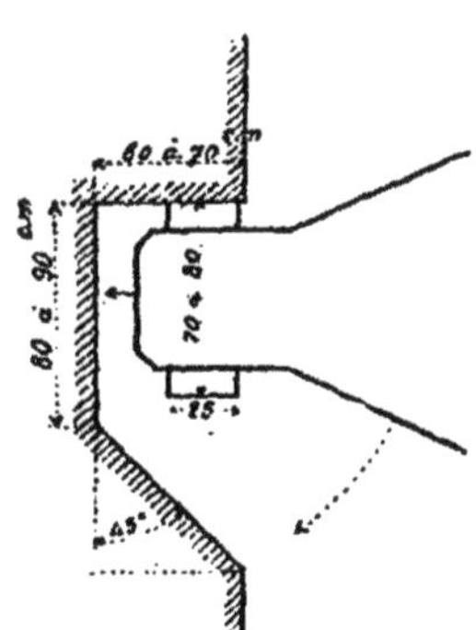

La quille est exposée à subir des chocs lorsqu'elle s'échoue sur le radier, par une houle même faible; elle sera donc protégée à l'aide d'une semelle assez épaisse ($0^m,15$ à $0^m,20$) en bois dur (chêne ou greenheart).

Les indications qui précèdent ne sont données qu'à titre d'exemples des détails minutieux dont l'étude est nécessaire dans un projet de bateau-porte.

On signalera également les questions relatives aux

vannes, aux soupapes, etc., dont l'agencement et le fonctionnement jouent un si grand rôle dans les manœuvres. On pourrait presque dire, à ce sujet, d'une manière générale, que, lorsqu'on a besoin d'un orifice à soupape, par exemple, il est bon d'en prévoir deux, pour le cas où l'un d'eux viendrait à ne pas fonctionner, pour une cause quelconque, au moment voulu.

402. Calcul de la résistance d'un bateau-porte. — Un bateau-porte présente toujours nécessairement un assemblage de pièces horizontales et verticales. Les calculs de résistance rentrent donc dans la catégorie de ceux qu'on a mentionnés à propos des vantaux d'écluse.

Toutefois, on doit faire intervenir ici certaines considérations spéciales aux bateaux-portes.

Ainsi :

1° Il convient de ne pas trop alourdir les hauts (la partie supérieure) du bateau, pour réaliser plus facilement les conditions de stabilité de flottaison, ce dont on n'a pas besoin de se préoccuper dans une porte d'écluse.

2° Le bateau, fermant une forme vide, supporte d'une façon continue, et pendant un temps quelquefois fort long, la poussée des eaux à leur maximum de pression, ce qui n'a jamais lieu pour un vantail d'écluse de navigation.

Le bateau doit donc avoir une grande rigidité afin de ne subir aucune déformation appréciable malgré la permanence de la charge.

Ainsi, par exemple, une flexion notable pourrait empêcher les fourrures de porter bien à plat et dans toute leur surface sur les pierres de la rainure, ce qui fatiguerait les paillets et diminuerait l'étanchéité de la fermeture.

3° Il est désirable que la pression soit répartie d'une façon aussi uniforme et aussi égale que possible sur tout le développement de la portée des paillets.

Or, dans un bateau-porte, on peut distinguer deux systèmes principaux de pièces : le système horizontal, formé des poutres ou entretoises, le système vertical, constitué par les aiguilles ou membrures.

Si l'on donne la prépondérance au système vertical pour la résistance du bateau, les calculs sont peut-être, il est vrai, plus simples et moins incertains que dans l'autre cas; mais, par contre, il est plus difficile de satisfaire aux conditions spéciales qui viennent d'être mentionnées.

Si, par exemple, portant à l'extrême le rôle du système vertical, il n'y a qu'une poutre horizontale au niveau du pont étanche, cette poutre devra être très robuste pour résister à l'effort que lui transmettent les aiguilles dans toute leur hauteur depuis la quille, et par suite elle sera lourde; elle chargera donc les hauts du bateau.

De plus, elle reportera directement une pression considérable sur une petite étendue des paillets d'étambots situés à son niveau.

Cette partie des paillets sera exagérément comprimée et fatiguée, tandis que le reste, depuis la quille jusqu'à la poutre, ne s'appliquera peut-être pas suffisamment sur la rainure pour empêcher le passage des infiltrations.

Il faut remarquer. du reste, que le système des

aiguilles sera motivé dans un vantail, dont la largeur maximum est toujours petite ($0^m,80$ à $1^m,50$), parce qu'il facilite la visite et la réparation des compartiments intérieurs, et ne le sera pas, à ce point de vue, dans un bateau-porte, dont la largeur, toujours supérieure à 2 mètres, peut dépasser quelquefois 4 mètres.

Si l'on donne la prépondérance au système des poutres horizontales, on retombe dans l'incertitude, déjà signalée, sur la façon dont les pièces verticales et le bordé répartissent la pression totale entre les différentes entretoises, de sorte que l'on peut craindre de ne pas donner à quelques-unes d'entre elles une résistance suffisante, si on les calcule uniquement d'après la charge d'eau moyenne qu'elles supporteraient en les supposant isolées.

Toutefois, les indications que l'on peut tirer des expériences de Chevallier paraissent de nature à renseigner, au moins approximativement, sur la position de la poutre qui sera vraisemblablement la plus chargée et sur la fraction de la poussée totale qu'elle supportera.

Le système des poutres horizontales a l'avantage de répartir, d'une façon convenable, les pressions sur les paillets. Il paraît particulièrement rationnel lorsque l'entrée de la forme est très évasée vers le haut, car les entretoises les plus fatiguées se trouvent être alors les plus courtes.

Si l'entrée est presque rectangulaire, les poutres situées vers le bas du bateau devront être les plus fortes et par suite les plus lourdes, condition favorable à la stabilité de flottaison.

En résumé, il semble à propos le plus souvent

de faire concourir, pour une grande part, le système des poutres horizontales à la résistance d'un bateau-porte.

SECTION IV

ÉPUISEMENT DES BASSINS DU RADOUB

§ 1er

DONNÉES GÉNÉRALES DU PROBLÈME

403. Durée de l'asséchement. — Autrefois, on se contentait d'assécher une forme en sept ou huit heures.

Dans les ports à marée, on utilisait largement la vidange par écoulement naturel des eaux à marée baissante.

Ainsi, les trois formes de la Citadelle, au Havre, s'assèchent complètement à basse mer, en vive eau, au moyen d'aqueducs débouchant dans l'avant-port. En morte eau, il ne reste à enlever artificiellement, au moyen de pompes, qu'une tranche d'eau de $2^m,90$ au maximum, pour la plus grande des trois formes.

Cette perte d'une journée de travail presque entière n'avait pas d'inconvénient sérieux quand les formes servaient surtout pour des réparations de longue durée à un matériel d'une valeur modérée.

Aujourd'hui, il n'en est plus de même ; les

opérations qui motivent l'entrée en forme consistent, le plus souvent, à visiter le gouvernail et l'hélice, à nettoyer et repeindre les carènes des navires en fer, et ne durent pas alors plus de deux à cinq jours [1].

Le prix d'un grand navire transatlantique peut s'élever actuellement jusqu'à une dizaine de millions. Employer sept ou huit heures à l'épuisement serait perdre un quart à un cinquième du temps qui suffit souvent pour le radoub ; immobiliser sans utilité le capital considérable engagé dans la construction d'une forme (de 2 à 5 millions) ; enfin, imposer au commerce maritime des pertes de temps, et par suite d'argent, d'autant plus préjudiciables que la concurrence est devenue plus active et impose aux armateurs des sacrifices plus lourds [2].

Aussi, la tendance, au moins pour les ports d'importance notable, est-elle :

1° De ne recourir qu'exceptionnellement, et à titre accessoire, à la vidange par écoulement naturel à marée baissante [3].

2° De munir les formes de radoub de machines

1. Le peacok, le peaking (et autres compositions), avec lesquels on peint actuellement la carène, sont secs trois heures après leur application. Dans une journée de dix heures, on peut en appliquer deux couches, tandis que la peinture au minium, employée autrefois, ne séchait qu'en cinq ou six jours. Un navire peut ainsi être gratté et peint en trente-six heures environ. Si l'on ajoute encore trente-six heures pour tenir compte des petites réparations au gouvernail, à l'hélice, etc., on voit qu'une forme, si elle est bien agencée, suffit pour 120 opérations courantes de radoub, par an.

2. Les navires à vapeur ne peuvent aujourd'hui rémunérer les armateurs que si la durée de leur chômage annuel est très courte.

3. A Granville, port secondaire, la grande amplitude de la marée permet à toute haute mer l'entrée dans la forme des navires qui fréquentent ce port et permet également l'assèchement du radier à toute basse mer; aussi, là, recourt-on exclusivement à l'écoulement naturel pour la vidange.

assez puissantes pour les vider, dans les circonstances les plus défavorables, en trois heures environ.

Une plus grande vitesse d'asséchement ne paraît pas d'ailleurs motivée, car il faut que, pendant l'épuisement, on ait le temps d'accorer le navire et de gratter les œuvres vives.

404. Organisation de l'épuisement. — Les eaux de la forme sont amenées par les aqueducs de vidange aux puisards des pompes.

Lorsque plusieurs formes sont voisines, on réunit dans un même bâtiment les machines qui les desservent. Il est rare, en effet, que toutes les formes soient simultanément en cours d'épuisement; en groupant les machines, on peut les atteler au besoin toutes ensemble sur une seule forme. On obtient ainsi une plus grande rapidité d'épuisement, en même temps qu'une utilisation meilleure du capital immobilisé dans les machines.

Les puisards et les machines doivent être, autant que possible, disposés de façon que l'on ait la faculté de rendre, à un moment donné, une forme quelconque indépendante des autres.

Aussi, en principe, il conviendra de mettre les puisards des pompes en relation, d'une part, avec les formes, d'autre part, avec les bassins ou avant-ports par des aqueducs ; chaque puisard devra pouvoir, à volonté, servir à l'épuisement de l'une quelconque des formes ou rester indépendant, quel que soit le fonctionnement des autres parties du réseau.

A Calais et à Dunkerque, où l'on a profité de l'expérience acquise, le programme adopté pour de nouveaux groupes de formes de radoub se résume comme suit :

1° Il y aura deux catégories de machines d'épuisement, absolument indépendantes ; la première comprendra les machines affectées à la vidange des formes ; la seconde, les machines d'entretien affectées à l'extraction des eaux d'infiltration pendant le séjour des navires en forme [1].

La puissance totale dont on disposera, tant pour la vidange que pour l'entretien, sera répartie entre plusieurs machines.

2° On pourra vider l'une quelconque des formes, jusqu'au niveau de basse mer, par écoulement naturel dans l'avant-port, sans troubler l'action des pompes de vidange ou d'entretien sur les autres formes.

3° On pourra épuiser l'une quelconque des formes à un moment quelconque de la marée, en utilisant pour cette opération soit la puissance totale des machines de vidange, soit une fraction seulement de cette puissance totale, sans troubler le fonctionnement des machines spéciales d'entretien pour la tenue à sec des formes déjà vides.

4° En cas d'avaries à l'une des machines de vidange ou d'entretien, on pourra faire le service de toutes les formes avec les machines restant en bon état.

La réalisation de ce programme complexe nécessite que chaque forme ait un aqueduc de vidange spécial ; qu'il y ait au moins autant de puisards que de formes ; que l'un quelconque des puisards puisse communiquer avec les autres par des aqueducs

1. L'utilité de ces deux catégories de machines sera justifiée dans le paragraphe relatif aux machines motrices.

spéciaux; qu'un système de vannes, convenablement disposées, permette d'interrompre la communication à un moment donné entre un aqueduc quelconque et un puisard quelconque.

Ce sont là, il faut bien le reconnaître, des conditions qui, pour être parfaitement rationnelles et motivées, n'en entraînent pas moins des sujétions multiples et coûteuses, et dont on sera quelquefois obligé de s'affranchir par raison d'économie.

§ 2

DES MACHINES MOTRICES

405. Chaudières. — Les chaudières doivent être d'un type simple, facile à entretenir et à réparer, et pouvoir être mises rapidement en pression.

Les générateurs de vapeur adoptés pour Dunkerque et Calais sont du type semi-tubulaire, à bouilleurs, à retour de flamme, avec foyer en brique, placé au-dessous du corps tubulaire.

Il importe de répartir entre un nombre convenable de chaudières la production totale de vapeur. La surface de chauffe sera largement calculée, et on aura toujours, comme rechange, un générateur de vapeur au moins.

406. Des machines. — On examinera successivement les machines de vidange et les machines d'entretien.

A. — MACHINES DE VIDANGE.

407. Qualités. — Les machines motrices des pompes seront, en général, à grande vitesse, pour éviter l'adjonction de transmissions qui diminuent le rendement et compliquent les organes en mouvement.

Elles pourront, en outre, pour les motifs qui seront bientôt expliqués, varier dans des limites très étendues, et comme puissance et comme nombre de tours.

Enfin, leurs dispositions seront telles que leur consommation de vapeur permette une marche suffisamment économique.

408. Variation du travail des machines. — Il serait évidemment désirable que les machines développassent un travail à peu près constant pendant la durée de l'épuisement, afin de bien utiliser leur puissance.

Supposons qu'il s'agisse d'assécher une forme dont les eaux seront élevées de $0^{m},50$ au commencement de l'opération et de $8^{m},50$ à la fin ; il faudrait, pour que le moteur développât un travail constant, que la quantité d'eau élevée, dans l'unité de temps, au commencement de la vidange, fût 17 fois plus grande qu'à la fin.

On pourrait, il est vrai, obtenir théoriquement ce résultat en employant un nombre considérable de pompes que l'on débrayerait successivement.

Mais, dans cette solution, l'intérêt du capital de premier établissement serait supérieur aux économies que l'on pourrait réaliser ainsi dans l'exploitation, et, d'autre part, la présence d'un grand nombre d'appareils d'épuisement ajouterait de nouvelles complications mécaniques.

Aussi, pratiquement, renonce-t-on à maintenir constant le travail des moteurs; on le fait varier, au contraire, dans les plus larges limites compatibles avec un bon rendement moyen, en modifiant la détente de la vapeur et le nombre de tours de la machine, en modifiant également la vitesse de rotation des pompes et même, au besoin, le nombre de pompes actionnées.

409. Type des machines en usage. — Les diverses conditions auxquelles doivent satisfaire les machines motrices : simplicité, grandes détentes, régularité du mouvement, économie de combustible, ont conduit presque tous les constructeurs à proposer (récemment à Dunkerque, à Calais et au Havre) l'emploi de machines à deux cylindres, du type Compound, à condensation.

Dans ces machines, les deux manivelles, à 90°, assurent d'ailleurs la régularité du mouvement, sans exiger l'emploi de lourds volants.

Les machines de Dunkerque et de Calais sont verticales, du type pilon; celles du Havre sont horizontales. Toutes ces machines sont à double expansion.

410. Puissance des machines. — On donnera, à titre d'exemple et pour fixer les idées, la détermination approximative de la puissance d'une machine d'épuisement.

La forme mesure 150 mètres de longueur, 30 mètres de largeur moyenne, le niveau de l'eau est à 8 mètres au-dessus du radier et se trouve à $0^m,50$ au-dessous du seuil de l'aqueduc de vidange.

Le cube à épuiser sera, dans les circonstances les plus défavorables (c'est-à-dire la forme ne renfermant pas de navire), de $150 \times 30 \times 8 = 36.000$ mètres cubes d'eau de mer (pesant 1.026 kilogrammes par mètre cube), qu'il faudra élever à $4^m,50$ de hauteur moyenne.

Le travail utile, en eau élevée, exprimé en chevaux de 75 kilogrammètres par seconde, sera, si l'assèchement doit avoir lieu en trois heures, ou en 10.800 secondes, de :

$$\frac{36.000 \times 4.50 \times 1.026^k}{10.800 \times 75} = 205 \text{ chevaux.}$$

Mais une machine à vapeur capable de produire un effet utile de 205 chevaux serait insuffisante, car sa puissance varie du commencement à la fin de l'opération.

Ainsi, l'on peut estimer que le travail utile au début de l'épuisement ne dépassera pas les 50/100e du travail utile moyen déterminé ci-dessus, soit 102 chevaux; il en résulte que, pour avoir une moyenne de 205 chevaux, les machines devront développer, à la fin de l'opération, un travail utile x, tel que :

$$\frac{x + 102}{2} = 205$$

d'où

$$x = 308 \text{ chevaux.}$$

Mais l'utilisation des pompes centrifuges actuellement en usage est à peu près de 60 0/0 de la puissance effective de la machine à vapeur; le travail à développer à la fin de l'opération sera :

$$\frac{308 \times 100}{60} = 512 \text{ chevaux.}$$

Le rendement organique d'une machine Compound, à action directe, pouvant être estimé à 0,75, le travail indiqué sur les pistons, lorsque la machine marchera à toute puissance, devra être de :

$$\frac{512 \times 100}{75} = 683 \text{ chevaux environ.}$$

On répartit ordinairement cette puissance entre deux ou trois machines actionnant chacune une ou deux pompes[1].

B. — MACHINES D'ENTRETIEN.

411. Objet des machines d'entretien. — Outre les machines de vidange, l'installation d'épuisement d'une forme ou d'un groupe de formes de radoub comprend des pompes et des machines d'entretien distinctes, destinées à élever les eaux d'infiltration pendant le séjour des navires en forme.

Il serait, en effet, onéreux de consacrer à cet usage une des machines de vidange, la puissance nécessaire n'étant qu'une petite fraction de celle de ces machines.

412. Puissance des machines d'entretien. — En principe, les machines d'entretien doivent assurer largement l'extraction, pendant une journée de travail

1. Au Havre, pour l'épuisement des nouvelles formes de radoub, deux pompes, commandées chacune par une machine de 325 chevaux indiqués, doivent pouvoir épuiser une forme renfermant 38.000 mètres cubes d'eau en trois heures. La hauteur totale d'élévation varie de zéro à $8^m,85$.

de douze heures, des eaux qui peuvent s'y introduire pendant vingt-quatre heures.

Les eaux d'infiltration proviennent :

1° Des maçonneries ; elles sont peu importantes lorsque la forme est bien établie ;

2° Des joints des portes ou des bateaux-portes ; en général, ces eaux sont plus considérables que celles provenant des maçonneries ;

3° Des pluies ;

4° Des lavages que nécessitent les coques.

L'ancienne machinerie de l'Eure, au Havre, comprenait deux machines d'entretien de 25 chevaux chacune.

A Dunkerque et à Calais, les devis-programmes spécifient que chacune des machines d'entretien actionnera une pompe capable d'élever au moins 300 litres d'eau par seconde au niveau des hautes mers de vives eaux moyennes, ce qui représente un peu moins de 100 chevaux indiqués.

Ainsi, une puissance de 50 à 100 chevaux indiqués paraît suffisante pour les machines d'entretien d'une forme.

§ 3

DES POMPES D'ÉPUISEMENT

A. — POMPES DE VIDANGE.

413. Type en usage. — Les pompes rotatives ou centrifuges sont seules adoptées dans les installations de date récente.

Leur emploi est justifié par ce fait : que les carènes des navires, surtout des navires en fer, se recouvrent, au bout d'un certain temps, d'une grande quantité d'incrustations végétales et animales. Or, le grattage de la coque se faisant, comme on l'a dit, en même temps que l'épuisement, une notable partie de ces détritus franchit les grilles des aqueducs de vidange et va jusqu'aux puisards.

Si les pompes sont à piston, le corps du cylindre et le piston sont exposés aux frottements de corps durs étrangers qui les usent rapidement, et peuvent même les mettre hors de service pendant l'épuisement[1].

Avec les pompes centrifuges, l'on n'a pas à redouter de semblables accidents, les détritus passant facilement entre les ailettes du disque tournant.

On rappellera ici que le débouché des aqueducs dans la forme doit avoir une grande ouverture, car la grille en réduit notablement la section et détermine des phénomènes de contraction sur les filets d'eau qui la traversent.

On comprend sans doute mieux aussi, maintenant, l'intérêt qu'il y a à pouvoir facilement visiter les crépines des pompes, à curer les aqueducs, les puisards, etc., et, par suite, à leur donner de grandes sections, à en rendre l'accès facile et à bien les aérer pour que les ouvriers y travaillent sans trop de gêne.

414. Dispositions générales des pompes. — Les pompes centrifuges doivent être placées à une faible

1. A Anvers, cependant, on voit encore le type des pompes à piston. Elles ont des pistons à clapets de caoutchouc, analogues à ceux des pompes Letestu.

hauteur (4 à 5 mètres) au-dessus du fond des puisards, car elles ne fonctionnent bien que quand la hauteur d'aspiration est modérée.

Elles peuvent avoir leur axe horizontal (Calais, Dunkerque), ou vertical (Le Havre).

Port de Dunkerque. — Formes de radoub.

Installation générale de la machinerie.

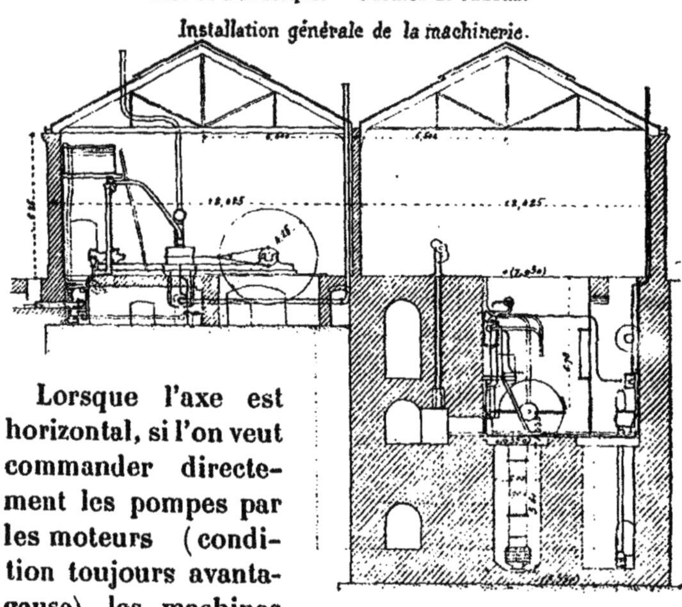

Lorsque l'axe est horizontal, si l'on veut commander directement les pompes par les moteurs (condition toujours avantageuse), les machines doivent être installées dans un sous-sol spacieux, bien éclairé et bien aéré (Voir aussi Pl. II, Cherbourg).

Lorsque l'on renonce à la commande directe, on peut placer les moteurs sur le terre-plein et recourir à une transmission par courroies ou engrenages.

Si l'on adopte des courroies, elles courent alors dans des puits généralement étroits où l'atmosphère est toujours plus ou moins humide. Elles se tendent et se détendent ; elles donnent lieu à des glissements variables, et, par suite, à des pertes de travail sensibles. Elles s'usent rapidement et grèvent l'entretien.

L'emploi des pompes centrifuges à axe vertical permet la commande directe des pompes par des moteurs installés au niveau du terre-plein; il a été adopté pour les nouvelles machines du groupe des formes de l'Eure, au Havre (Pl. IV).

Port du Havre.
Formes de radoub du bassin de l'Eure, machine principale d'épuisement.

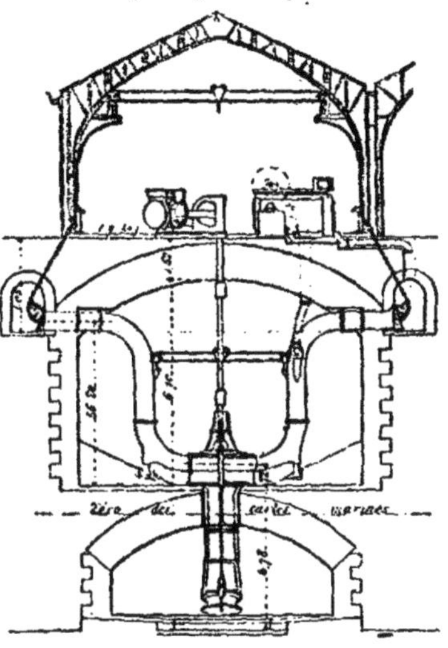

Les constructeurs estiment qu'une pompe à axe vertical peut avoir, sans inconvénient, un très grand diamètre, tandis que le poids d'un grand disque à ailettes fatigue beaucoup l'arbre de rotation et les paliers d'une pompe à axe horizontal.

En augmentant le diamètre, on peut diminuer le nombre de tours de la pompe et, par suite de la machine; et, moins une machine marche vite, plus la surveillance et l'entretien en sont faciles.

Or, des moteurs de 300 chevaux et au delà, appelés à marcher à plus de 150 tours par minute, à la fin de l'épuisement, exigent des précautions spéciales et un entretien soigné [1].

1. Au Havre, les pompes et, par suite, les machines qui y sont attelées directement peuvent tourner à raison de 146 tours par minute à la fin de l'épuisement.

A Dunkerque, la commission locale chargée d'apprécier les projets

415. Système proposé par Barret. — Il convient de signaler, à titre de renseignement, la solution proposée par Barret et la Compagnie de Fives-Lille aux deux concours du Havre et de Calais, pour se rapprocher de la constance du travail dépensé par les machines pendant l'épuisement (voir Annexe n° 2).

Le système consiste dans l'emploi de pompes centrifuges, susceptibles d'être accouplées en cascade par batteries de deux [1].

Dans l'une des pompes d'une batterie de deux, l'aspiration se fait toujours par le puisard, le refoulement se faisant tantôt dans l'aqueduc d'évacuation, tantôt dans la deuxième pompe (voir croquis schématique p. 157).

Pour la deuxième, au contraire, le refoulement se fait toujours dans l'aqueduc d'évacuation, mais l'aspiration a lieu tantôt dans le puisard, tantôt dans la première pompe.

A cet effet, chacune des deux pompes est munie de trois tuyaux, le troisième étant pourvu d'une valve-papillon servant à l'accouplement.

Voici comment on opérerait avec une semblable batterie de deux pompes :

Au commencement de l'épuisement, la hauteur d'élévation étant nulle ou très petite, les machines motrices, marchant à faible introduction, actionne-

qui lui avaient été remis, tout en accordant la préférence à celui de la Compagnie de Fives-Lille, a résolu de substituer, aux pompes de $1^m,60$ de diamètre extérieur, des pompes de $2^m,50$, afin de remplacer les machines prévues à grande vitesse (nombre de tours par minute variant de 130 à 210) par des machines dont le nombre de tours serait de 120 en marche normale et ne dépasserait pas 140 à la fin de l'épuisement.

1. Voir dans les *Annales des ponts et chaussées*, année 1873, la théorie de M. Alfred Durand-Claye sur les pompes centrifuges accouplées.

raient les deux pompes isolément et donneraient un grand débit. La hauteur d'élévation croissant, on augmenterait l'introduction et on accélérerait ainsi l'allure des machines. Malgré cette accélération, le débit diminuerait peu à peu. Une fois les machines arrivées à leur maximum d'introduction, ce qui aurait lieu

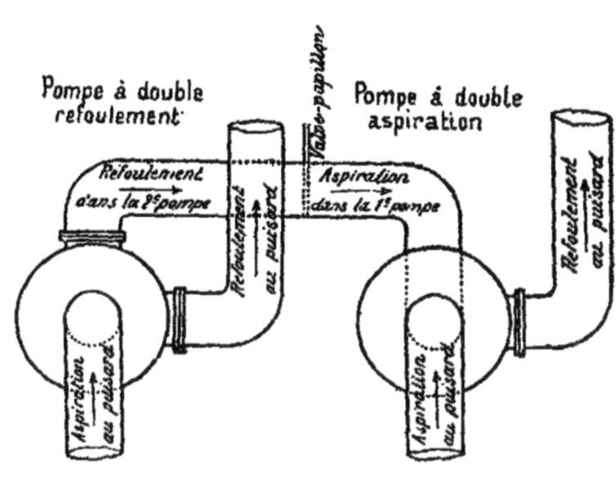

à peu près vers le milieu de l'épuisement, on accouplerait les pompes deux à deux et l'on continuerait l'épuisement, en augmentant de nouveau progressivement l'introduction, jusqu'à porter à son maximum la vitesse des machines [1].

L'accouplement des pompes devant se faire sans secousse, la manœuvre de la valve-papillon se ferait automatiquement et avec lenteur au moyen d'une transmission et d'un petit régulateur.

1. Les chiffres suivants, extraits du projet présenté pour la forme de Calais, montrent dans quelle mesure est réalisée la constance du travail dépensé.

Première période : durée, 1 h. 10′.

Six pompes travaillent isolément.

Le débit total varierait de 6.200 litres à 2.400 litres à la seconde; le nombre de tours de chaque machine, de 115 à 135; le travail dépensé sur les pistons, de 434 à 560 chevaux.

Deuxième période : durée, 1 h. 35′.

Six pompes accouplées deux à deux.

Le débit total varierait de 2.800 à 1.700 litres; le nombre de tours, de 117 à 131; le travail dépensé, de 415 à 470 chevaux.

Cette ingénieuse solution n'a pas été adoptée. On a craint que la complication des appareils, nécessitée par le double fonctionnement des pompes, n'entraînât des frais d'entretien trop considérables, et qu'un ralentissement plus ou moins prolongé, voire même un arrêt complet du travail, ne fût nécessité vers le milieu de l'épuisement par l'opération de l'embrayage.

Aussi la commission de Calais, tout en se prononçant en faveur du projet Barret-Fives-Lille dans son ensemble, a demandé la substitution d'une pompe unique de grand diamètre, fonctionnant seule dans chaque puisard, au groupe de deux pompes disposées en vue de l'accouplement.

416. Étude de M. Farcot. — Dans ses projets présentés pour les installations nouvelles de Dunkerque et du Havre, M. Farcot a donné une solution qui consiste, par l'emploi de machines à quatre distributeurs, à maintenir à chaque instant de l'épuisement l'introduction correspondant au maximum d'économie de vapeur.

A cet effet, la vitesse des moteurs est réglée automatiquement par la hauteur de l'eau dans la forme pendant la vidange (voir Annexe n° 3).

Les projets de M. Farcot n'ont pas été adoptés, principalement en raison de leur prix élevé.

B. — POMPES D'ENTRETIEN.

417. Type des pompes. — Les pompes d'entretien sont généralement à piston, car elles n'ont à élever que des eaux relativement propres.

Les pompes à piston ont d'ailleurs un rendement plus élevé que les pompes centrifuges. Elles se prêtent, en outre, à de plus grandes variations dans l'allure des machines, variations commandées par la plus ou moins grande abondance des infiltrations, tandis que les pompes centrifuges exigent toujours des machines une vitesse d'autant plus grande, pour obtenir un rendement convenable, que l'eau doit être élevée plus haut.

On prend, d'ailleurs, toujours la précaution de placer des grillages à mailles fines dans les galeries d'épuisement aboutissant aux puisards des pompes d'entretien.

418. Observation. — Il peut arriver que les petites machines d'entretien se trouvent, à un moment donné, et par suite de circonstances exceptionnelles, impuissantes à extraire le volume d'eau ayant pénétré dans les formes.

Il est donc convenable de se réserver la possibilité d'employer à ce travail, en cas de nécessité, une des machines de vidange.

§ 4

PUISARDS

419. Dispositions générales. — Les dispositions générales auxquelles doivent satisfaire les puisards, lorsqu'un même établissement de machine dessert plusieurs groupes, ont été indiquées dans le § 1er.

Les pompes rotatives ne fonctionnent dans de bonnes conditions que lorsqu'elles n'ont que point ou très peu d'aspiration à produire. Elles doivent donc être établies à une petite hauteur (3 à 5 mètres) au-dessus du radier du puisard, sur un plancher (voir croquis du Havre et de Dunkerque, p. 154 et 155, et Pl. I à V).

Les tuyaux d'aspiration des pompes traversent ce plancher ou diaphragme, qui doit être solide et étanche, pour résister notamment à la sous-pression quand la forme est pleine et pour empêcher l'invasion de l'eau dans la chambre supérieure des pompes.

Les tuyaux de refoulement vont déboucher dans l'aqueduc de refoulement établi sous le terre-plein. Ce dernier aqueduc rejette, au bassin ou dans l'avant-port, les eaux de vidange de la forme.

420. Vannes. — L'installation d'un puisard ou d'un groupe de puisards comporte, comme on l'a vu, l'établissement d'un nombre plus ou moins grand de vannes (vingt à Dunkerque, seize à Calais).

La disposition le plus généralement adoptée pour ces vannes consiste à les faire en fonte, avec glissières en coin (voir 1er vol., p. 255).

Quand les machines desservant un groupe de formes fonctionnent ensemble pour vider l'une d'elles, l'aspiration produite se fait sentir sur les vannes qui interceptent la communication de l'aqueduc général avec les autres.

Cette aspiration peut être très énergique, et il est arrivé, notamment à l'arsenal de Cherbourg, que des vannes ont été arrachées de leurs feuillures. On doit donc ne rien négliger pour assurer leur solidité ainsi que celle de leurs glissières.

Les vannes peuvent être manœuvrées soit à la main, soit mécaniquement, au moyen de l'eau sous pression.

SECTION V

DES CALES DE HALAGE

421. Généralités. — Une forme a de nombreux avantages, qui ressortiront mieux à mesure qu'on la comparera aux autres appareils de radoub ; mais elle a aussi des inconvénients, et notamment celui de coûter généralement très cher.

On a donc cherché à réaliser un moyen plus économique de réparer les navires.

De tout temps, on a tiré à terre les embarcations légères pour les réparer ; cette pratique est suivie, pour les petits bateaux de pêche, quand la plage ou l'estran offre une pente convenable et une solidité suffisante.

Mais, pour les navires proprement dits, on ne peut plus opérer aussi simplement ; il faut préparer un plan incliné sur lequel on remontera le navire au moyen d'engins et d'appareils appropriés.

Ces plans inclinés s'appellent des *cales de halage*.

Les navires se construisent et se lancent presque

toujours sur des plans inclinés[1] qu'on appelle, pour ce motif, des cales de construction ou de lancement.

Une cale de construction peut servir de cale de halage; cependant, ces deux genres d'appareils, ne devant pas remplir exactement le même objet, ne peuvent être disposés tout à fait de la même façon.

Mais, en somme et d'une manière générale, le halage sur cale est l'opération inverse du lancement et comporte, par suite, un certain nombre de dispositions analogues.

On dira donc d'abord quelques mots du lancement.

§ 1er

CALES DE CONSTRUCTION OU DE LANCEMENT[2]

422. Indications sommaires. — Lorsque la coque d'un navire est achevée sur sa cale, on la fait reposer sur une charpente spéciale, appelée berceau ou ber, qui épouse exactement la forme de la partie inférieure de la carène, sans y être fixée toutefois.

Le berceau, dont les dispositions varient avec l'importance et le poids du navire, comprend notamment :

1° Deux pièces de charpente longitudinales, parallèles, placées symétriquement de chaque côté

1. On a quelquefois construit des navires dans des formes de radoub, qu'il suffit de remplir pour faire flotter la coque.

2. Voir le cours de construction du navire par M. Hauser, professeur à l'École d'application du génie maritime (1885).

de la quille ; ces pièces, de fort équarrissage, s'appellent des coittes ;

2° Un assemblage de pièces de bois supportant la quille dans toute sa longueur et désigné sous le nom de semelle.

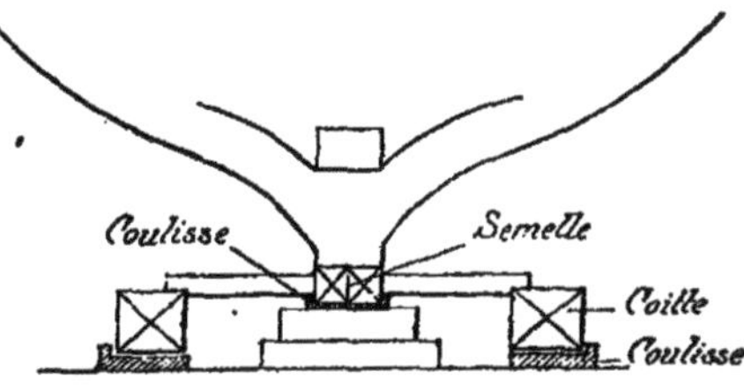

Les coittes et la semelle reposent sur des coulisses en bois de chêne, fixées à la cale ; on a eu soin d'enduire préalablement les coulisses d'une couche lubrifiante formée d'un mélange de suif et de savon vert.

L'inclinaison de la cale est telle que la composante du poids du navire et du ber, parallèle à la pente, soit capable de vaincre les frottements sur les coulisses.

Cette inclinaison varie habituellement d'un douzième à un quatorzième, soit d'environ 0m,07 à 0m,08 par mètre.

Au moment du lancement, le ber, supportant le navire, glisse sur la cale qui se prolonge au-dessous du niveau de la mer ; bientôt le navire, soulevé par l'eau, se sépare de son berceau et flotte librement.

Le lancement d'un grand navire est toujours un spectacle imposant.

§ 2

CALES DE HALAGE[1]

423. Dispositions générales. — Dimensions. — Une cale de halage comporte, comme une cale de construction : 1° une partie au-dessus de l'eau, ou cale proprement dite; 2° une partie au-dessous de l'eau, qu'on appelle l'avant-cale.

424. Longueur. — La longueur de la cale au-dessus des plus hautes mers doit être au moins

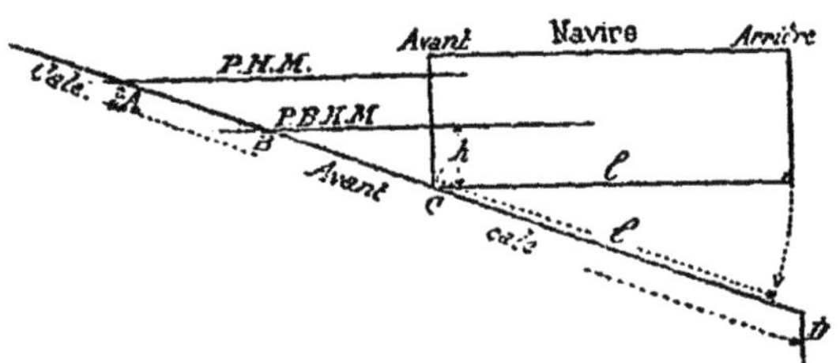

égale à celle de la quille du plus long navire qu'elle est appelée à recevoir.

La longueur de l'avant-cale se compose de trois parties :

1° AB, comprise entre le niveau des plus hautes mers et le niveau des plus faibles hautes mers par lesquelles on veut pouvoir opérer le halage;

1. Voir, dans le tome LXXII des *Proceedings of the Institution of Civil Engineers* (London), le mémoire intitulé : *The design and construction of repairing Slipways for Schips*, par Thomas Bell Lightfoot and John Thompson.

2° BC, comprise entre le niveau des plus faibles hautes mers et la profondeur correspondant au plus grand tirant d'eau (h) que l'on sera forcé d'admettre à l'avant d'un navire à haler, en tenant compte, d'ailleurs, de l'épaisseur du ber ;

3° CD, qui peut être tout au plus égale à la longueur de la plus longue quille, car l'arrière de la quille ne vient reposer sur le ber que lorsque celui-ci a été déjà remonté d'une certaine longueur sur la cale.

425. Inclinaison. — Les longueurs AB et BC dépendent de l'inclinaison de la cale.

Cette inclinaison dépend elle-même de diverses considérations, que l'on va examiner.

Supposons d'abord que le navire soit halé sur un ber analogue au ber de construction, c'est-à-dire composé essentiellement de deux coittes et d'une semelle glissant dans des coulisses.

L'effort de traction à opérer, pour le hissage du navire sera d'autant plus considérable que l'inclinaison de la cale sera plus forte ; si donc on n'envisageait que la force à développer, il conviendrait d'adopter une faible pente.

Mais il faut que le navire, après son radoub, puisse être remis à l'eau ; la pente ne peut donc pas être, dans ce cas, inférieure à celle d'une cale de lancement.

Toutefois, on peut adopter pour le halage un ber non pas glissant sur des coulisses, mais roulant sur des rails par l'intermédiaire de galets. De cette façon, on réduit l'effort à la remonte, et la descente peut avoir lieu sur une faible pente. Il semble donc logique, dans ce second cas, d'adopter pour la cale une petite inclinaison.

Mais si, en adoucissant la pente, on diminue la force, par contre on augmente la longueur du chemin à parcourir et, par suite, le travail à produire.

De plus, on accroît la longueur de la cale, dont l'extrémité inférieure s'avance alors loin du rivage, empiétant sur le mouillage ; cette extrémité peut même se trouver ainsi reportée dans une zone où règnent des courants très gênants pour les manœuvres, toujours délicates, de la présentation du navire sur le ber.

Enfin, on augmente généralement les difficultés de construction et les frais de premier établissement.

D'ailleurs, il est facile de réaliser d'une façon simple, avec l'eau sous pression, un effort de traction aussi considérable qu'il est nécessaire.

On n'a donc pas, en général, à se préoccuper, sous ce rapport, de réduire l'inclinaison des cales de halage ; on pourrait même être tenté de l'augmenter au delà de la limite qu'exige le lancement, pour diminuer la longueur de l'ouvrage.

Mais, si la pente est forte, on accroît les risques d'avaries qui résulteraient d'une descente subite du navire, dans le cas où les moyens d'arrêt, qu'il faut nécessairement toujours prévoir, viendraient à ne pas fonctionner, pour une cause accidentelle quelconque, pendant le halage ou pendant la mise à flot.

Les pentes raides ont, dans le halage en long, un autre inconvénient, qui sera expliqué plus loin (article 439).

En fait et en pratique, pour ces divers motifs, on donne habituellement aux cales de halage une inclinaison à peu près égale à celle des cales de construction, soit de $0^m,07$ à $0^m,09$ par mètre, lorsque le ber est glissant, et de $0^m,05$ à $0^m,06$ lorsqu'il est roulant.

426. Largeur. — La largeur de la cale doit être au moins égale à celle du ber, et la largeur du ber elle-même dépend des conditions à observer pour l'accorage de la coque, accorage qui se fait ici d'une manière spéciale, comme on l'expliquera tout à l'heure.

D'après les ouvrages exécutés, on peut admettre, à titre de première indication, que la largeur d'une cale de halage varie habituellement de 8 à 10 mètres.

Les observations qui précèdent suffisent sans doute pour montrer que, dans chaque cas particulier, l'ingénieur qui étudie un projet de cale de halage doit consulter, avant tout, les convenances des personnes intéressées à l'exploitation de l'appareil.

427. Résistance. — Les dimensions principales de la cale étant déterminées, il reste à fixer la résistance qu'elle devra offrir, car l'ouvrage exige une stabilité telle que la surface du plan incliné ne puisse subir aucune déformation ni dénivellation.

428. Fondation et exécution de la cale et de l'avant-cale. — La cale doit résister au poids du ber, lorsqu'il supporte le navire complètement émergé.

Dans l'état actuel des constructions navales, on peut admettre, à titre de première indication, que ce poids n'est pas, en moyenne, de plus de 30 à 50 tonnes de 1.000 kilogrammes par mètre courant de cale.

La fondation est naturellement soumise, en outre, à la charge résultant du poids propre de l'ouvrage.

429. Sol incompressible. — Il est facile d'assurer la solidité d'une cale lorsque le sol de fondation est incompressible et n'est pas affouillable ; on supposera, par exemple, le sol rocheux.

Dans ce cas, on fait généralement en maçonnerie la partie de la construction dont on peut exécuter la fondation à sec, soit que le bon sol découvre naturellement, soit qu'on puisse l'atteindre, à peu de frais, sous l'abri d'un batardeau, etc.

On se borne à dresser le rocher et à établir trois murs longitudinaux, l'un dans l'axe de la cale, les deux autres sur ses bords.

Cette portion de l'ouvrage, exécutée à l'air, ne comporte pas d'autre indication spéciale que celle qui est relative à la nécessité d'assurer une grande solidité à l'extrémité supérieure de la cale, là où seront établis les appareils de traction pour le halage.

On se bornera donc à donner, pour fixer les idées, un type de cale imité de celui qui a été adopté à la Seyne, près de Toulon (croquis p. 169).

La partie de l'avant-cale qui doit être faite sous l'eau présente un peu moins de simplicité d'exécution.

Si le sol rocheux offrait une déclivité à peu près égale à celle de la cale, s'il était d'ailleurs recouvert d'une épaisseur modérée d'alluvions, on pourrait prolonger sous l'eau, par des murettes, les murs de la cale.

Ces murettes s'exécuteraient à l'aide d'un des procédés indiqués à l'occasion de la fondation des quais sous l'eau, sur la même nature de sol, par exemple au moyen de béton coulé dans une enceinte de pieux et palplanches, ou avec des blocs à peu

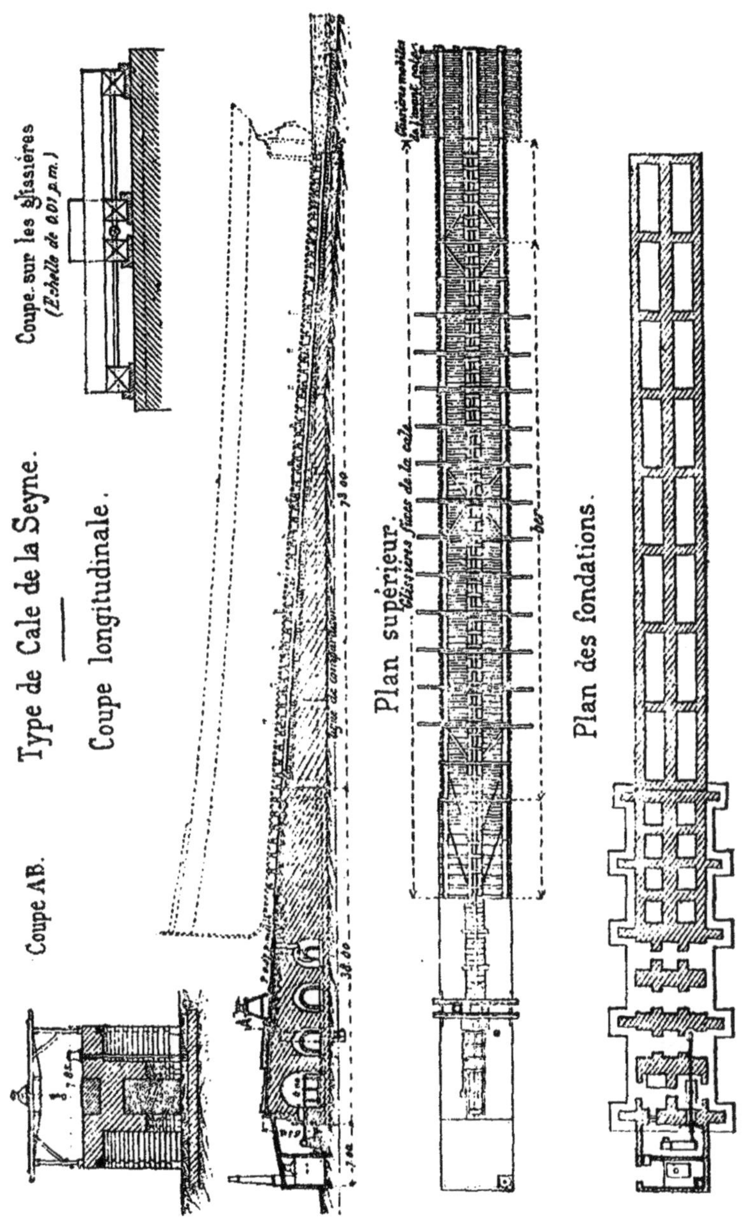
Type de Cale de la Seyne.
Coupe longitudinale.
Coupe AB.
Coupe sur les glissières
(Echelle de 0.01 p.m.)
Plan supérieur.
Plan des fondations.

près jointifs, maçonnés à l'air comprimé dans un caisson amovible, etc.

Mais, le plus souvent, les avant-cales sont établies sur un sol d'alluvions profondes, où le genre de fondation dont on vient de parler serait très dispendieux, s'il fallait atteindre le terrain solide sous-jacent ; on recourt alors à un autre mode de construction.

430. Sol compressible. — *Cale.* — Lorsque le sol est compressible, on fonde la cale sur pilotis (croquis p. 171).

Le plan incliné est supporté par des voûtes en maçonnerie, de petite ouverture (de 3 à 4 mètres de portée). On n'a donc à se préoccuper que d'assurer la stabilité des piles de ces voûtes, ce qui est toujours facile, même dans un terrain de vase de profondeur indéfinie.

Les pieux d'une cale n'ont, en effet, à supporter qu'une charge verticale, et l'on sait que, dans ce cas, ils peuvent résister simplement par leur frottement dans la vase.

Ainsi, à Rochefort, on a admis, à la suite de nombreuses expériences, qu'un pieu de 12 mètres de long peut porter en toute sécurité 1.000 kilogrammes par mètre carré de surface frottante.

Le diamètre moyen de pareils pieux étant d'environ $0^{m},30$, il en résulte qu'un pieu de 12 mètres de long peut être chargé de 12 tonnes sans aucune crainte de tassement, ce qui donne une marge plus que suffisante pour assurer la stabilité des piles, sous lesquelles les pieux peuvent être enfoncés à 1 mètre environ de distance les uns des autres.

Avant-cale. — Dans les mers à marée, la partie de l'ouvrage qui découvre aux basses mers de vive eau, ainsi que celle que l'on peut mettre à sec, sous l'abri d'un batardeau, en travaillant au besoin à la marée,

Port de Rochefort.

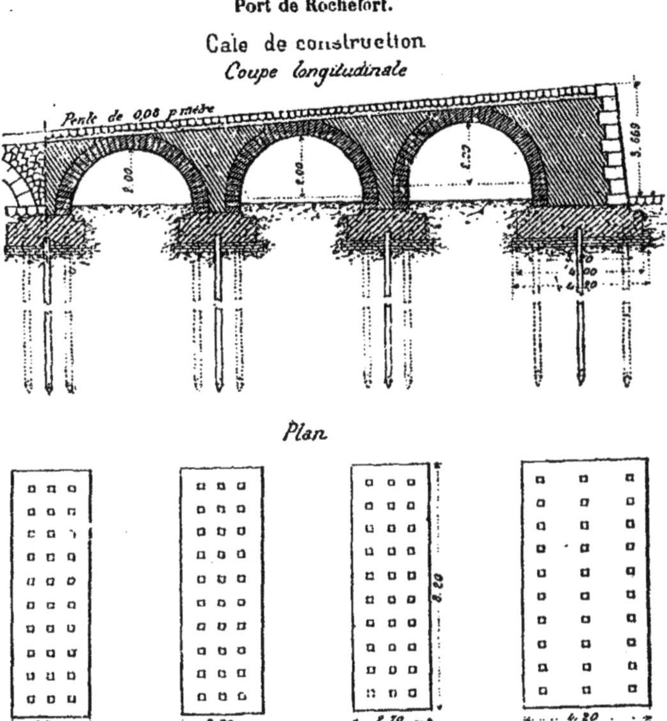

s'établissent aussi sur pilotis, quand le taret n'est pas à craindre, par exemple dans la région des fleuves à marée, où l'eau est peu salée. Toutefois, on n'y construit pas de piles en maçonnerie; les files de pieux sont simplement moisées dans le sens longitudinal et dans le sens transversal.

Dans les mers sans marée, on adopte généralement pour l'avant-cale un mode de fondation imité de celui qui a été mentionné à propos de la construction des quais dans les mêmes mers. Voici en quoi il consiste :

On drague le sol meuble à peu près suivant la pente adoptée ; le fond de la fouille est maintenu à $2^m,50$ ou 3 mètres, au moins, au-dessous de la surface de l'avant-cale.

Sur le fond de la fouille draguée, on dépose une couche d'enrochements de 1 mètre à $1^m,25$ d'épaisseur.

Cette épaisseur est nécessaire pour que la pression soit bien répartie sur le sol.

Sur les enrochements, recouverts d'une couche de $0^m,25$ à $0^m,30$ de pierrailles, bien dressée, on coule une couche de béton de 1 mètre à $1^m,25$ d'épaisseur; cette épaisseur est également motivée par la nécessité de répartir d'une façon uniforme sur les enrochements la charge que supportera le béton.

Par-dessus le béton coulé, on pose quelquefois un dallage de $0^m,15$ à $0^m,20$ d'épaisseur ; ce dallage, composé de plaquettes de béton faites à sec, est mis en place et rejointoyé au ciment par des scaphandriers.

Des enrochements protègent extérieurement l'enceinte où le béton a été coulé.

La largeur du fond de la fouille draguée doit donc être suffisante pour contenir le pied du massif des enrochements immergés à talus coulant.

Les croquis page 172 montrent d'une façon suffisamment précise les dispositions adoptées pour la construction des avant-cales de lancement, à l'arsenal de Toulon, dispositions également applicables

Port de Toulon.

Type d'avant-cale au Mourillon, à glissières mobiles.

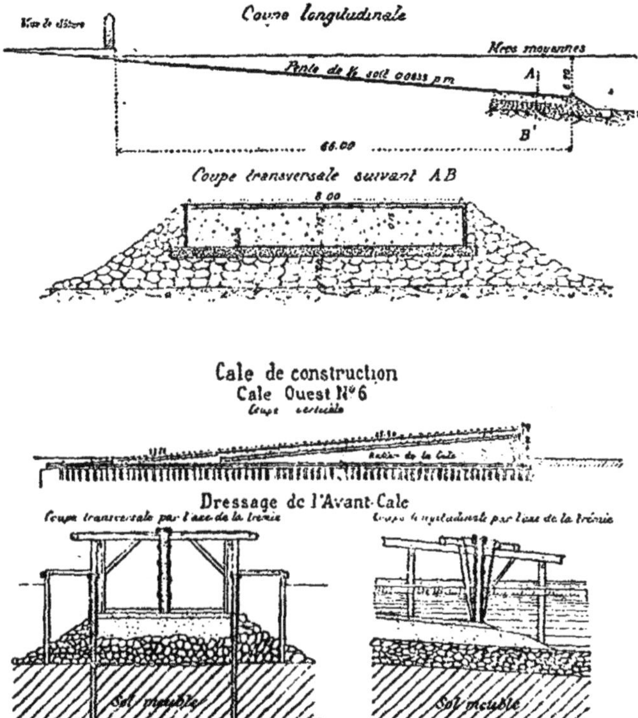

aux avant-cales de halage dans les mêmes circonstances.

Du reste, pour chaque ouvrage en particulier, l'ingénieur devra étudier le mode d'établissement le mieux approprié à la nature du sol de fondation.

Si, par exemple, on peut, sans grands frais, draguer les alluvions jusqu'au terrain solide, il vaudra mieux faire reposer la base des enrochements sur ce terrain. Cependant, cette condition n'est pas indispensable, car, même dans une vase de grande profondeur, un massif suffisamment large et épais d'enrochements peut supporter sans tassement une charge *verticale* plus considérable que celle à laquelle est soumise une avant-cale de halage (voir, à ce sujet, ce qui a été dit de la stabilité des quais fondés en terrain de vase, tant qu'ils ne sont pas soumis à une poussée horizontale).

431. Aménagement de la partie supérieure de la cale. — Le dessus de la cale doit être aménagé de façon que le mouvement du ber y soit bien guidé.

Pour fixer les idées, on supposera, à titre d'exemple, qu'il s'agisse d'un ber glissant; on imaginera facilement les dispositions à adopter dans tout autre cas.

Un ber glissant peut varier de forme, mais il comporte le plus ordinairement trois poutres en bois, longitudinales, dont l'une, centrale, est située sous la quille et correspond à la semelle d'un ber de lancement; les deux autres, latérales, représentent les coittes.

Ces poutres (ou assemblages de poutres) s'appellent, d'habitude, des longerons, dans les cales de halage.

Les longerons reposent sur des glissières.

Les glissières peuvent être fixées à demeure sur la cale dans toute la partie qui découvre à basse mer et où l'on n'a, par conséquent, aucune difficulté pour visiter, entretenir, réparer et lubrifier les glissières (voir croquis p. 169)

Sur la partie de l'ouvrage qui ne découvre jamais (par exemple, sur toute la longueur de l'avant-cale dans les mers sans marée), on ne pose habituellement les glissières qu'au moment du halage ou de la mise à flot d'un navire. A cet effet, elles sont fixées sur des traverses distantes de $0^m,50$ à 1 mètre environ, d'axe en axe. La charpente formée des glissières et des traverses doit être rendue indéformable par un contreventement approprié (tirants, croix, etc.).

Cette charpente flotte comme un radeau ; on l'échoue sur l'avant-cale en la chargeant de gueuses de fonte; on la place de façon que les glissières de l'avant-cale soient bien exactement dans le prolongement de celles de la cale; des tirants ou des chaînes empêchent toute séparation entre les extrémités contiguës des glissières. Lorsque la charpente est allégée de son lest de fonte, elle flotte de nouveau et on la hale en travers (sens de la largeur), sur un plan incliné, d'où on la lance au moment voulu.

On voit que l'on doit tenir compte de l'épaisseur de cette charpente dans l'établissement de l'avant-cale.

En résumé, la construction d'une cale comporte sur la face supérieure du plan incliné l'installation d'un système de guidage approprié à l'espèce particulière de ber qui doit être employée. Si, par exemple, le ber roule sur des galets fixés aux longerons, les glissières seront remplacées par des rails, etc.

432. Exploitation d'une cale de halage. — L'emploi d'une cale de halage, pour le radoub d'un navire, comporte un certain nombre d'opérations que l'on va d'abord présenter sommairement :

1° Le ber, ayant été convenablement disposé pour recevoir le navire, est amené au bas de l'avant-cale.

2° Le navire est présenté sur le ber, l'étrave tournée vers la terre.

L'avant de la quille est amené à reposer sur la partie supérieure du ber.

3° Le halage commence ; la quille arrive bientôt à s'appuyer sur toute la longueur du ber ; on accore la carène ; enfin, on achève le halage.

La remise à flot du navire radoubé a lieu par une série de manœuvres inverses.

On examinera successivement les principales questions que soulèvent :

Les dispositions du ber;

La présentation du navire sur la cale ;

L'accorage ;

Le halage.

On se bornera à prendre pour exemple le cas d'un ber glissant.

433. Du ber. — D'après ce qui précède, le ber doit satisfaire à trois conditions :

1° *Rendre les manœuvres de halage simples et faciles ;*

2° *Présenter une série d'appuis pour la quille ;*

3° *Offrir des moyens d'accorage pour la carène.*

1° Il est rationnel d'opérer la traction sur le longeron central ; par suite, les deux longerons latéraux devront être disposés symétriquement par rapport à celui du milieu et lui être invariablement reliés par un contreventement formé de traverses, de tirants et de croix de Saint-André, etc. (voir croquis p. 169 : plan).

2° Le longeron central porte des tins, mais ici la

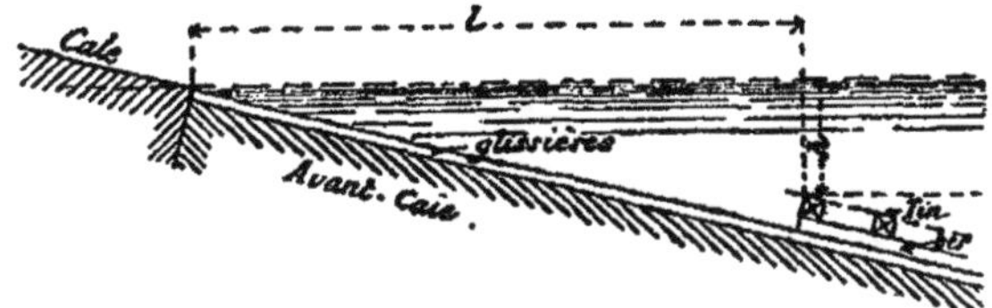

hauteur des tins doit être assez petite (de $0^m,30$ à $0^m,40$ par exemple) pour ne pas trop augmenter l'épaisseur du ber. En effet, dans une mer sans marée, par exemple, pour un tirant d'eau déterminé (h) (croquis ci-dessus), à l'avant d'un navire, et pour une inclinaison donnée de la cale, la longueur (l) de la partie supérieure de l'avant-cale sera évidemment d'autant plus longue que l'épaisseur du ber sera plus grande.

Or, plus l'avant-cale est longue plus son pied doit descendre par des eaux profondes, où la fondation devient naturellement plus difficile.

Ordinairement on maintient l'épaisseur totale du ber (du dessous des semelles au-dessus des tins) entre $0^m,80$ et 1 mètre.

3° L'accorage de la carène sur le ber comporte quelques indications spéciales.

434. De l'accorage. — A. *Accorage au moyen de ventrières.* — Lorsqu'on lance un navire, ses flancs sont soutenus à l'aplomb des deux coittes, et sur une certaine longueur près du maître couple, par une pièce de charpente (A), travaillée sur équerrage et dont la face supérieure s'applique exactement contre les formes du bâtiment. (voir croquis ci-dessous).

Cette pièce s'appelle la ventrière. On conçoit que, si un ber est muni de ventrières appropriées aux formes du navire à haler, il suffira de faire reposer la carène sur les ventrières pour que le bâtiment soit accoré.

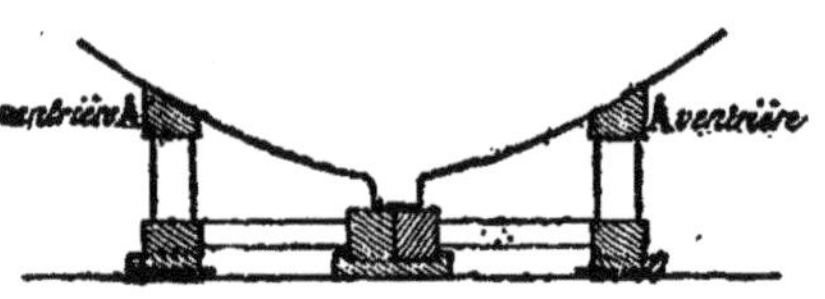

Cette solution est, en effet, adoptée lorsque la cale ne doit servir qu'à un type déterminé de bateaux, par exemple à des torpilleurs, tous du même modèle.

Elle peut convenir également lorsque la cale est exclusivement affectée au service d'une compagnie de navigation dont les bâtiments n'offrent qu'un petit nombre de types différents; car on n'aura qu'à monter sur le ber, au moment voulu, les ventrières, préparées à l'avance, qui conviennent à la coque à radouber.

Mais ce sont là des circonstances spéciales et toutes particulières. En général, la cale est destinée à recevoir des navires dont les carènes peuvent être de formes très différentes, et alors l'accorage par ventrières cesse d'être pratiquement applicable.

B. *Accorage au moyen de selles ou sous-ventrières.* — L'inconvénient des ventrières réside dans l'invariabilité de leur forme; or, cet inconvénient disparaît si l'on découpe la ventrière en tronçons de petite longueur, susceptibles de varier de position, pouvant être, par exemple, abaissés ou remontés verticalement, avancés ou reculés horizontalement, afin de venir se mettre en contact avec la carène dans les meilleures conditions pour assurer l'accorage de la coque.

Ces tronçons de ventrières s'appellent alors, d'habitude, des selles ou des sous-ventrières.

Les dispositions des sous-ventrières peuvent varier à l'infini, mais les plus simples et les plus rustiques sont les meilleures.

Tous ces systèmes doivent, d'ailleurs, satisfaire à une condition essentielle, celle d'être facilement manœuvrables sous l'eau par des hommes se tenant au-dessus de l'eau.

L'accorage doit être exécuté, en effet, dès que la quille vient reposer sur les tins du ber, c'est-à-dire à un moment où le dessous de la carène est encore immergé.

De plus, l'accorage une fois obtenu, les selles doivent rester parfaitement appliquées sous la coque dans une position fixe et invariable. On se bornera à donner, sous forme de croquis schématique, la disposition du type de sous-ventrière le plus généralement employé (croquis ci-dessus).

Un tasseau ou cale *t*, qui doit venir s'appuyer sous la coque, est fixé sur un coin (*c*), constituant la selle ou sous-ventrière ; ce coin peut glisser sur des traversines (*d*), moisant la tête d'un potelet (*e*), assemblé sur le longeron extérieur (L).

Si l'on opère sur le coin (*c*) une traction dans le

sens indiqué par la flèche, on forcera le tasseau (*t*) à s'appliquer contre la carène.

On peut craindre que, sous l'effet des trépidations qui se produisent pendant le halage, le coin ne se déplace et que le tasseau ne s'appuie plus sur la coque.

Pour prévenir cet inconvénient, on ménage quelquefois un moyen d'arrêt ; par exemple, un linguet (λλ') (croquis ci-dessous) fixé à l'arrière du coin et qui s'appuie sur les dents d'une crémaillère (γγ) comprise entre les traversines (Exemple : Dunkerque).

Ce linguet peut d'ailleurs être soulevé au moyen d'une corde attachée à son pied (λ').

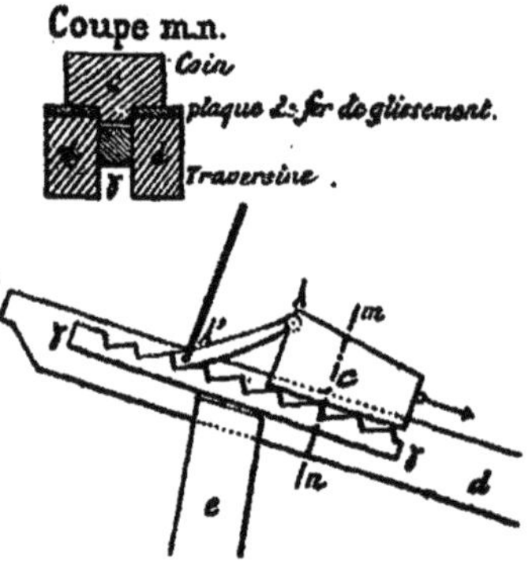

On a dit que la manœuvre des selles doit être opérée quand elles sont encore sous l'eau.

La manœuvre consiste dans le cas pris pour exemple, à exercer une traction sur l'avant du coin (*c*).

Voici le principe de la transmission de mouvement ordinairement adoptée :

Une corde (*ab*) (croquis p. 181); reliée au coin *c*, passe sur une poulie de renvoi (*p*), placée au pied de la traversine, revient suivant *b'a'* repasser sur une seconde poulie (*p'*) placée vers le haut de la traversine, enfin elle va suivant *a'f* s'attacher à la branche d'un chandelier en fer (*df*), fixé au ber.

La tête du chandelier doit être assez élevée pour qu'elle ne soit jamais couverte par l'eau.

Les hommes chargés de l'accorage se tiennent sur le pont du navire ; des bateliers leur passent l'extré-

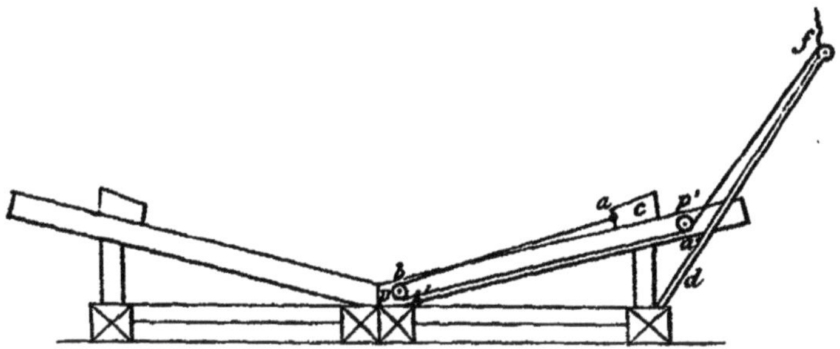

mité *f* de la corde, sur laquelle il n'y a plus qu'à exercer la traction voulue.

435. Observation. — On remarquera que l'accorage sur cale est bien loin d'offrir les garanties de stabilité que donne l'épontillage dans une forme.

De plus, le navire est dans un état d'équilibre précaire depuis le moment où l'avant de sa quille touche le sommet du ber jusqu'au moment où la quille, opérant une rotation autour de ce premier point d'appui, vient enfin s'appliquer, dans toute sa longueur, sur la ligne des tins.

Pendant cette période critique, la coque doit être maintenue par des aussières frappées à terre ou sur des bouées.

436. Présentation du bateau sur le ber. — Le navire est amené sur le ber, son avant tourné vers la terre. (Dans le lancement sur cale de construction, l'avant est, au contraire, tourné vers le large.)

La quille doit être placée aussi exactement que possible dans l'axe de la cale. A cet effet, des hommes, montés sur le pont, mollissent ou raidissent des amarres frappées à terre ou sur des bouées.

On comprend combien sont gênants pour de pareilles manœuvres les courants, la houle, le vent lorsqu'ils frappent le navire dans toute sa longueur et tendent à le drosser par son travers; aussi doit-on construire la cale dans les parties les mieux abritées des ports. Quelquefois, on est obligé de réaliser cet abri au moyen d'ouvrages, de jetées par exemple, protégeant les abords de la cale.

Pour la direction des manœuvres, des repères sont nécessaires; on place le plus souvent à terre, dans l'axe de la cale, deux jalons, ou un jalon et une marque très visible (un amer, en terme de marine), tracée sur un mur au delà du jalon. Il est ainsi facile de mettre l'avant du navire dans l'axe de la cale.

Pour y amener également l'arrière, on peut employer plusieurs moyens; en voici un, à titre d'exemple :

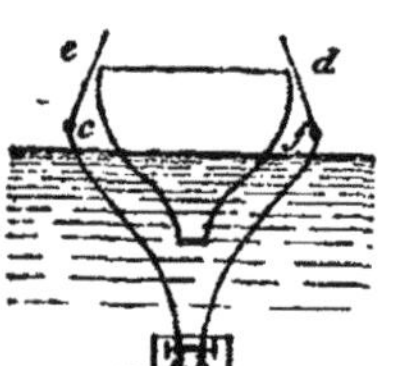

Sur l'un des tins inférieurs du ber est fixée une fourche en fer mobile autour d'un axe horizontal (*ab*). Cette fourche, de forme appropriée, est d'abord couchée sur le ber lorsqu'on amène le navire; puis elle est relevée au moyen des cordes *ce* et *df*.

On peut alors s'assurer que l'axe du pont à l'arrière est bien au milieu des deux branches, qui ont été disposées d'ailleurs symétriquement par rapport à l'axe du ber.

437. Halage. — Le poids à haler comprend naturellement celui du ber; or, le poids du ber, qui dépend de sa longueur, représente souvent une fraction notable de celui du navire (de 1/5 à 1/3 par exemple) ; il convient donc de ne pas employer des bers inutilement trop longs.

On est ainsi fréquemment conduit à partager le ber en deux parties inégales, que l'on emploie isolément ou que l'on assemble, suivant la longueur de la quille du navire à radouber.

De plus, on place le navire de façon que son avant et son arrière soient légèrement en porte-à-faux (de 2 à 4 mètres, par exemple) au delà des extrémités du ber.

Le halage consiste à exercer une traction convenable sur le ber ; c'est là un problème de mécanique pratique dont la solution peut varier, et varie en effet, dans de larges limites.

La détermination de l'effort à produire dépend du système de ber.

Dans les bers glissants, on admet, d'après l'expérience des cales de lancement, que le coefficient de frottement ne dépasse pas 0,07.

Pour les bers roulants, on est obligé de calculer les résistances dues aux divers frottements (de roulement et de glissement) d'après la forme, le nombre, la disposition, la charge probable des galets, etc. Mais tous ces calculs comportent, comme on le sait (voir 1er vol. p. 343 et suivantes), un assez grand degré d'incertitude, et il est toujours prudent de pécher plutôt par excès que par défaut dans l'estimation des résistances.

Cependant, avec les bers roulants, par suite de leur faible pente, l'effort total de traction n'est, en général, que de 40 à 60 0/0 de celui qu'exigent les bers glissants.

On fait donc assez souvent des bers roulants, dont les dispositions sont d'ailleurs très diverses. On se bornera à mentionner, à titre d'exemple, le ber roulant de la cale de Dunkerque ; un autre type est fourni par la cale en travers de Rouen (Pl. X).

Port de Dunkerque.
Cale longitudinale de halage.

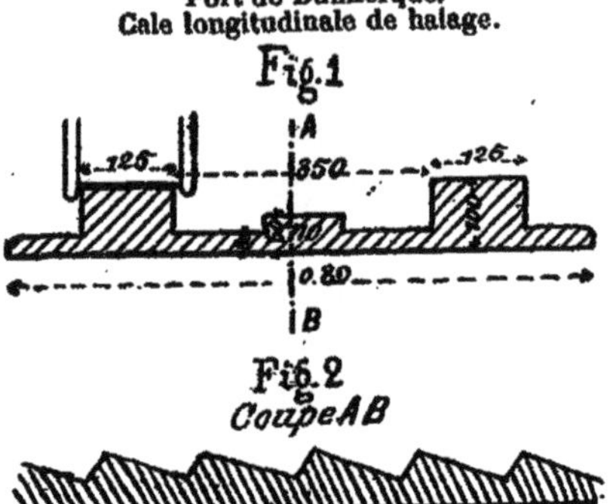

A Dunkerque, le chemin de roulement est formé de quatre rails, deux au-dessous du longeron central, composé de deux poutres jumelées, un au-dessous de chacun des longerons latéraux.

Les deux rails centraux sont venus de fonte ensemble avec un plateau massif qui les réunit et qui porte une crémaillère (Fig. 1 et 2).

Fig 3

Les tins du ber sont à 2 mètres environ l'un de l'autre, et sous chaque tin il y a quatre galets en fonte dure (Fig. 3). Ces galets ont des doubles boudins (Fig. 4), afin de mieux guider le mouvement du ber.

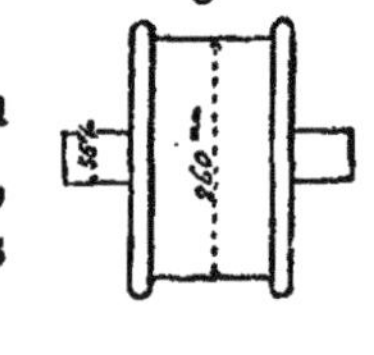

Pour permettre d'arrêter le berceau à un moment quelconque de sa course, des linguets d'arrêt y sont fixés tous les 4 mètres de longueur du ber.

Ces linguets peuvent buter contre les dents de la crémaillère située au milieu du chemin de roulement.

438. Engins de halage. — La puissance motrice est fournie par une machine à vapeur conduisant un treuil d'une force convenable, ou fournissant de l'eau sous pression à une presse hydraulique [1].

Le halage peut avoir lieu d'une manière continue ou discontinue, mais le mouvement s'opère toujours avec une très faible vitesse, soit de $0^m,03$ à $0^m,05$ par seconde.

Une vitesse continue de $0^m,04$ permettrait de faire parcourir au ber une longueur de 144 mètres en une heure, ce qui, dans la pratique, doit être considéré comme amplement suffisant.

On indiquera sommairement, à titre d'exemple, les dispositions générales que comporte le système de halage le plus habituellement employé, c'est-à-dire le halage discontinu, opéré à l'aide de l'eau sous pression.

Le ber, descendu au bas de la cale, est retenu par une chaîne formée de barres de fer réunies entre elles; toutes les barres ont la même longueur, et cette longueur est à peu près égale à la course du plongeur de la presse hydraulique. Le plongeur étant à fond de course, on introduit l'eau sous pression et l'on remonte le ber d'une longueur de barre; on cale le ber sur le plan incliné au moyen d'un système d'arrêt constitué, le plus souvent, comme on vient de le dire, par des linguets butant contre des crémaillères; on démonte la barre attelée sur le plongeur, on ramène celui-ci à fond de course et on y attelle la barre suivante; le halage se continue ainsi de proche en proche.

1. Voir une note sur les systèmes de traction appliqués aux cales de halage, dans le Portefeuille économique des machines (Oppermann, mai 1882).

Pendant l'arrêt du ber, la machine à vapeur peut continuer à fonctionner si l'on a installé un accumulateur capable d'emmagasiner son travail durant ce temps ; on réduit ainsi, dans une certaine proportion, la puissance que la machine devrait avoir sans cela. L'eau sous pression permet de réaliser aisément un effort de traction aussi considérable qu'il le faut ; elle n'exige d'ailleurs, pour son emploi, que des organes simples, rustiques, d'une conduite et d'un entretien faciles.

139. Inconvénients des cales longitudinales. — Les cales dont on vient de parler sont dites longitudinales, parce que le navire y est halé dans le sens de la longueur.

Elles ont incontestablement des avantages qui doivent les faire préférer, dans certains cas, à d'autres appareils de radoub ; leur construction est souvent simple et peu dispendieuse ; leur exploitation facile et économique, surtout pour les petits bâtiments ; les réparations des carènes se font au grand air et à la lumière, etc.

Mais, à d'autres points de vue, elles présentent plus d'un inconvénient.

Ainsi, on a déjà signalé les sujétions que comporte la présentation du navire sur cale, le maintien de son équilibre avant l'accorage, enfin l'accorage lui-même.

Mais les cales longitudinales ont, en outre, un inconvénient spécial, qui tient précisément à ce que le halage en long est de nature à déterminer une fatigue anormale à la coque des navires.

En effet, l'avant du bateau porte déjà sur le ber

quand l'arrière n'y repose pas encore; il y a donc un effort de flexion dans le sens de la longueur de la coque, pendant le temps que la quille met à opérer son mouvement de rotation autour de l'avant, pour venir s'appliquer sur les tins suivant toute sa longueur.

Une action du même genre, mais en sens contraire, se produit au moment de la mise à flot. Ces deux flexions alternatives paraissent de nature à fatiguer la coque. Toutefois, il ne semble pas qu'il y ait lieu d'en exagérer l'importance. On fait observer, en effet, qu'un bateau, lorsqu'il navigue, subit sans danger, et même sans inconvénient, des actions analogues, quand ses extrémités se trouvent, à un moment donné, sur deux crêtes successives de lames, et que son milieu est alors dans le creux intermédiaire; puis quand, son milieu se trouvant, un instant après, sur une crête, ses deux extrémités sont dans des creux.

Quoi qu'il en soit, il résulte de ce fait deux conséquences :

1° Il convient, lorsqu'on présente un bateau sur cale, de diminuer autant que possible son tirant d'eau avant et d'augmenter, autant que possible son tirant d'eau arrière, de façon à ce que l'inclinaison de la quille ne diffère pas trop de celle de la cale.

2° Il convient aussi que l'inclinaison de la cale ne soit pas trop forte et qu'elle soit seulement suffisante pour permettre une facile mise à flot du navire, après son radoub.

Cette considération est celle à laquelle on a fait allusion page 166 ; elle s'ajoute aux autres motifs déjà indiqués pour faire adopter, dans les cales de halage, la même inclinaison que dans les cales de lancement, soit de $0^m,07$ à $0^m,09$ par mètre, quand le ber est glissant.

Mais de la convenance d'adopter une aussi faible pente résulte un autre inconvénient spécial des cales longitudinales, celui d'entraîner une grande longueur d'avant-cale.

Considérons un bateau de 100 mètres de longueur de quille, ayant, à l'état lège, un tirant d'eau moyen de 4 mètres et pouvant être ramené, par un arrimage convenable de ses poids, à ne tirer que 3 mètres à l'avant, tandis qu'il tirera 5 mètres à l'arrière.

Admettons que la cale ait une pente de $0^m,07$ et que le ber ait 1 mètre d'épaisseur totale.

Supposons enfin qu'on veuille pouvoir haler ce navire par les plus faibles hautes mers.

La longueur de la cale au-dessous des plus faibles hautes mers devra être au moins de

$$\frac{3^m + 1^m}{0,07} + 100^m.$$

soit environ de $60^m + 100^m = 160^m$.

Le pied de la cale sera donc par des profondeurs de $160 \times 0,07 = 11^m,20$ au moins au-dessous du niveau de l'eau.

Or, on ne trouve pas toujours facilement, dans un port à marée, de pareilles profondeurs au-dessous des plus faibles hautes mers, et cela dans des parties calmes, bien abritées. S'il s'agit d'un port dans une rivière à marée, il est à craindre que, dans une zone aussi profonde, il ne règne des courants très gênants pour la présentation du navire sur le ber.

Enfin, de toute façon, le pied de la cale empiète

sur une partie toujours précieuse du mouillage.

Ces difficultés se sont présentées notamment à Bordeaux; on les a tournées en halant les navires non plus en long, mais en travers. La solution pratique a été donnée par M. Labat, ancien ingénieur des constructions navales de la marine militaire.

440. Cales transversales. — A Bordeaux, la cale ne pouvait s'étendre que sur une faible longueur pour ne pas gêner la navigation; et, dans les parages qu'elle devait occuper, les courants de marée étaient assez forts pour rendre très difficile le halage en long. On adopta donc le halage en travers et on y trouva un certain nombre d'avantages :

1° En arrimant les poids du navire de façon à ce que la quille soit horizontale, celle-ci portera, dans toute sa longueur, sur tous les tins à la fois, au moment où la coque viendra s'échouer sur le ber. Par suite, on supprime tout mouvement de flexion de la quille, et, de plus, l'accorage peut se faire en même temps sur toute la longueur de la carène dès qu'elle est échouée ;

2° La présentation du navire sur la cale est plutôt facilitée que gênée par les courants, qui, prenant le navire dans le sens de sa longueur, l'orientent précisément parallèlement à la cale ;

3° On n'est limité dans la raideur du plan incliné que par la considération de l'effort qu'il faudra exercer pour remonter le ber chargé du navire; mais il est facile aujourd'hui de produire une traction aussi énergique qu'il est nécessaire.

A Bordeaux[1], on a adopté une pente de 30 0/0.

1. *Ports maritimes de France*, t. VI, p. 720.

Dans ces conditions, il a suffi que la cale eût 36 mètres de longueur au-dessous des hautes mers de vive eau pour permettre le halage de grands tran-

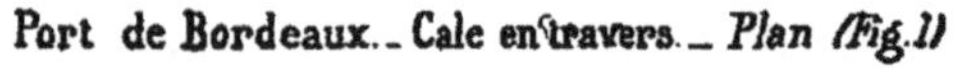
Port de Bordeaux.. Cale en travers.. *Plan (Fig. 1)*

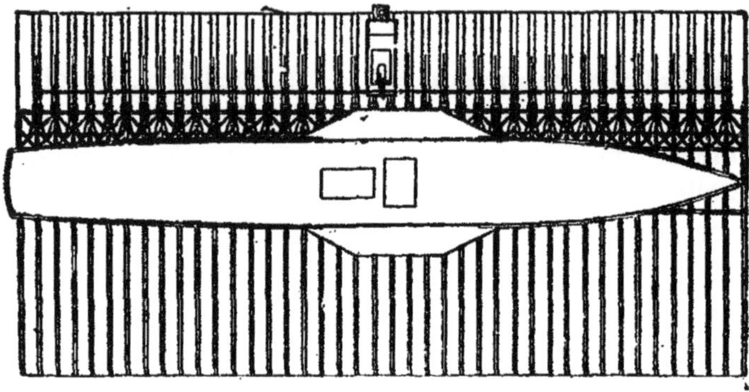

satlantiques ayant, lèges, un tirant d'eau moyen de 6 mètres.

On a pu donner au ber toute la largeur nécessaire pour assurer un bon accorage, sans que le pied de la cale descendît à plus de 10^m,80 au-dessous des hautes mers de vive eau.

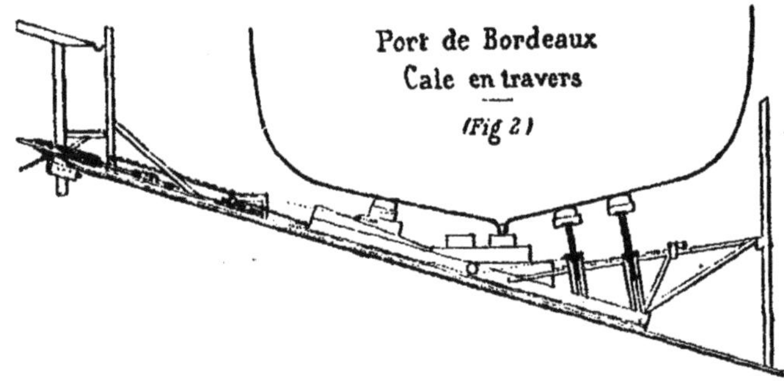
Port de Bordeaux
Cale en travers
(Fig 2)

441. Ber d'une cale transversale. — Le ber d'une cale transversale doit offrir des dispositions telles que le navire puisse y être amené, du large, par une série de mouvements longitudinaux et transversaux.

A cet effet, les selles, du côté du large, doivent pouvoir être abaissées au-dessous du niveau des tins, puis être relevées pour l'accorage du navire mis en place.

Les croquis page 190 représentent l'arrangement adopté à Bordeaux (voir, Pl. X, le ber de la cale de Rouen).

442. Halage. — Le halage sur cale transversale comporte la solution d'un problème de mécanique pratique assez difficile.

Il faut, en effet, absolument remonter le ber parallèlement à lui-même. Or, le poids du navire est inégalement réparti sur la longueur de la quille, et, par suite, sur les longerons du ber ; le frottement n'est donc pas le même sur toutes les glissières, et il faut cependant que ces résistances inégales parcourent des chemins égaux dans le même temps.

La solution ingénieuse adoptée à Bordeaux, par M. Labat, consiste à assurer d'une manière absolue l'égalité des chemins parcourus et à égaliser, par un dispositif mécanique, les tractions résultant de résistances inégales.

Voici le principe de cette solution : soit un ber transversal composé de quatre longerons équidistants (l_1, l_2, l_3, l_4), assemblés sur une poutre ($p\ p'$) (croquis p. 192).

Le ber est attaché à deux poulies p_1 et p_3, placées dans le prolongement des longerons l_2 et l_3, au moyen d'une chaîne ($cccc$).

La chaîne, fixée en a_1, à la poutre pp', au milieu de l'intervalle compris entre l_1 et l_2, passe successivement sur p_1, puis sur une poulie p_2 que porte la poutre, puis sur p_3, enfin elle est fixée en a_2.

Les poulies p_1 et p_3 sont actionnées par deux vis (V_1 et V_2) identiques, que commandent deux écrous (e_1, e_2) animés du même mouvement de rotation.

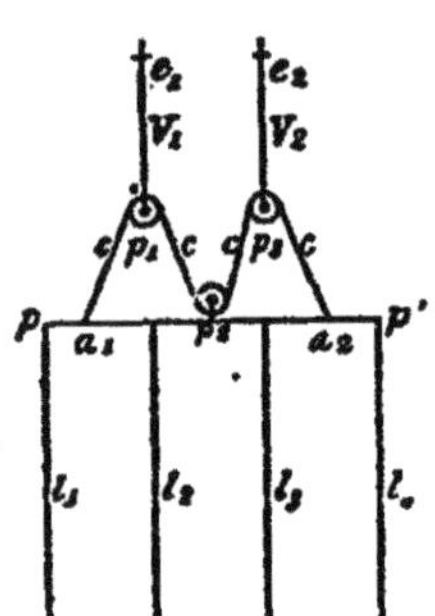

Par suite de la disposition de la chaîne, la traction sera exactement la même sur tous les brins du lacet; les deux vis parcourront donc des chemins égaux, sous des efforts égaux.

Mais, si les résistances dues au frottement des longerons sur les glissières ne sont pas les mêmes en a_1, p_2 et a_2, la poutre pp' tendra à fléchir, d'où résulterait une déformation du ber.

Pour s'opposer à cette déformation, la poutre est solidement reliée aux longerons par un système de contre-fiches et de tirants; ou, en d'autres termes, le sommet du ber est formé par une poutre armée.

A Bordeaux (Fig. 1 et 2, p. 190), il y a cinquante-trois vis mobiles dont les écrous fixes reçoivent le même mouvement de rotation d'un arbre de couche commandé par une machine à vapeur.

443. Cale transversale de Rouen[1]. — M. Labat, ayant eu à construire récemment, à Rouen, une cale transversale, a apporté au système de Bordeaux un certain nombre de modifications.

1. Exposition universelle de 1889. Congrès international des Travaux maritimes. Slip en travers de Rouen, système Labat. Notice par M. Gaston Cadart, ingénieur des ponts et chaussées; Rouen, imprimerie Lecerf, 1889.

Ces modifications concernent principalement :

1° Le mode d'appui du berceau mobile sur le plan incliné ;

2° La réduction de la durée du hissage du navire.

1° *Mode d'appui du berceau mobile sur le plan incliné.* — Pour réduire le frottement assez considérable qui se produisait à Bordeaux dans le glissement du berceau sur les rails du plan incliné, on a fait usage, à Rouen, d'un berceau roulant (Pl. X).

Mais, dans un berceau roulant ordinaire, où les galets sont fixés au berceau, en dehors de la résistance au roulement des galets sur le plan incliné, il faut tenir compte du frottement de glissement des essieux de ces galets sur leurs paliers.

Pour supprimer ces frottements de glissement, M. Labat fait reposer le berceau sur des chapelets de galets indépendants à la fois de la cale et du berceau.

Un chapelet comprend tous les galets interposés entre une longrine de la cale et le longeron correspondant du berceau.

A Rouen [1], la cale a 90 mètres de longueur et peut recevoir des navires de 95 mètres, pesant 1.800 tonnes.

Le plan incliné est formé de 42 longrines supportant chacune un rail de roulement en acier à ornière ; le berceau ou chariot comporte également 42 longe-

1. La pente du plan incliné de la cale est de 20 0/0, sa largeur dans le sens du halage de 51^m,30 ; la course du berceau est de 30^m,51, correspondant à une élévation verticale de 7^m,16.

Le berceau est formé de deux parties qu'on peut monter ensemble pour mettre à sec les grands navires ou utiliser séparément pour les petits.

rons, en forme de caissons, qui sont entretoisés entre eux, et portent aussi chacun un rail d'acier à ornière sous leur face inférieure.

Entre un rail du chariot et un rail de la cale se trouve un chapelet de galets (Pl. X, Fig. 4 et 7). Dans chaque chapelet, les galets sont reliés les uns aux autres par des lattes en fer, destinées à maintenir leur écartement, qui est de $0^m,56$ d'axe en axe. Les galets ont un diamètre de $0^m,14$ et une longueur de $0^m,18$; ils présentent, en leur milieu, une saillie s'engageant dans les ornières des rails.

La longueur de chacun des chapelets est égale à celle du chariot, augmentée de la demi-longueur du parcours à effectuer pour élever le bateau.

Pour que ces chapelets aient toujours un mouvement régulier, malgré l'inégale répartition des charges sur le berceau, qui pourrait avoir pour effet de produire des glissements sur certains chapelets, le mouvement de chacun d'eux est commandé par un petit câble en fil de fer. Ce câble, fixé, d'une part, au berceau en (*a*), passe sur une poulie (*b*), à l'extrémité inférieure du chapelet, et vient s'attacher, d'autre part, sur la charpente du plan de la cale, en *c*. La poulie et, avec elle, les galets sont ainsi obligés de parcourir un chemin égal à la moitié du déplacement du berceau, de sorte que la régularité du roulement se trouve assurée.

2° *Réduction de la durée du hissage des navires.* — A Bordeaux, comme on l'a vu, la traction s'opère au moyen de vis mobiles dans des écrous fixes.

Il faut trois courses de vis pour produire l'ascension complète du ber.

Les arrêts des vis et leur retour à bas de course entraînent des pertes de temps notables; on pourrait les éviter en adoptant des vis d'une longueur égale à celle de la course du ber, mais leur établissement coûterait fort cher.

A Rouen, on a fait usage de chaînes Galle, en acier, assez longues pour permettre d'élever en une seule manœuvre et sans arrêt le berceau.

Ces chaînes, dont la confection est très soignée, passent sur une noix de treuil également en acier ; la partie libre de chaque chaîne descend le long du plan incliné dans une gaine étroite, où, par suite, cette chaîne ne peut pas se tordre (Pl. X, Fig. 10 et 11).

Afin d'éviter les à-coups qui tendent à se produire (notamment à la descente lorsqu'on retient un poids très lourd) et de conserver la régularité et la douceur de mouvements obtenus avec l'ancien appareil de traction, M. Labat a interposé des vis dans le mécanisme des treuils, en faisant commander chacun d'eux par un engrenage héliçoïdal dont le pas est assez faible pour qu'un effort longitudinal, même grand, ne puisse vaincre le frottement des mécanismes (Pl. X, Fig. 10 et 11).

SECTION VI

APPAREILS ÉLÉVATEURS

444. Généralités. — On a vu qu'une cale en travers peut comporter une inclinaison très forte (de 30 0/0, par exemple, à Bordeaux) ; il suffit pour cela qu'on puisse réaliser un effort capable d'élever sur cette pente raide le ber chargé du navire.

Or, comme on l'a dit, il est facile aujourd'hui d'obtenir, à l'aide de l'eau sous pression, une force ascensionnelle aussi grande qu'on le veut.

On a été ainsi conduit à chercher à soulever verticalement le navire au moyen de presses hydrauliques. Les engins imaginés dans ce but s'appellent des élévateurs ; la solution pratique a été réalisée en Angleterre, par Edwin Clark, à Victoria Docks (Londres).

L'appareil Clark présente, en outre, une disposition ingénieuse, dont on parlera plus loin, qui permet une utilisation aussi complète que possible de cet engin. Mais, pour le moment, on ne l'envisagera que comme simple gril élévateur.

445. Appareil Clark [1]. — La machine élévatoire se compose, en principe, de deux files parallèles (PP... Fig. 1), de presses hydrauliques verticales, de même force.

1. Voir : *Proceedings civil engineers*, t. XXV, 27 février 1866. *The hydraulic Lift graving dock*, by Edwin Clark. — Debauve, *Manuel de l'Ingénieur*, fascicule 19, *Travaux maritimes*.

Deux presses hydrauliques se faisant vis-à-vis dans

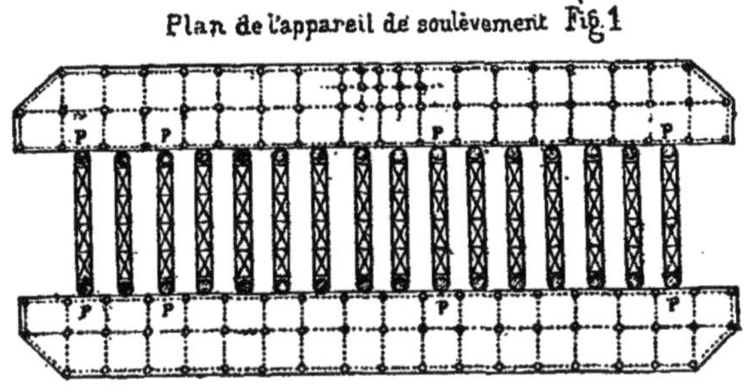

le sens transversal soulèvent une poutre horizontale (Fig. 2 et 3); l'ensemble de toutes ces poutres, maintenues au même niveau, forme une espèce de gril.

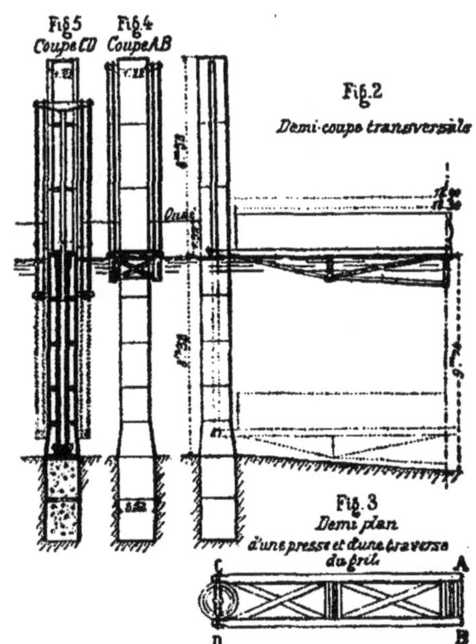

Le gril étant élevé à peu près à fleur d'eau, on y amène et on y échoue le ber.

On abaisse ensuite le ber à une profondeur suffisante pour que la quille du navire puisse passer un peu au-dessus des tins.

Le navire étant bien présenté, on soulève le ber; et, quand la quille repose sur les tins, on accore la carène au moyen de selles ou sous-ventrières mobiles.

On élève enfin le ber chargé jusqu'au niveau voulu pour faire émerger complètement la coque.

La mise à flot se fait par une série d'opérations semblables, mais en sens inverse.

La principale difficulté des manœuvres consiste dans la réalisation d'un soulèvement bien horizontal du ber.

L'appareil comporte, en effet, un grand nombre de plongeurs qui doivent exécuter, tous en même temps, la même ascension verticale; or, on sait combien un pareil problème est malaisé à résoudre d'une façon pratique.

A Victoria Docks, on recourt à une solution empirique dont voici le principe :

Les plongeurs sont répartis en trois groupes, deux aux extrémités du gril, le troisième au milieu.

Le mouvement de chaque groupe est commandé par une soupape d'introduction.

Chaque soupape est plus ou moins ouverte, selon que la partie du gril qu'elle commande est en retard ou en avance par rapport aux autres.

Bien que ce procédé donne des résultats satisfaisants et que les manœuvres s'exécutent avec calme et régularité à Victoria Docks, il est évidemment désirable de ne pas faire dépendre le fonctionnement de l'appareil de l'attention d'un homme, mais de l'assurer d'une façon automatique.

Une solution a été imaginée dans ce but, en Amérique, pour un gril élévateur à San Francisco; elle est expliquée en détail dans une note de M. l'ingénieur Van Blarenberghe : *Annales des ponts et chaussées*, *cahier d'avril* 1892 ; on se bornera ici à en indiquer le principe sous forme schématique [1].

Soit une vis verticale (VV'), animée d'un mouvement de rotation autour de son axe ; elle pourra imprimer à un écrou (E), convenablement guidé, un mouvement vertical.

Or, il est facile de faire tourner ensemble, exactement de la même façon, deux files de vis identiques et de faire conduire par chacune de ces vis un écrou avec une même vitesse verticale. Tous les écrous seront donc toujours dans un même plan horizontal, pourvu qu'ils aient été placés d'abord au même niveau.

Si donc on peut obtenir mécaniquement que la tête d'un plongeur soit constamment à la hauteur de l'écrou situé à côté de lui, on aura résolu le problème du soulèvement horizontal du ber par un nombre quelconque de presses. Or, imaginons que l'écrou E est relié à la tête du plongeur P par un levier horizontal (*ab*) mobile autour de l'axe (*a*). Tant que les points *a* et *b* seront animés du même mouvement vertical, le levier *ab* restera horizontal.

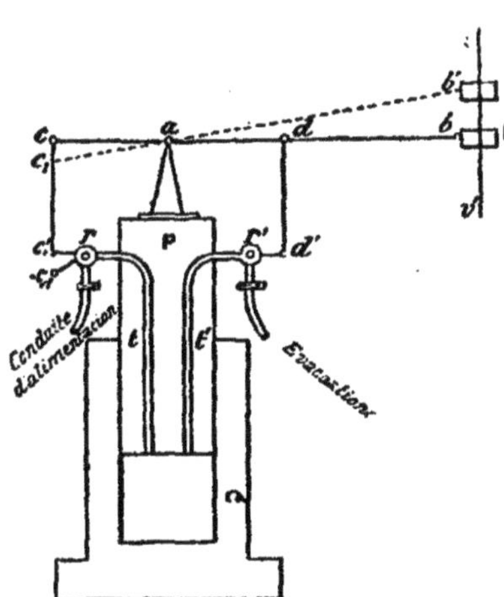

1. Voir aussi *Annales des Travaux publics* de 1889, p. 2352.

Si l'écrou s'élève plus vite que la tête du plongeur, le levier *a b* s'inclinera suivant *a b'*.

Si donc le levier est muni en *c* et *d* de deux tiges verticales *c c'* et *d d'*, on pourra commander, au moyen de ces deux tiges, deux robinets *r* et *r'*; le premier, communiquant avec la conduite d'alimentation, permettra l'introduction de l'eau sous le plongeur par le tuyau *t*, le second mettra la presse en évacuation par le tuyau *t'*.

Lorsque le levier est horizontal, le robinet *r* doit être ouvert en partie et offrir à l'eau sous pression un passage suffisant pour que le plongeur monte régulièrement en même temps que l'écrou.

Lorsque le levier est incliné suivant *a b'*, la tige *c c'* venant en c_1 c'_1 devra ouvrir davantage le robinet (*r*) de façon à permettre une plus facile introduction, et à activer ainsi l'ascension du plongeur, dont la tête (*a*) regagnera bientôt le niveau de l'écrou (E).

Pendant tout ce temps, le robinet (*r'*) reste fermé.

Si le levier s'incline en sens contraire, c'est-à-dire si le plongeur marche plus vite que l'écrou, l'ouverture normale du robinet (*r*) diminuera progressivement, puis sera bientôt complètement fermée; si, malgré cela, le plongeur se maintient encore au-dessus de l'écrou, bientôt le robinet (*r'*) s'ouvrira et mettra la presse à l'évacuation.

On voit que la tête du plongeur et l'écrou ne seront pas toujours rigoureusement au même niveau, mais que les différences de hauteur seront limitées à la longueur de la course que doivent parcourir les points *c'* et *d'* pour faire fonctionner les robinets (*r*) et (*r'*); or, cette course peut être réduite autant qu'on le veut, à $0^m,02$ ou $0^m,03$ par exemple; dans ces conditions, on peut dire que le problème du soulèvement horizontal du ber est pratiquement résolu.

On a dit (p. 196, art. 444) que l'appareil Clark offre une disposition spéciale permettant d'utiliser aussi complètement que possible cet élévateur.

Le principe de ce perfectionnement est basé sur des considérations applicables aux autres engins de radoub et qu'il convient de présenter tout d'abord.

446. Utilisation des appareils de radoub. — Un bassin de radoub et une cale de halage ne servent, en somme, qu'à mettre les navires à sec; mais ils sont forcément paralysés, au point de vue de cette fonction spéciale, tant qu'ils sont occupés par les navires en réparation. Or, la durée du radoub est quelquefois assez longue et ces appareils coûtent cher; il faut, par suite, tenir compte, dans les frais à réclamer aux armateurs, de l'intérêt du capital de premier établissement pendant tout le temps que séjourne le navire.

On a donc imaginé des combinaisons permettant de diminuer cette partie des frais.

Cales de halage. — En ce qui concerne les cales de halage, plusieurs solutions ont été appliquées :

1° On a allongé la cale au-dessus de l'eau, c'est-à-dire dans la partie où la construction est la moins difficile et la moins coûteuse, de façon à pouvoir y admettre deux navires à la fois.

Un premier navire est halé sur le ber au sommet de la cale; là, on le soulève au-dessus du ber par des moyens mécaniques appropriés (à l'aide de vérins hydrauliques, par exemple); puis on fait reposer la carène sur des sous-ventrières portant directement sur la maçonnerie du couronnement de la cale et laissant entre elles, dans le sens transversal, une distance un peu plus grande que la largeur du ber, de façon que celui-ci puisse glisser librement entre les deux files parallèles de sous-ventrières; la quille reste momentanément sans soutien; le ber, ainsi complètement soulagé du poids du premier navire et devenu libre, est amené au bas de l'avant-cale pour recevoir un second bateau; pendant la descente du ber, on place successivement des tins sous la quille du premier navire; le second bateau est ensuite halé sur la cale et reste sur le ber pendant la durée de son radoub.

2° Lorsque la cale ne pouvait pas être suffisamment prolongée au-dessus de l'eau pour recevoir deux navires, on a quelquefois utilisé l'avant-cale en la mettant à sec.

Supposons, par exemple, que l'avant-cale soit établie dans une enceinte insubmersible et étanche, fermée à son extrémité, du côté du large, par une porte de flot.

Si l'avant-cale découvre à mer basse, il suffira de fermer la porte pour qu'on puisse radouber un navire sur l'avant-cale, ainsi maintenue à sec, pendant qu'on en réparera un autre sur la cale (voir, au sujet de ces diverses combinaisons, l'article déjà cité des *Proceedings*, p. 164).

3° Une autre solution consiste à déplacer latéralement le premier navire après qu'il a été halé, de façon à rendre la cale libre pour recevoir un second bateau.

Supposons qu'il s'agisse d'une cale transversale ; le ber se composera, par exemple, de deux bers posés l'un sur l'autre ; le ber inférieur glisse sur la cale, il porte des rails disposés dans le sens de sa longueur ; sur ces rails reposent les galets d'un ber roulant.

Le navire est reçu sur le ber supérieur roulant qu'entraîne, dans son halage, le ber inférieur glissant.

Au sommet de la cale est établie, sur le sol, une solide voie ferrée, dont les rails se trouvent exactement dans le prolongement de ceux du ber roulant, lorsque celui-ci est arrivé à l'extrémité de sa course.

Le ber roulant, chargé du navire, est halé sur cette voie, et le ber glissant devient ainsi disponible pour recevoir un autre bâtiment.

Du reste, le ber supérieur, pris ici comme exemple d'un moyen de déplacer latéralement le navire, n'est pas indispensable.

On peut, comme on l'a fait plusieurs fois à Bordeaux, soulager le ber inférieur du poids du navire et tirer celui-ci dans le sens de sa longueur, sans recourir à deux bers superposés et halés ensemble.

Mais toutes ces combinaisons présentent l'inconvénient d'obliger à des manœuvres de nature à déterminer des efforts anormaux dans la coque du bateau. L'élévateur a permis de réaliser une solution plus complète et plus satisfaisante par l'emploi de pontons flottants.

447. Ponton flottant de l'appareil Clark[1]. — Dans

1. Voir : Debauve, *Manuel de l'Ingénieur*, fascicule 10, *Travaux mari-*

l'appareil Clark, le navire ne repose pas sur un ber en charpente, analogue à un gril de carénage, mais sur un ponton.

Ce ponton, lorsqu'il flotte, est capable de supporter le poids du navire; ses dimensions sont telles que la stabilité de flottaison de l'ensemble du ponton et du navire est assurée dans les circonstances les plus défavorables que l'on peut prévoir (en cas de grand vent, notamment).

Le ponton n'est pas fermé à sa partie supérieure; autrement dit, il n'est pas ponté; son fond est percé d'orifices munis de soupapes.

Le ponton est partagé en un assez grand nombre de compartiments, par d'épaisses cloisons en charpente, tant longitudinales que transversales; la cloison longitudinale médiane supporte les blocs sur lesquels repose la quille du navire.

Les selles d'accorage glissent sur les cloisons transversales.

Voici comment on procède pour recevoir un navire :

Le ponton, flottant librement, est amené entre les deux files des presses; on soulève toutes les poutres transversales qui relient chaque paire de presses se faisant vis-à-vis et l'on amène ces poutres à toucher légèrement le fond du ponton; on ouvre toutes les soupapes du fond, le ponton s'échoue sur les poutres; les presses sont mises à l'évacuation et le ponton est descendu à la profondeur voulue, pour que

times, p. 746. Voir également : *Publication industrielle des machines et outils d'Armengaud*, t. XVI, p. 53.
Nouvelles Annales de la construction, année 1862, p. 11.
Annales des Mines de 1861. Description par M. Couche.

la quille du navire puisse passer facilement au-dessus du ponton.

On voit que la profondeur de la fouille, entre les colonnes des presses, doit être plus grande que le tirant d'eau maximum prévu pour les plus forts navires : 1° de la hauteur des poutres transversales reliant les presses; 2° de la hauteur du ponton.

Il y a donc intérêt à ne pas exagérer la hauteur du ponton; dans l'appareil de Victoria Docks, cette hauteur est de 2 mètres environ.

Le navire étant bien présenté sur le ponton et les selles d'accorage convenablement disposées pour la forme de la carène, on introduit l'eau sous pression dans les presses; le ponton se soulève; la cloison longitudinale médiane s'appuie sous la quille; on accore le bateau; enfin, on élève l'ensemble du bateau et du ponton jusqu'à ce que le plancher inférieur du ponton arrive au-dessus de l'eau.

Les soupapes du fond étant restées ouvertes, le ponton se trouve complètement vide; on ferme les soupapes, puis on met les presses à l'évacuation; le ponton s'immerge, bientôt il se sépare des poutres et il flotte librement en supportant le navire.

On emmène le ponton ainsi chargé à une certaine distance de l'élévateur, qui devient par suite disponible pour une nouvelle opération.

Le navire est conduit dans un petit bassin n'ayant, en profondeur, en longueur et en largeur, que des dimensions légèrement supérieures à celles du ponton.

La mise à flot se fait exactement de la même façon, mais par une série d'opérations inverses.

Or, l'émersion et l'immersion ne durant chacune

qu'un très petit nombre d'heures (trois ou quatre heures environ, toutes manœuvres comprises), on voit qu'un seul appareil peut desservir chaque jour trois ou quatre navires différents, tandis qu'une forme ou une cale est généralement occupée pendant deux à quatre jours par le même navire.

La puissance de l'appareil Clark n'est limitée, pour ainsi dire, que par le nombre des pontons et des petits bassins dont on dispose.

La construction de l'appareil est relativement simple, car, en dehors des agencements mécaniques, dont on n'a pas à s'occuper ici, on n'a qu'à fonder les piles qui supportent les presses. Or, de pareilles fondations sont aujourd'hui assez faciles ; en effet, l'air comprimé permet d'atteindre, sans frais excessifs, le terrain solide à de grandes profondeurs.

Si l'on ajoute que les manœuvres de l'élévateur s'exécutent avec une grande régularité, un calme remarquable et au moyen d'un très petit nombre d'hommes ; que les accidents ont été fort rares ; enfin, que le premier appareil desservait l'établissement maritime si important de Victoria Docks, on sera porté à conclure que l'exploitation de cet ingénieux appareil a dû être très rémunératrice ; or, il n'en a rien été.

Cet insuccès financier a tenu à différentes causes : les unes spéciales et locales, sur lesquelles il n'y a pas lieu d'insister (par exemple, la concurrence que se font les nombreux appareils de radoub créés sur la Tamise ; certains frais toujours difficiles à prévoir dans une entreprise entièrement nouvelle, etc.) ; les autres d'un caractère peut-être plus général et qu'il paraît intéressant de mentionner ici.

Tout d'abord, en ce qui concerne la disponibilité à peu près constante de l'appareil, l'expérience a réduit cet avantage à une valeur pratique moindre qu'on ne l'espérait.

En effet, un engin de radoub ne peut commodément desservir que les navires appelés à stationner dans son voisinage ou qui, du moins, peuvent y accéder facilement, sans courir de risques d'avaries dans leurs mouvements de déplacement quand ils sont lèges ou presque lèges, c'est-à-dire quand ils n'ont plus qu'une stabilité précaire.

Par conséquent, un seul appareil placé en un point déterminé ne peut avoir qu'une clientèle limitée.

En second lieu, un engin de radoub ne représente qu'une partie des installations exigées pour la réparation des navires. Il faut, en effet, que l'on trouve, à proximité, des ateliers de toutes sortes appropriés aux travaux à exécuter.

Or, à Victoria Docks, l'appareil Clark se trouvait éloigné de ressources de ce genre, et la compagnie qui l'avait construit n'a commencé à recueillir quelque bénéfice qu'après qu'elle se fut décidée à créer sur les lieux mêmes des ateliers convenables.

(Aujourd'hui, il semble admis qu'on ne trouve de bénéfices raisonnables que dans l'exécution des travaux de radoub proprement dits ; de sorte que l'industriel qui s'en charge ne réclame quelquefois à l'armateur que des frais insignifiants pour l'occupation de l'appareil.)

En ce qui concerne plus spécialement l'emploi d'un ponton flottant pour le déplacement des navires, il est certain que ce mode de transport n'entraîne pas pour la coque des efforts anormaux de la même nature que ceux qui ont été signalés à propos du déplacement sur cale, mais il peut en produire d'autres.

Ainsi, on a signalé les motifs qui conduisent à donner au ponton une faible hauteur; mais le ponton manque alors de rigidité, par le fait même de sa faible épaisseur; il a, en réalité, une certaine flexibilité dans le sens de sa longueur.

Or, on sait qu'après un certain temps de navigation les navires, surtout les navires en bois, ont leur quille concave vers le bas. Cette courbure tient à ce que, bien que le poids du bateau avec son chargement soit plus grand vers le maître couple que vers l'avant ou vers l'arrière, le déplacement d'une tranche verticale au milieu de la carène est plus grand que le poids correspondant, tandis que, aux extrémités, le déplacement d'une tranche est plus petit que son poids.

Lorsque l'on va échouer un bateau sur le ponton, on peut, il est vrai, relever la courbure de la quille, et même tenir compte des parties de fausse quille qui ont pu disparaître, puis disposer les tins de façon à ce qu'ils épousent la forme de la quille.

Mais, lorsque le bateau est hors de l'eau, porté par le ponton flottant, alors les poids lourds situés vers le maître couple tendent à faire fléchir le ponton au milieu de sa longueur; la quille se redresse et peut même se courber en sens contraire.

C'est là une cause possible de fatigue anormale pour la coque, surtout pour les vieilles coques en bois et pour leur doublage.

D'un autre côté, le remorquage du ponton surmonté d'un navire est une manœuvre mal aisée par un grand vent et même dangereuse s'il survient une rafale subite.

En hiver, par de grands froids, on a vu, à Victoria Docks, le ponton adhérer aux poutres transversales par une couche de glace.

En ce qui concerne les presses, leur usage implique un certain nombre de sujétions pour les maintenir en bon état de fonctionnement, et même de risques en cas d'avaries.

A Victoria Docks, l'eau s'est quelquefois congelée dans les presses. On y a constaté aussi que l'extrémité inférieure des plongeurs est striée comme par l'effet d'un burinage, dû à l'eau sous pression. On est obligé, par suite, de démonter les plongeurs avariés [1], qui n'assurent plus l'étanchéité de la presse, de les remplacer et de les réparer pour les mettre en état de servir de rechange.

Enfin, tout l'ensemble de l'appareil, étant une construction métallique, exige un entretien attentif et subit néanmoins, avec le temps, un dépérissement inévitable. Il en résulte que, dans certaines circonstances, il est, somme toute, plus économique de faire un bassin de radoub qu'un élévateur. Le cas s'est présenté notamment à Marseille.

448. Observations sur l'établissement de tous les appareils de radoub fixes. — Les bassins de radoub,

1. Cette altération paraît devoir être attribuée à ce que le plongeur n'est engagé que d'une faible longueur dans la presse, quand il est à bout de course, et à ce que des oscillations fatiguent la garniture étanche.

les cales de halage, les élévateurs exigent tous une fondation solide.

Or, une pareille fondation n'est pas toujours réalisable, soit que la nature du terrain ne s'y prête pas (comme dans une vase fluente, de profondeur indéfinie), soit que la localité manque de ressources au point de vue des matériaux et de la main-d'œuvre, soit que la dépense à prévoir pour une bonne fondation paraisse hors de proportions avec les avantages à espérer d'une installation fixe, etc.

Dans de semblables conditions, on peut recourir à l'emploi d'appareils flottants.

SECTION VII

APPAREILS DE RADOUB FLOTTANTS OU FORMES FLOTTANTES

449. Définition. — Une forme flottante se compose essentiellement d'un plancher horizontal, soutenu par des flotteurs. Le plancher supporte, dans sa longueur, une ligne de tins et, en outre, un système d'accorage au moyen de ventrières mobiles.

Si l'on remplit partiellement les flotteurs avec de l'eau, ils s'enfonceront plus ou moins, et le plancher s'abaissera en même temps.

Quand le plancher est à une profondeur convenable, on amène au-dessus de lui le navire ; on commence à épuiser les flotteurs ; les tins viennent s'appliquer sous la quille ; on accore la coque ; enfin, on achève l'épuisement des flotteurs, et le navire émerge.

Les types de formes flottantes sont nombreux et divers.

450. Type ancien. — Autrefois, on a employé des flotteurs pour faire passer sur des bas-fonds les bateaux d'un tirant d'eau trop fort ; ces flotteurs, connus sous le nom de chameaux, peuvent être considérés comme l'origine des docks flottants.

Les anciennes formes étaient construites en bois, et il en existe encore un grand nombre. Dans ces appareils, le plancher est compris entre deux flotteurs latéraux, parallèles et égaux. La section transversale d'un flotteur est un rectangle ou un trapèze plus haut que large.

La hauteur d'un flotteur est telle que, lorsque le plancher est descendu à la plus grande profondeur qu'il doit pouvoir atteindre, le sommet du flotteur émerge encore au-dessus de l'eau d'une hauteur suffisante (soit de 1 mètre environ) pour que son pont supérieur ne soit pas exposé à être couvert par les lames.

Les formes en bois étaient généralement munies à leurs deux extrémités, ou au moins à l'une d'elles, d'une porte d'écluse, pour que leur plancher inférieur pût rester toujours au-dessous du niveau de la mer.

Cette condition est, en effet, favorable à la stabilité du corps flottant formé par l'appareil et le navire, puisqu'on abaisse ainsi le centre de gravité de l'ensemble par rapport au plan de flottaison.

Dans ce système, après avoir épuisé les flotteurs, il faut encore épuiser l'eau contenue dans la forme,

Port du Havre : Dock flottant.

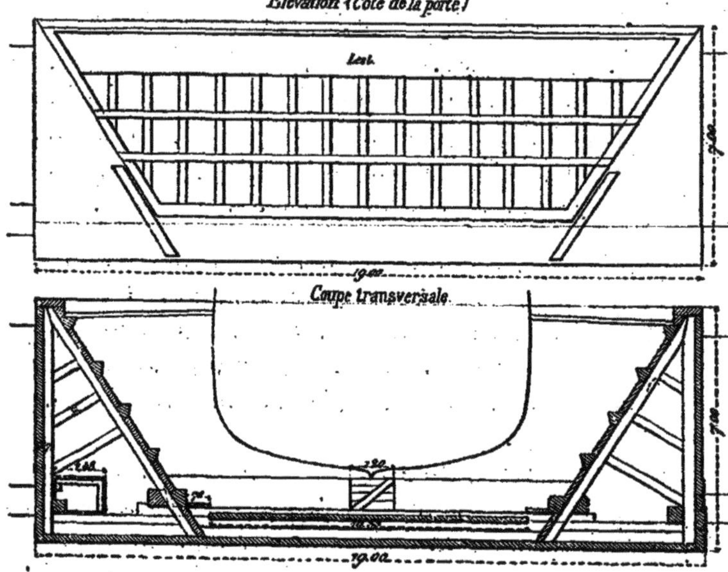

Coupes longitudinales.

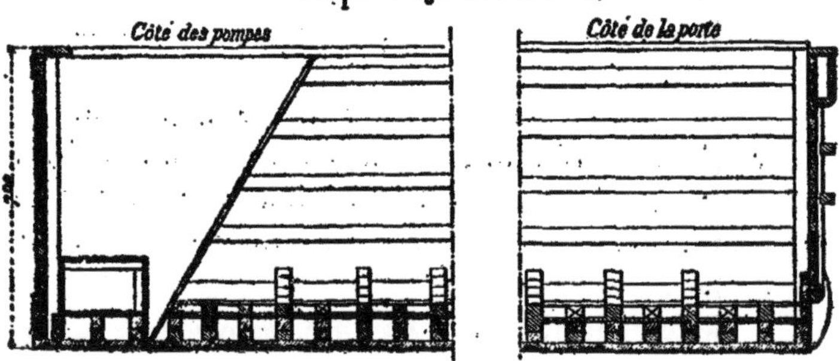

quand la vidange des flotteurs a produit tout l'effet d'émersion dont elle est capable.

La hauteur des portes est déterminée en conséquence, et le plancher doit être naturellement étanche.

Comme exemple, on citera le dock du Havre, établi en 1844 dans le bassin de la Barre, où il fonctionne encore. Il mesure 65 mètres de longueur. La porte qui le ferme, à l'une de ses extrémités, s'ouvre en se rabattant autour d'un axe horizontal. Un navire de 800 tonneaux peut y être levé en quatre heures (voir croquis p. 212).

451. Inconvénients des formes en bois. — Ces grandes constructions en charpente sont exposées, sous l'eau, à l'attaque des tarets, et il faut les défendre par un doublage ou un mailletage ; au-dessus de l'eau, le bois est atteint par la pourriture sèche, et il faut constamment renouveler les couches de brai, de coaltar ou de peinture qui les protègent.

De plus, les assemblages se fatiguent et se déjettent, et alors le fond des formes prend une courbure comme la quille des navires. (Quelques personnes prétendent que c'est là un avantage des formes en bois pour le radoub des navires en bois.)

Par suite de ces divers motifs et des avantages spéciaux qu'offre l'emploi du fer dans de semblables ouvrages, souvent même par raison d'économie, de facilité et de rapidité dans l'exécution, on est conduit, le plus souvent aujourd'hui, à construire les formes flottantes en fer.

452. Avantages des formes en fer. — Indépendamment des avantages généraux de l'emploi du fer signalés à l'occasion d'autres ouvrages, tels que les portes d'écluse et les bateaux-portes, etc. (par exemple, de la solidité des assemblages, qui empêche toute déformation notable), le métal, dans ce cas spécial, permet d'augmenter très notablement la puissance de soulèvement de l'appareil.

Ainsi, le plancher peut être transformé dans toute sa longueur et toute sa largeur en un vaste caisson étanche, qu'on remplira pour l'immersion, et qu'on épuisera pour l'émersion.

De cette façon, le principal effort de soulèvement

Port de Bordeaux.
Projet de bassin de radoub flottant.

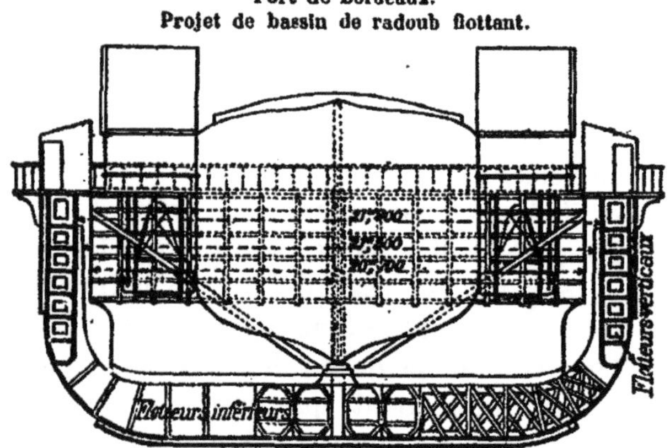

se produira directement sous la quille, et non plus latéralement, comme dans le cas des deux flotteurs des formes en bois ; la forme n'aura pas ou aura moins de tendance à fléchir dans le sens de sa largeur (Exemple : Projet de bassin de radoub flottant pour Bordeaux[1], croquis ci-dessus).

453. Types de formes flottantes métalliques. —

1. *Annales des ponts et chaussées*, 1862, 1er semestre. — Projet de M. Delacour, ingénieur de la marine.

On peut construire et l'on construit des formes flottantes en fer ayant, comme les formes en bois, des portes de fermeture à leurs deux extrémités (Exemple : Projet de Bordeaux) ; mais, en augmentant le déplacement du caisson de fond, on peut faire émerger un peu le dessus de son plancher, même quand la forme supporte un navire (Exemple : Rotterdam, Pl. XI).

De cette façon, on est dispensé d'avoir des portes ; la forme est mieux ventilée, plus claire, le travail est plus facile, les peintures sèchent plus vite, etc.

Par contre, la stabilité de la forme chargée devient alors moins assurée ; car le centre de gravité de l'ensemble du corps flottant est situé à une plus grande hauteur au-dessus de la flottaison.

Il est arrivé que des formes flottantes de ce système, auxquelles on avait crû avoir donné une stabilité suffisante, ont cependant chaviré et sombré avec le navire qu'elles portaient[1].

Il faut donc donner aux docks flottants une grande stabilité et s'assurer que cette stabilité persiste à tous les moments du soulèvement ; c'est là une condition essentielle, d'importance dominante.

A Rotterdam, pour le nouveau dock en fer mis en service en 1883[2] (Pl. XI), on a porté la largeur jusqu'à 27^{m}, 40 hors œuvre.

454. Conditions de stabilité. — Il est nécessaire, en premier lieu, que le poids de la forme, augmenté de celui du navire à caréner, reste inférieur au poids

1. A Batavia, un dock flottant a coulé par 10 à 12 mètres d'eau, sans qu'il ait été possible de le relever. Même accident est arrivé à Saïgon.

2. Oppermann, *Portefeuille des Machines*, mars 1886.
Ingénieurs civils, octobre 1885.
Génie civil, 1er mai 1886.
Annales des ponts et chaussées, février 1890.

de l'eau déplacée par le dock, quand les flotteurs latéraux sont à leur maximum d'émersion.

La partie supérieure des caissons latéraux doit être complètement étanche sur une hauteur suffisante pour que, dans aucun cas, la forme ne puisse s'enfoncer au delà d'une certaine profondeur.

Il faut aussi avoir égard, dans le calcul, aux forces accidentelles qui peuvent agir sur l'ouvrage et sur le navire qu'il contient, à l'action du vent par exemple.

Le calcul de stabilité, en lui-même, est tout à fait analogue à celui d'un bateau-porte, auquel on pourra se reporter (Annexe n° 1 ; voir aussi Annexe n° 4).

Une forme doit être solidement amarrée au poste qui lui est assigné. Il convient donc de disposer ou de créer des points de retenue offrant la résistance nécessaire dans les circonstances les plus défavorables, c'est-à-dire la forme étant émergée et portant un grand navire avec son gréement complet, et le vent soufflant avec violence. C'est là quelquefois un problème difficile à résoudre dans les terrains de vase, comme à Rotterdam.

455. Entretien. — Les formes flottantes ont besoin, comme les navires, d'être radoubées.

Pour réparer, étancher, goudronner ou peindre la partie constamment immergée des formes de petites dimensions, on peut les haler à terre sur des cales ou plans inclinés.

Le tirant d'eau de ces appareils, quand ils sont tout à fait allégés, est toujours faible, et, le halage se faisant par le travers, les avant-cales n'ont jamais besoin d'avoir une grande longueur, même dans les mers sans marée.

D'un autre côté, le poids de l'appareil se répartissant sur la grande surface du fond du plancher, il est toujours possible de fonder ces cales sur un pilotis suffisamment résistant.

Mais, pour les grandes formes, cette opération serait très difficile.

On peut alors avoir recours, comme à Rotterdam par exemple, à un appareil dont le but est, non plus de mettre à sec la forme à visiter, mais seulement d'aborder les parties immergées.

Cet appareil est, en principe, un dock flottant très court, analogue à ce que l'on appelle un suçon[1], en terme de marine.

Il se compose de deux courts caissons verticaux (A, A), comprenant entre eux un long caisson horizontal (B) ouvert à sa partie supérieure (Pl. XI, Fig. 6, 7 et 8). On l'immerge de la quantité nécessaire pour pouvoir l'amener sous la partie de la forme à visiter, puis on vide l'eau contenue dans les caissons latéraux. L'appareil s'élève alors avec une force suffisante pour que les bords supérieurs (*c d*) du caisson horizontal (B), munis d'une garniture en cuir, s'appliquent, à joint étanche, contre le fond de la forme (*e f*).

On procède enfin à l'épuisement du grand caisson

1. *Annales des ponts et chaussées*, 1888, 2e semestre, p. 780. Note de M. Préverez, ingénieur des ponts et chaussées.

de fond, où les ouvriers peuvent pénétrer à l'aide de trous d'homme (α, α), en passant par les caissons

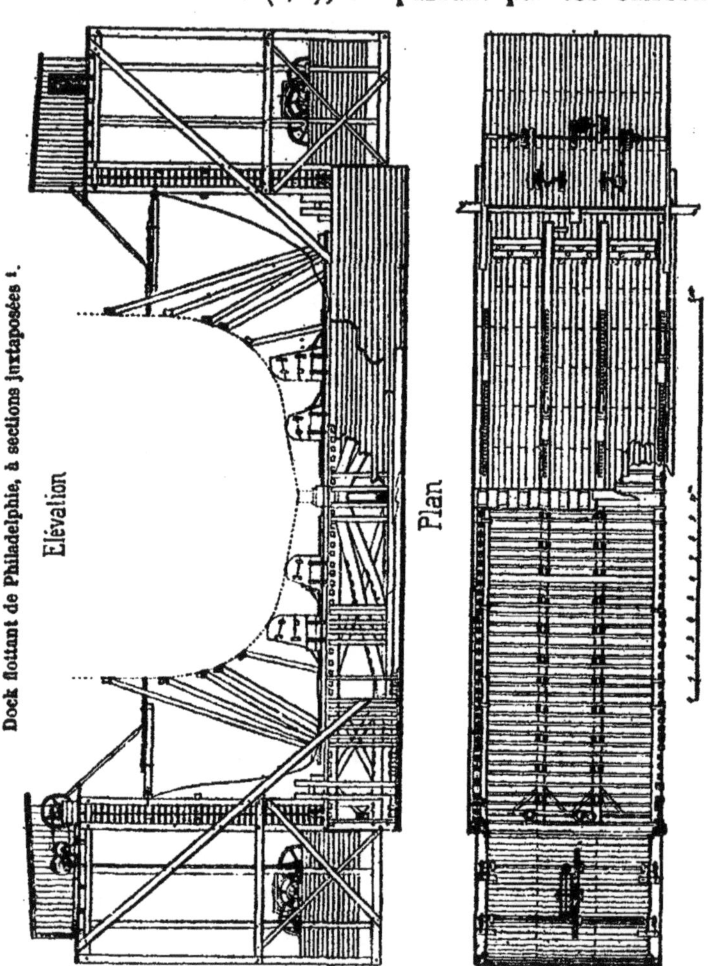

Dock flottant de Philadelphie, à sections juxtaposées [1].

latéraux qui émergent le long des côtés du dock.

Le travail de radoub se fait successivement par parties, sous la forme flottante.

1. Extrait de : « The naval dry docks of the United States, by Charles B. Stuard, engineer in chief of the United States navy. » New-York, 1852, Charles B. Norton, Irving House.

On peut aussi disposer la forme de façon à ce qu'elle se serve à elle-même d'instrument de radoub.

Pour cela, on la compose d'un certain nombre de sections juxtaposées bout à bout dans le sens de la longueur; la longueur de chaque section est plus petite que la largeur libre intérieure de la forme.

On peut ainsi démonter successivement chaque section et la radouber dans le dock formé par l'ensemble des autres sections.

On a établi, en Amérique, un certain nombre de ces docks à sections (voir le croquis, p. 218, de celui de Philadelphie).

Les diverses sections n'étant pas assemblées entre elles d'une façon invariable, mais juxtaposées bout à bout et réunies seulement par des poutres posées dans la longueur de la forme, l'appareil manque de rigidité. D'ailleurs, chaque section doit comporter ses appareils d'épuisement, ce qui est une complication.

Barret avait imaginé une autre disposition de forme flottante, permettant de visiter, peindre et réparer aisément les parties *toujours immergées*.

Dans ce système, la forme se compose, en principe, de flotteurs (A, A) (voir croquis p. 221) étanches, indépendants, reliés par des boulons (faciles à enlever) à deux caissons latéraux (B, B) offrant toute la rigidité désirable.

Les deux caissons latéraux portent chacun à leur partie supérieure, et dans toute leur longueur, un réservoir d'air étanche B', dont la capacité est un peu plus grande que le déplacement de l'appareil à vide, ce qui le rend insubmersible.

Chaque flotteur est muni d'un tuyau, destiné à amener de l'air comprimé, et d'une soupape d'évacuation.

L'eau des flotteurs est expulsée par les soupapes d'évacuation, sous la pression de l'air que refoule une soufflerie actionnée par deux petites machines à vapeur, placées sur les caissons latéraux.

Lorsqu'on veut immerger le dock, l'eau est introduite dans les flotteurs par des soupapes ou des vannes, qui peuvent se manœuvrer toutes ensemble ou séparément, selon qu'il est nécessaire, pour maintenir le plancher de la forme constamment horizontal.

Le nettoyage de l'appareil s'effectue de la façon suivante :

Lorsque la forme ne porte pas de navire, le plan supérieur des flotteurs (A) émerge de 1m,20 à 1m,30 ; de cette façon, les caissons latéraux, étant complètement hors de l'eau, peuvent toujours être grattés, peints, etc.

Pour les flotteurs, cette opération se fait en même temps sur deux d'entre eux placés symétriquement par rapport à l'axe transversal de la forme.

On enlève les boulons d'assemblage qui les relient aux caissons latéraux, opération facile, car ces boulons sont alors hors de l'eau ; on introduit dans les flotteurs, à l'aide d'un robinet placé vers leur fond, une quantité d'eau capable de les faire immerger de 20 à 25 centimètres ; ils se séparent alors des caissons latéraux, tout en continuant à flotter, et il existe entre le dessus des flotteurs et le dessous des caissons un jeu libre d'une vingtaine de centimètres, qui permet de dégager les flotteurs par un mouvement latéral. On les remplace alors par deux flotteurs de rechange.

Dock flottant démontable en fer, système Barret.

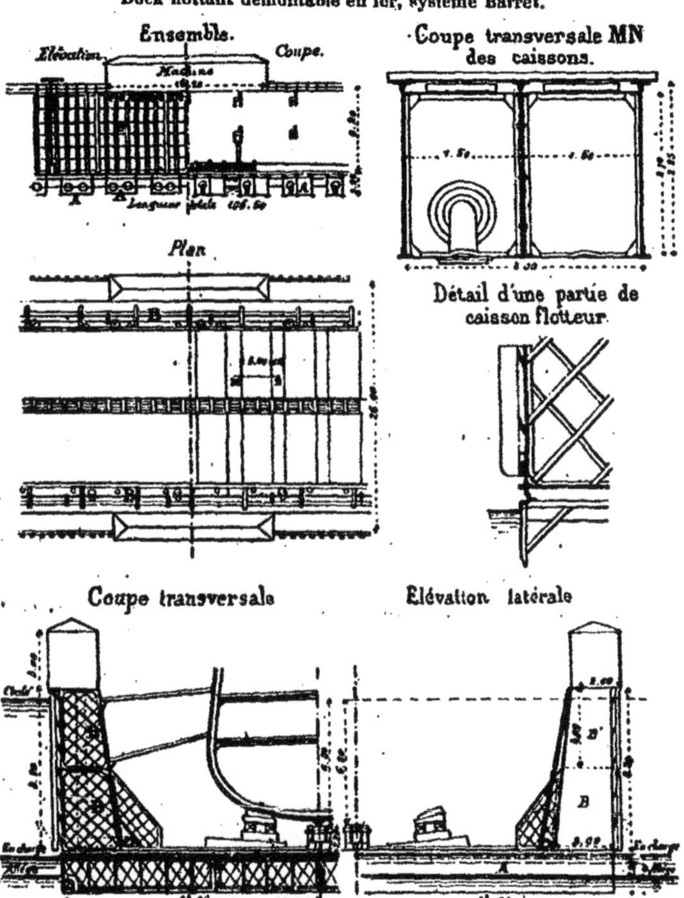

Pour placer ces derniers, on y introduit d'abord de l'eau, que l'on épuise après les avoir amenés en place, afin qu'ils émergent en venant s'appliquer sous les caissons latéraux, avec lesquels on les boulonne.

456. Avantages des formes flottantes. — Les formes flottantes ont, sur les bassins de radoub en maçonnerie, l'avantage d'exiger de moindres dépenses d'épuisement.

Dans un bassin de radoub, les épuisements sont d'autant plus considérables que le navire à réparer est plus petit, ce qui semble irrationnel. Le contraire a lieu pour une forme flottante, parce que le poids à faire émerger est plus faible.

Pour diminuer encore les épuisements des formes flottantes, on les partage souvent, suivant leur longueur, en deux parties inégales ; chaque partie sert pour la réparation des navires petits et moyens ; l'ensemble des deux parties assemblées n'est utilisé que pour les plus grands bateaux. Ainsi, à Rotterdam (Pl. XI), le dock est composé de deux parties, l'une de 90 mètres et l'autre de 48 mètres. Ces deux parties réunies peuvent soulever un navire de 6.600 tonnes.

Avec les formes à sections, on peut n'employer que le nombre de sections strictement nécessaire pour la longueur du navire.

Un dock flottant présente encore l'avantage de pouvoir être plus facilement allongé qu'un bassin de radoub en maçonnerie et de répondre mieux, par conséquent, aux besoins éventuels de l'avenir.

457. Moyen d'augmenter la capacité des formes flottantes. — Les formes flottantes ont, comme les formes fixes, l'inconvénient d'être immobilisées pendant tout le temps que les navires y sont en réparation.

Pour y remédier, on a, dans certains cas, transformé la forme flottante en un simple appareil de soulèvement.

On pourrait évidemment adopter dans ce but le système des pontons flottants de l'appareil Clark ; mais ce système a ici deux inconvénients :

1° Il exige qu'on soulève le navire non seulement d'une hauteur égale à son tirant d'eau plus l'épaisseur des tins, mais en outre de la hauteur du ponton ;

2° Un ponton a besoin d'une grande largeur pour être stable, ce qui conduirait à donner à la forme une largeur excessive.

Voici, à titre d'exemple, une autre solution :

On fait reposer le bateau sur un ber que supporte la forme.

Celle-ci, après son soulèvement, est amenée, avec le navire dont elle est chargée, dans un bassin de petite profondeur, mais dont le fond est suffisamment solide et parfaitement horizontal.

La profondeur doit être toutefois assez grande pour que la forme y manœuvre aisément et sans danger.

L'avant du dock flottant est amené à toucher un quai vertical ; l'accostage étant bien réalisé, on introduit un peu d'eau dans la forme et on l'échoue sur le fond du bassin.

Si le fond naturel n'est pas assez résistant, on le consolide au moyen de pieux sur lesquels on coule une épaisseur convenable de béton.

La profondeur du bassin et la hauteur du quai

sont calculées de façon que, la forme une fois échouée, le dessous du ber soit alors à la hauteur de la plate-forme du quai.

Pour débarrasser la forme, il suffit de tirer le ber sur le terre-plein du quai.

A cet effet, le ber est supporté par des galets,

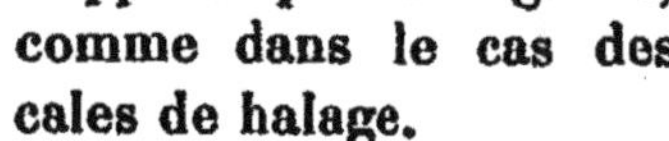

comme dans le cas des cales de halage.

Port de Carthagène.
Plan d'ensemble du bassin du dock flottant et des cales.

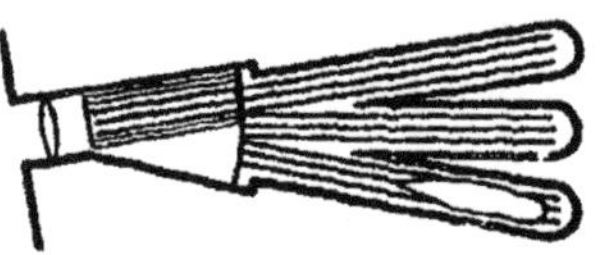

Les galets roulent sur des rails que porte le plancher de la forme.

D'autres rails sont établis à terre, dans le prolongement de ceux de la forme et horizontalement. On tire, à l'aide d'une machine, le ber sur les rails du terre-plein.

La forme est devenue disponible de nouveau pour soulever un autre navire et on pourra en mettre en radoub autant qu'on aura de places convenablement disposées à terre (Carthagène [1], Dantzig [2]).

458. Docks flottants desservant des grils fixes en travers. — Les formes flottantes sont susceptibles de prendre les dispositions les plus variées, pour satisfaire à toutes les données qu'imposent les convenances de leur exploitation.

Ainsi, on a imaginé en Russie des navires de guerre entièrement circulaires, qu'on appelle « popofka », du nom de leur inventeur, l'amiral Popof.

1. Mémoire et compte rendu des travaux de la Société des Ingénieurs civils, 20e volume, 1867, note par Mallet, p. 590.

2. *Annales des ponts et chaussées*, avril 1891, p. 61. Les Ports allemands de la Baltique, par MM. les ingénieurs Quinette de Rochemont et Dreyfuss.

Leur diamètre est si grand qu'aucun bassin de radoub ne serait capable de les recevoir.

Pour les réparer, on a mis à profit l'idée appliquée par MM. Clark et Stanfield dans une forme flottante de leur invention [1].

Un dock de ce système a été aussi installé à Barrow (Angleterre) [2].

En principe, ce dock flottant comporte un grand caisson rectangulaire, vertical, parfaitement rigide (A), auquel sont attachés des pontons horizontaux ou flotteurs (B), qui constituent le plancher sur lequel repose le navire à caréner (voir les croquis p. 226).

Une plate-forme flottante (C) assure la stabilité de l'appareil. Elle est constituée par un radeau qui reste toujours au niveau de l'eau et qui est relié, au moyen d'un système articulé, au caisson A.

Le long du rivage s'étend un gril fixe dont la longueur est parallèle au rivage. Il se compose de piles (D) normales à la rive, laissant entre elles des vides suffisants pour y permettre l'introduction des flotteurs (B) du dock (Fig. 4).

La mise sur gril d'un navire s'opère de la façon suivante :

On provoque l'enfoncement du dock flottant en faisant entrer de l'eau dans les flotteurs (B) ; puis on amène le bateau au-dessus des tins que portent ces flotteurs (Fig. 1), et, au moyen d'accores latéraux (*a*), on règle comme il convient la position de l'axe longitudinal de la quille.

On maintient alors le navire à l'aide de câbles ; on

1. Voir étude sur les principaux ports de commerce de l'Europe septentrionale, 1878, par MM. Plocq et Laroche.

2. Portefeuille des machines (Oppermann), janvier 1882.

épuise le dock. Le bateau repose bientôt sur les tins ; on met en place les selles ou sous-ventrières de calage (*b*) par une manœuvre faite du pont supérieur du dock, et l'on achève l'épuisement des flotteurs

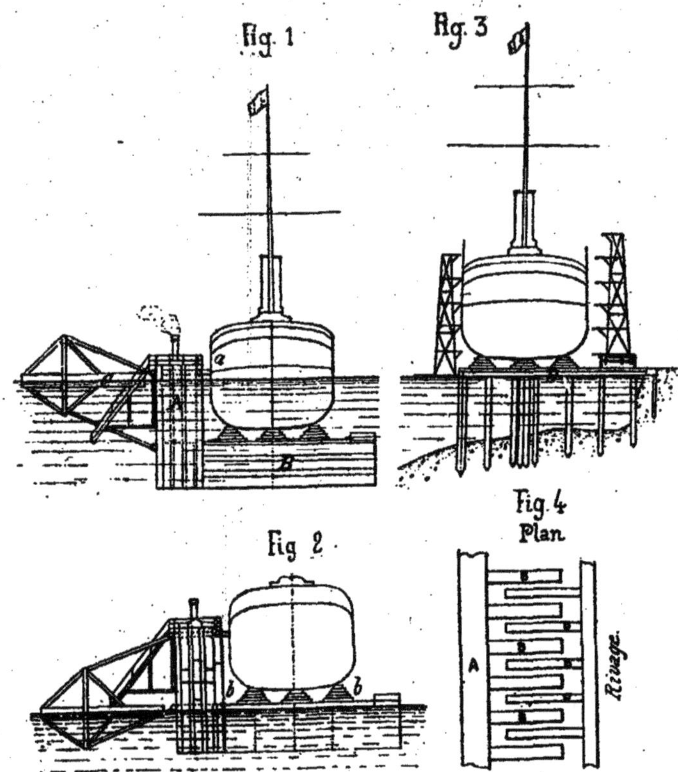

jusqu'à ce que la quille du bateau émerge (Fig. 2).

On amène la forme flottante devant le gril, et l'on fait pénétrer les flotteurs B entre les piles D, en ayant soin de faire correspondre la ligne des tins de ces flotteurs avec celle qui est installée sur les piles du gril.

On laisse enfin pénétrer de l'eau dans le dock, qui s'enfonce, pour permettre au navire de reposer sur les tins du gril (Fig. 3). La forme se trouve soulagée du bateau qu'elle supportait ; elle est devenue libre et on peut la retirer pour servir à une autre opération.

La mise à l'eau du navire se fait par une série d'opérations inverses.

L'avantage attribué à ce dispositif de forme flottante réside non seulement dans le fait qu'on peut y radouber des navires d'une largeur exceptionnelle, mais encore que les bâtiments sont échoués sur le gril sans le moindre mouvement de glissement ou de roulement.

459. Critique des formes flottantes. — Les formes flottantes ont, par rapport aux bassins de radoub en maçonnerie, tous les inconvénients des engins mécaniques en fer, inconvénients déjà signalés à l'occasion de l'appareil élévateur, système Victoria Docks ; elles exigent un entretien minutieux et cher.

De plus, elles ne sont applicables que dans des ports où l'on trouve toujours de grandes profondeurs d'eau, ou tout au moins là où l'on peut, par des dragages, obtenir ces profondeurs, car il ne faut pas que les formes touchent le fond quand elles sont immergées à leur maximum d'enfoncement.

Or, il n'est pas rare que le fond de la forme doive être alors de 4 à 5 mètres au-dessous de la quille des navires.

Si les navires calent de 5 à 6 mètres à l'arrière, il faut que les profondeurs soient d'au moins 9 à

11 mètres; et ils sont fort rares les ports où l'on trouve en tout temps de semblables tirants d'eau, surtout dans des espaces très abrités, car le calme est une condition essentielle pour l'usage d'appareils flottants dont la stabilité n'est jamais très grande, et surtout pour l'usage de ceux que l'on doit déplacer (comme le dock Clark et Stanfield) quand ils portent le navire.

Enfin, l'idée d'utiliser les formes flottantes comme appareils élévateurs à peu près constamment disponibles n'est peut-être pas, comme on l'a dit (p. 207), d'une utilité aussi pratique qu'on pourrait le croire tout d'abord, et, en tout cas, les dispositions imaginées pour atteindre ce but entraînent de nouvelles sujétions (notamment une assez faible variation dans le niveau de la mer), qui ne sont pas toujours faciles à réaliser.

460. Remarque. — La partie constamment immergée de la coque d'un navire se recouvre, à la mer, d'une grande quantité de coquillages et d'herbes marines.

Cette couche d'obstacles rugueux ou filamenteux diminue beaucoup la vitesse de marche des navires, et l'on doit assez fréquemment l'enlever.

Or, on a constaté à ce sujet des faits naturels que l'on peut citer, tout au moins à titre de curiosité.

Voici deux de ces faits :

1° Il existe dans l'Archipel une île volcanique ayant à peu près la forme d'un anneau circulaire découpé par la mer en deux ou trois points de son contour : c'est l'île de Santorin, d'où on extrait une pouzzolane très employée dans certains ports de cette région de la Méditerranée.

Au centre de cette île se trouve un volcan sous-marin encore en activité; l'île n'est autre que le cône de déjection de ce volcan, dont le cratère est sous l'eau.

Au-dessus du cratère, les eaux de la mer contiennent des acides sulfureux et chlorhydrique. Les navires doublés de cuivre qui voyageaient dans ces parages avaient l'habitude de venir mouiller toute une nuit au-dessus du volcan quand leur coque était sale, et en repartaient avec des œuvres vives parfaitement nettes.

2° Le vieux port de Marseille, à l'époque où il était renommé pour son infection, offrait une particularité du même genre.

Près des égouts, les gaz méphytiques étaient si abondants, que les poissons qui s'aventuraient dans ces parages y mouraient. Or, les navires qui y avaient séjourné quelque temps voyaient leur coque se débarrasser de toutes les coquilles et herbes marines qui s'y étaient attachées.

ANNEXES DU CHAPITRE VII

SECTION III. — Systèmes de fermeture des bassins de radoub.
SECTION IV. — Épuisements des bassins de radoub.
SECTION VII. — Appareils de radoub flottant.

ANNEXE N° 1

CALCUL DU BATEAU-PORTE DE LA FORME N° 2 DE LORIENT

CALCULS PRÉALABLES

Après avoir arrêté les dessins complets et détaillés des formes du bateau, on doit procéder à un certain nombre de calculs pour déterminer son déplacement, son centre de carène et le métacentre.

Lorsque, comme à Lorient, le bateau présente un pont de ressaut, il convient, pour les calculs, de considérer séparément la partie au-dessous du pont et la partie au-dessus.

Si l'on prend la partie au-dessous du pont étanche, voici comment on procède :

On partage la coque en bandes horizontales équidistantes; à Lorient, ces bandes sont à 0m,4066 l'une de l'autre; puis, on suppose le bateau partagé en tranches verticales par des plans équidistants, parallèles au maître couple; le profil extérieur de chacune de ces sections s'appelle un couple. A Lorient, la distance entre les couples est de 1m,05.

On peut ainsi déterminer la forme de chaque section horizontale par des abscisses x et des ordonnées y.

La surface de chaque section horizontale est calculée en multipliant la somme des ordonnées par leur équidistance commune[1], $1^m,05$, en tenant compte, au besoin, de ce que l'espacement des ordonnées peut varier près de l'étambot.

Ayant la surface d'une tranche, le volume d'une bande s'obtient en multipliant cette surface par la distance entre deux tranches voisines, soit $0^m,4066$.

Le déplacement correspondant a pour valeur le produit de ce volume par le poids spécifique de l'eau de mer.

La position du centre de gravité du volume déplacé, ou centre de carène, relatif aux diverses lignes d'eau de flottaison que peut offrir le bateau, s'obtient par l'application du théorème des moments. Ordinairement, on calcule les distances des centres de carène au-dessous des flottaisons successives.

La détermination de la hauteur du métacentre au-dessus du centre de carène exige, comme on le sait (p. 135), le calcul du cube des ordonnées y à la flottaison considérée.

Les tableaux suivants donnent, pour le bateau-porte de Lorient, le résultat de ces différents calculs.

CALCULS DE DÉPLACEMENT ET DE STABILITÉ

1° Partie située au-dessous du pont de ressaut.

Numéros des bandes.	Volume de chaque bande exprimé en mètres cubes.	Déplacement de chaque bande exprimé en tonneaux métriques.	Tirant d'eau de dessous la fausse quille correspondant à la surface supérieure de chaque bande	Déplacements correspondant aux tirants d'eau ci-contre.	Déplacement moyen par centimètre de chaque bande.	Distances des centres de carène au-dessous des flottaisons successives.	Hauteurs des métacentres latitudinaux au-dessus des centres de carène correspondants.
Quille, fausse quille, petits paillets verticaux.	14,785	15,170	0,700	15,170	0,23061		
1re	9,140	9,378	1,1066	24,540	0,30095	0,168	
2e	11,927	12,237	1,5132	36,783	0,37484	0,340	
3e	14,854	15,241	1,9198	52,026	0,45452	0,514	
4e	18,012	18,481	2,3264	70,507	0,52183	0,673	
5e	20,680	21,218	2,733	91,725	0,60270	0,831	
6e	23,894	24,516	3,1396	116,241	0,67789	0,983	
7e	26,845	27,543	3,5462	143,784	0,74720	1,132	0,427
8e	29,591	30,361	3,9528	174,145	0,82956	1,278	0,443
9e	32,875	33,730	4,3594	207,875	0,89144	1,423	0,517
10e	35,434	36,350	4,766	244,231	0,91812	1,568	0,539
11e	36,384	37,331	5,1726	281,562	0,91974	1,725	0,447
12e	36,410	37,397	5,5792	318,959	0,91692	1,893	0,392
13e	36,337	37,282	5,9858	356,241	0,92001	2,069	0,349
14e	36,461	37,409	6,3924	393,650		2,250	0,314
Flottaison			6,700	422,030	0,92344	2,310	0,290
15e	36,593	37,547	6,7999	431,197		2,433	0,286
		431,197					

1. On pourrait, pour obtenir la surface, appliquer encore soit la méthode de quadrature de Thomas Simpson, soit celle de Poncelet.

2° Partie située au-dessus du pont de ressaut.

NUMÉROS des BANDES	VOLUME de chaque bande exprimé en mètres cubes.	DÉPLACEMENT de chaque bande exprimé en tonneaux métriques.	HAUTEUR de la surface supérieure de chaque bande au-dessus du pont du ressaut.	DÉPLACEMENTS correspondant aux hauteurs ci-contre.	DÉPLACEMENT moyen par centimètre de chaque bande.
1re	16,757	17,193	0,51	17,193	0,33705
2e	17,197	17,645	1,02	34,838	0,34598
3e	17,003	17,369	1,53	52,207	0,34056
4e	17,192	17,579	2,04	69,287	0,34507
5e	17,083	17,507	2,55	87,293	0,34327
6e	17,077	17,522	3,06	104,815	0,34356
7e	17,164	17,611	3,57	122,426	0,34531
8e	17,122	17,568	4,08	139,994	0,34447
9e	17,246	17,693	4,59	157,689	0,34696
10e	17,228	17,676	5,10	175,365	0.34658
		175,363			

EXTRAIT DU RAPPORT

A L'APPUI D'UN PROJET DE BATEAU-PORTE EN ACIER POUR LE BASSIN N° 2 DU PORT DE LORIENT

Par M. LEMAIRE, *ingénieur de la marine.*

(Lorient, 14 juillet 1883.)

Dispositions générales de l'écluse. — Marées de vives eaux et de mortes eaux extraordinaires. — Plan moyen des marées. — Le radier ou seuil de l'écluse d'entrée est à 4m,50 au-dessous du zéro de l'hydromètre, lequel correspond aux basses mers de vives eaux extraordinaires. La hauteur d'eau au-dessus de ce radier est de 8m,95 en marées de vives eaux ordinaires; cette hauteur peut atteindre au maximum 10m,62 en marées de vives eaux extraordinaires, lorsque les marées sont favorisées par le vent et qu'elles rapportent, c'est-à-dire que l'on marche des quadratures vers les syzygies.

Dans les mortes eaux extraordinaires, au contraire, la haute mer peut ne s'élever qu'à 3m,30, et la basse mer ne descendre qu'à 2m,30 au-dessus du zéro.

Le plan moyen des marées correspond à la cote de 2m,70 et se trouve, par suite, à 7m,20 au-dessus du radier d'entrée.

L'écluse a deux heurtoirs : l'un, intérieur, de 0m,40 de hauteur, ayant son plafond à 4m,90 en contre-bas du zéro; l'autre, extérieur, distant du premier de 4m,314, et ayant son plafond à 0m,80 au-dessous du précédent, soit à 5m,70 en contre-bas du zéro.

En service courant, le bateau-porte sera échoué contre le heurtoir intérieur; il ne le sera contre le heurtoir extérieur que dans des circonstances exceptionnelles, lorsque, par exemple, il y aura lieu de visiter ou de réparer, pour une cause quelconque, le radier

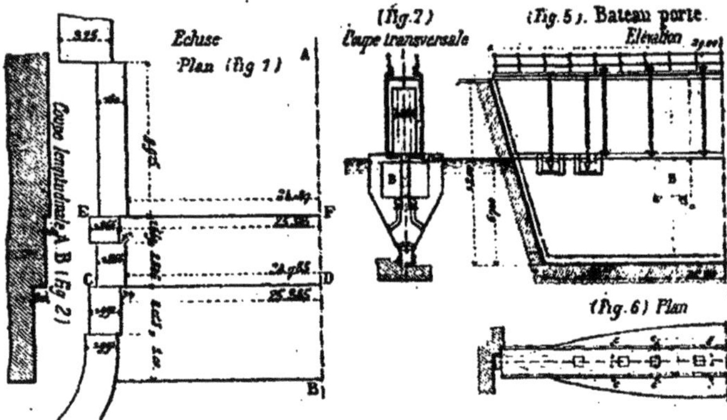

situé entre les deux heurtoirs, d'allonger le bassin de 4m,50 environ ou enfin lorsque la porte n'aura pu être présentée en temps opportun pour être échouée contre le heurtoir intérieur.

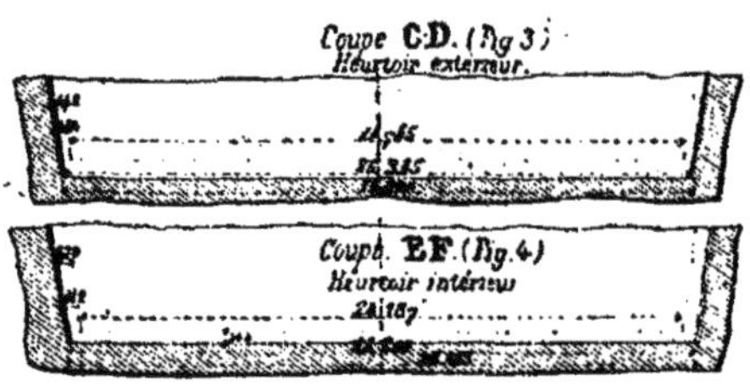

Les bajoyers de l'écluse, les rainures qui y sont ménagées et qui correspondent au heurtoir intérieur seulement, sont inclinés à la pente de 0m,158 par mètre, soit un peu plus du sixième.

Les rainures ont une longueur de 1m,669. Nous verrons par la suite les avantages qui résultent de cette grande longueur relative pour la disponibilité du bassin, la visite et la réparation du bateau-porte.

Conditions auxquelles doit satisfaire le bateau-porte. — 1° Le tirant d'eau en charge doit avoir une valeur telle que, dans les circonstances ordinaires, le bateau-porte puisse être dégagé de ses rainures au moment où la mer sera sur le point d'atteindre la hauteur correspondante au plan moyen (+ 2m,70). On disposera ainsi, pour exécuter les mouvements de la porte et des bâtiments, de tout l'intervalle de temps compris entre la mi-marée ascendante et la mi-marée descendante, soit de six heures environ

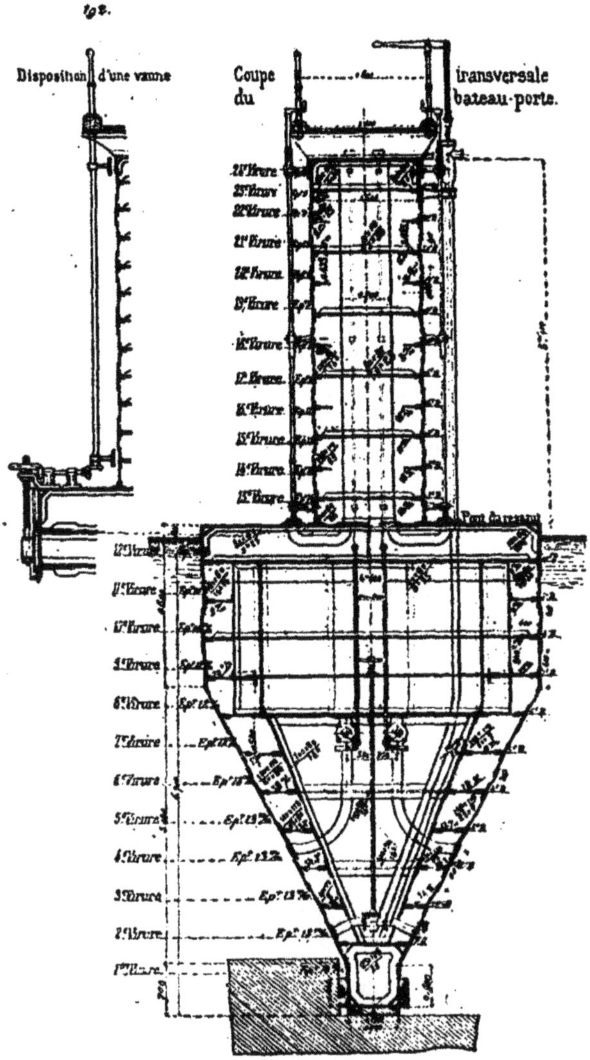

2° Le bateau-porte doit être disposé de telle sorte qu'il ne puisse commencer à se soulever avant que le niveau soit à peu près le même à l'intérieur et à l'extérieur du bassin.

3° Lorsque la porte est échouée, elle doit pouvoir résister à la poussée verticale correspondante aux plus hautes mers de vives eaux extraordinaires.

4° Afin d'empêcher la mer de se précipiter dans le bassin en passant par-dessus le bateau-porte, il faut que la hauteur de ce dernier soit supérieure à celle qui peut être atteinte par la mer dans les marées de vives eaux extraordinaires et favorisées par le vent. La cote la plus forte qui ait été observée étant de 5m,92, il en résulte pour le bateau-porte un minimum de hauteur de 11m,62. Le bateau-porte proposé est du système de M. l'ingénieur de Coppier.

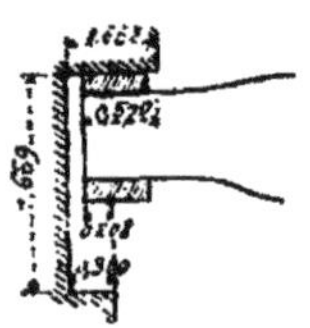

Portage des étambots. — Quand le bateau-porte sera échoué contre le heurtoir intérieur, ce qui sera le cas le plus fréquent, et dans sa position normale, c'est-à-dire son plan transversal milieu coïncidant avec le plan milieu du bassin, les étambots reposeront sur une largeur horizontale de heurtoir de 0m,570 (Fig. 4), savoir :

$$\frac{1}{2}(25^m,20 - 24,187) + 0^m,40 \times 0^m,15807 = 0^m,570$$

et seront engagés dans les rainures de 0m,208.

$$0^m,570 - (0^m,662 - 0^m,300) = 0^m,208.$$

Dans le cas de l'échouage contre le heurtoir extérieur, le portage des étambots sera dans la position normale de 0m,334 (Fig. 3).

$$\frac{1}{2}(25^m,20 - 24,783) + 0^m,80 \times 0^m,15807 = 0^m,334$$

Dimensions principales.

Longueur de la porte	au-dessous de la fausse quille, ou portant sur terre	25m,20
	au-dessus du cau supérieur du caisson	29m,00
Largeur au milieu (à la face de placage)	au-dessus du pont du ressaut	1m,50
	au-dessous du pont du ressaut	4m,60
Hauteur de la porte du dessous de la fausse quille	jusqu'au pont du ressaut	6m,90
	jusqu'au-dessus du cau supérieur du caisson	12m,00
	jusqu'au-dessus du bordé en bois de la passerelle au milieu	12m,45
Hauteur du cau supérieur du caisson au-dessus des plus hautes mers dans le cas de l'échouage	sur le heurtoir intérieur	1m,18
	sur le heurtoir extérieur	0m,38
Hauteur de la quille et de la fausse quille réunies		0m,70

Hauteur de la fausse quille en bois	$0^{m},10$
Tirant d'eau de la porte à flot	$6^{m},70$
Déplacements. Poids de la porte, avec ses accessoires, sans eau ni lest avec dix hommes sur la passerelle (voir le tableau détaillé des poids), au tirant d'eau (A) de $4^{m},903$	$256^{tx},827$
Poids du lest fixe (gueuses et ciment)	$158^{tx},203$
Poids de l'eau contenue dans les conduits des vannes	$7^{tx},000$
Déplacement de la porte au tirant d'eau (B) de $6^{m},700$	$422^{tx},030$
Poids de l'eau contenue dans les flotteurs	$26^{tx},000$
Déplacement de la porte, les conduits des vannes et les flotteurs pleins d'eau au tirant d'eau (C) de $7^{m},126$	$448^{tx},030$
Stabilité. 1° Coque lège, sans eau ni lest au tirant d'eau (A)	$256^{tx},827$
Distance du centre de carène au-dessus du dessous de la fausse quille	$3^{m},270$
Distance du métacentre au-dessus du centre de carène ou valeur de *r*	$0^{m},480$
Distance du centre de gravité au-dessus du dessous de la fausse quille	$5^{m},417$
Valeur de *a*	$2^{m},147$
Valeur de *r-a*	$-1^{m},667$
2° Coque lestée, avec les conduits des vannes remplis d'eau au tirant d'eau normal (B)	$422^{tx},030$
Distance du centre de carène au-dessus du dessous de la fausse quille	$4^{m},010$
Distance du métacentre au-dessus du centre de carène ou valeur de *r*	$0^{m},290$
Distance du centre de gravité au-dessus du dessous de la fausse quille	$3^{m},825$
Valeur de *a*	$-0^{m},485$
Valeur de *r-a*	$0^{m},775$
3° Coque lestée, les conduits des vannes et les flotteurs remplis d'eau au tirant d'eau (C)	$448^{tx},030$
Distance du centre de carène au-dessus du dessous de la fausse quille	$4^{m},455$
Distance du métacentre au-dessus du centre de carène ou valeur de *r*	$0^{m},016$
Distance du centre de gravité du système au-dessus du dessous de la fausse quille	$3^{m},911$
Valeur de *a*	$-0^{m},544$
Valeur de *r-a*	$0^{m},560$

Les calculs de déplacements et de stabilité ont été faits en mesurant les ordonnées jusqu'à la face de placage ; pour avoir les déplacements véritables, on a ajouté aux déplacements ainsi trouvés ceux des virures de recouvrement et des porte-paillets en bois (p. 232).

La valeur de *r-a* ($0^{m},775$), pour le tirant d'eau de $6^{m},70$ auquel on ramènera toujours le bateau-porte, est suffisante.

En effet, on trouve facilement que, dans ces conditions, pour que la porte prenne une bande telle que la mer arrive au pont de ressaut, il faut que la pression exercée par le vent soit de 34 kilogrammes par mètre carré, correspondant à une brise n° 6, ou bon frais, ayant une vitesse de 16 mètres par seconde ou 31 milles à l'heure. La violence du vent serait certainement trop grande pour permettre de risquer un mouvement de bassin dans ces conditions.

Dimensions et positions des vannes. — Les conduits destinés à l'introduction de l'eau dans le bassin sont au nombre de quatre, fermés à leurs deux extrémités par des vannes (V) à coulisse, qu'on manœuvre du pont de la passerelle (voir p. 235 et Fig. 5, p. 234).

Ils ont été placés assez haut pour que, la porte étant échouée contre le heurtoir intérieur, la partie inférieure des vannes découvre entièrement 180 fois environ dans l'année, permettant ainsi de les visiter et de les entretenir régulièrement. Leur partie inférieure, étant, en effet, à $5^m,70$ environ au-dessus du dessous de quille, découvrira toutes les fois que la marée basse descendra jusqu'à la cote de $5^m,70 - (4^m,50 + 0^m,40) = 0^m,80$. Chaque conduit a une section transversale de $0^{m2},67$, soit une section totale, pour les quatre conduits, de $2^{m2},680$.

Un calcul approximatif fait voir que, dans le cas des marées de mortes eaux extraordinaires, et en supposant le niveau extérieur constant et à la hauteur de la marée basse, il suffit d'une heure un quart environ pour que le niveau arrive à être le même à l'intérieur et à l'extérieur du bassin.

Détermination du volume des caisses flotteurs. — Le volume des caisses flotteurs (B) a été déterminé pour que la porte, présentée au heurtoir extérieur, échoue naturellement au moment de la mi-marée, c'est-à-dire quand la mer sera à $0^m,40 + 0^m,80 + 4^m,50 + 2^m,70 = 8^m,40$ au-dessus du fond du heurtoir extérieur.

Il est facile de voir que la quantité d'eau à introduire doit être égale au déplacement de la tranche comprise entre la flottaison normale de $6^m,70$ et le pont de ressaut, augmenté de la différence entre le déplacement de la partie située au-dessus du pont de ressaut jusqu'à la hauteur fixée à $8^m,40$, et le poids de l'eau contenue dans les compartiments supérieurs jusqu'à cette même hauteur.

Le déplacement de la tranche étant de $18^{tx},579$ et la différence ci-dessus, qui n'est autre que le déplacement des parties métalliques baignées, de $6^{tx},500$, il suffirait d'introduire dans les caisses $25^{tx},079$ d'eau ; nous avons pris 26 tonneaux.

Quand on présentera la porte au heurtoir intérieur, dès que la marée sera descendue à $0^m,80$ au-dessus du plan moyen, on pourra faire échouer la porte naturellement en introduisant l'eau dans les flotteurs. Enfin, s'il était nécessaire de fermer le bassin plus tôt, qu'il s'agisse du heurtoir intérieur ou du heurtoir extérieur, il suffirait d'introduire, dans la partie inférieure de la porte, par le robinet disposé à cet effet, une certaine quantité d'eau qu'on laisserait écouler plus tard dans le bassin.

Il nous reste encore à montrer qu'avec les dimensions proposées, le bateau-porte satisfait aux diverses conditions que nous avons indiquées précédemment.

Échouage sur le heurtoir intérieur. — Quand l'échouage aura lieu sur le heurtoir intérieur, ce qui sera le cas le plus fréquent, nous avons vu que les étambots porteraient sur une largeur horizontale de $0^m,570$ et seraient engagés de $0^m,208$ dans les rainures.

1° *Détermination du tirant d'eau.* — Il en résulte que, pour que le bateau-porte pût se dégager des rainures, il faudrait que sa quille se soulevât de $\frac{0^m,208}{0^m,158} = 1^m,316$ au-dessus du plafond.

Grâce à la grande longueur des rainures, $1^m,70$, on peut amener l'un des étambots à toucher le fond de la rainure, on fait pivoter la porte autour de cet étambot, dès que l'autre étambot est dégagé de la rainure de l'autre bord. Il suffit ainsi que la porte se soulève de $\frac{0^m,10}{0^m,158} = 0^m,65$ environ.

En admettant $0^m,80$, on voit qu'à ce moment la marée atteindra la cote de $(6^m,70 + 0^m,80) - (4^m,50 + 0^m,40) = 2^m,60$, c'est-à-dire sera à $0^m,10$ en contre-bas du plan moyen des marées, et l'on disposera par suite de six heures environ pour effectuer tous les mouvements et venir présenter la porte pour fermer le bassin, ce qui justifie la valeur de $6^m,70$, adoptée pour le tirant d'eau.

2° *Tenue de la porte.* — Quand la porte est échouée et le bassin vide, la poussée verticale est égale au déplacement de la portion de la porte située du côté du large et limitée du côté du bassin au plan passant par la face d'appui des étambots ; les caisses flotteurs sont pleines et l'eau circule librement dans les compartiments situés au-dessus du pont de ressaut.

Pour calculer la tenue de la porte, nous avons supposé que l'un de ces cinq compartiments, le plus grand, était vide.

Dans ces conditions, nous avons obtenu les chiffres suivants :

	HAUTES MERS	
	Vives eaux extra-ordinaires.	Mortes eaux extra-ordinaires.
Poids de la porte lestée, les caisses flotteurs pleines, les conduits des vannes vides..........	441^{tx},030	441^{tx},030
Poids de l'eau contenue dans les compartiments supérieurs, moins celui du milieu..........	83^{tx},360	26^{tx},648
Total ou poids de la porte....................	524^{tx},390	467^{tx},678
Poussée verticale..........................	392^{tx},068	320^{tx},417
Différence................................	132^{tx},322	147^{tx},261

La tenue de la porte est donc assurée, même en supposant vide le compartiment du milieu. Rien, du reste, ne sera plus simple, quand on voudra visiter, peindre ou réparer un ou plusieurs des compartiments supérieurs, que d'introduire, pendant le temps nécessaire, une quantité d'eau suffisante dans le compartiment inférieur de la porte.

Mode de construction. Calculs de résistance. — Le système de construction est exactement celui des nouveaux bateaux-portes de Missiessy.

Les tôles et les cornières sont en acier ; mais, par suite des conditions différentes dans lesquelles se trouvent le bateau-porte proposé et celui de Missiessy, nous avons modifié les échantillons, en nous attachant toutefois à n'employer que des profils de cornières d'une fabrication courante, et pris soit dans l'album du Creuzot (édition 1882), soit dans le marché souscrit par cette usine pour la construction des deux bateaux-portes de Missiessy.

Nous avons considéré le bateau-porte comme composé de poutres horizontales indépendantes les unes des autres, reposant par leurs extrémités sur les bajoyers et constituées uniquement par chacune des membrures horizontales et la portion de bordé comprise entre les milieux des intervalles qui séparent chaque barre de celles immédiatement au-dessus et au-dessous. Dans ces conditions, la charge R par millimètre carré a été déterminée par la formule $\frac{PL}{8} = \frac{RA}{1/2\ E}$ dans laquelle :

P est la charge supportée par la barre, dans le cas des marées de vives eaux extraordinaires et pour l'échouage au heurtoir extérieur; L, la distance entre les bajoyers correspondante à chaque barre ; E, l'épaisseur; A, le moment d'inertie de la section de chaque barre.

Les moments d'inertie ont été calculés par une méthode approximative (Collignon, *Résistance des matériaux*, p. 154) qui donne pour A une valeur un peu au-dessous de la vérité.

Bateau-porte projeté.

	NUMÉROS des BARRES	DISTANCE du milieu de chaque barre au-dessous de la fausse quille.	DISTANCE entre les heurtoirs correspondant à chaque barre. L.	DISTANCE du milieu de chaque barre aux plus hautes mers. d.	HAUTEUR de la tranche correspondant à chaque barre. h.	ÉPAISSEUR horizontale de la barre. E.	$P = L \times h \times d \times 1025$	$\frac{PL}{8}$	MOMENT d'inertie de la section de chaque barre. A.	CHARGE par millimètre carré. R.
Partie au-dessous du pont de ressaut.	1	1,520	25m,020	10,100	0,540	1,500	139.870	437.445	0,020643	5k,893
	3	2,600	25m,360	9,020	0,540	2,560	126.612	401.360	0,622979	8k,157
	5	3,680	25m,720	7,940	0,540	3,640	113.034	363.404	0,121474	5k,544
	7	4,760	26m,040	6,860	0,540	4,600	99.162	322.772	0,185303	4k,006
	9	5.840	26m,380	5,780	0,540	4,600	84.688	279.259	0,159606	4k,024
Partie au-dessus du pont de ressaut.	12	7,245	26m,840	4,375	0,435	1,500	52.297	175.456	0,014852	8k,881
	13	7,680	26m,980	3,940	0,435	1,500	47.397	159.846	0,013745	8k,740
	15	8,550	27m,240	3,070	0,435	1,500	37.287	126.962	0,011248	8k,407
	17	9,420	27m,500	2,200	0,435	1,500	26.975	92.726	0,009320	7k,461
	19	10,290	27m,800	1,330	0,435	1,500	16.486	57.289	0,007300	5k,885
	21	11,160	28m,060	0,460	0,435	1,500	7.755	20.185	0,006596	2k,295

Bateau-porte de Toulon.

	NUMÉROS des BARRES	DISTANCE du milieu de chaque barre au-dessous de la fausse quille.	DISTANCE entre les heurtoirs correspondant à chaque barre. L.	DISTANCE du milieu de chaque barre aux plus hautes mers. d.	HAUTEUR de la tranche correspondant à chaque barre. h.	ÉPAISSEUR horizontale de la barre. E.	$P = L \times h \times d \times 1025$	$\frac{PL}{8}$	MOMENT d'inertie de la section de chaque barre. A.	CHARGE par millimètre carré. R.
Partie au-dessous du pont de ressaut.	1	1,52	25m,12	9,33	0,540	1,24	129.723	407.332	0,012872	19k,716
	3	2,60	25 ,50	8,25	0,540	1,86	116.442	371.159	0,033434	10 ,324
	5	3,66	25 ,88	7,19	0,540	2,50	102.994	333.185	0,065628	6 ,346
	7	4,72	26 ,25	6,03	0,540	3,15	87.612	287.476	0,111502	4 ,061
	9	5,80	26 ,60	4,95	0,540	3,30	72.879	242.323	0,124349	3 ,215
	11	6,88	27 ,00	3,87	0,540	3,30	57.835	182.694	0,037102	3 ,419
Partie au-dessus.	15	8,81	27 ,60	1,93	0,435	1,38	23.751	81.941	0,008056	7, 038

Les deux tableaux précédents renferment les résultats des calculs faits dans cette hypothèse, pour le bateau-porte projeté et pour celui de Missiessy.

Il résulte de la comparaison de ces deux tableaux que le bateau-porte proposé est dans des conditions de résistance analogues à celles des bateaux-portes de Missiessy.

Cette méthode de calcul ne donne certainement pas les véritables valeurs de R, mais elle a l'avantage d'être simple et nous paraît donner toutes les garanties désirables.

La fausse quille et les porte-paillets sont en teak et tenus au moyen de vis à bois dans les cornières fixées au bordé, de manière à éviter toute liaison directe entre le bordé et ces pièces de bois.

DEVIS DES ÉCHANTILLONS

Le recouvrement des tôles, les bandes de joints, le diamètre et l'espacement des rivets auront les dimensions fixées par les règles en usage au port de Lorient.

(*Mémorial du Génie maritime*, 2e livraison, 1882.)

Bordé. — Il est formé, sur chaque bord, de 24 virures (croquis p. 235).

La 1re virure, en partant de la quille, a			0m,600 de larg. sur		0m,014 d'épaiss.	
La 2e	—	—	0m,810	—	0m,013	—
Les 3e, 4e et 5e	—	—	0m,740	—	0m,013	—
La 6e	—	—	0m,735	—	0m,013	—
Les 7e et 8e	—	—	0m,730	—	0m,012	—
La 9e	—	—	0m,660	—	0m,012	—
Les 10e et 11e	—	—	0m,660	—	0m,010	—
La 12e	—	—	0m,735	—	0m,010	—
La 13e	—	—	0m,600	—	0m,014	—
La 14e	—	—	0m,555	—	0m,013	—
La 15e	—	—	0m,550	—	0m,012	—
La 16e	—	—	0m,545	—	0m,011	—
La 17e	—	—	0m,545	—	0m,010	—
La 18e	—	—	0m,535	—	0m,008	—
La 19e	—	—	0m,535	—	0m,008	—
La 20e	—	—	0m,530	—	0m,006	—
Les 21e, 22e et 23e	—	—	0m,525	—	0m,006	—
Enfin, la 24e virure a.............			0m,244	—	0m,006	—

Quille. — La quille est formée d'une tôle ayant 0m,700 de largeur sur 0m,016 d'épaisseur, réunie au bordé par des cornières de 125×125, pesant 32 kilogrammes le mètre courant. Elle est renforcée verticalement par 35 varangues, espacées les unes des autres de 0m,700, ayant 0m,856 de hauteur et formées par deux cornières en Z de 125 × 125, pesant 32 kilogrammes le mètre courant.

Étambots. — Les étambots, de même section que la quille, seront formés d'une tôle ayant 0m,700 de largeur sur 0m,016 d'épaisseur, réunie au bordé par des cornières de 125 × 125, pesant 32 kilogrammes le mètre courant.

Fond de quille. — Le fond de quille est composé d'une tôle pleine de 0m,016 d'épaisseur, armée de chaque bord de deux cornières de 110 × 110, pesant 25 kilogrammes le mètre courant, qui s'assemblent avec le bordé.

Le dessous du fond de quille vient reposer sur les varangues de la quille, tandis que le dessus reçoit les abouts des entretoises verticales des membrures.

Pont de ressaut. — Le bordé de pont du ressaut est formé d'une tôle ayant 0m,010 d'épaisseur, réunie au bordé par des cornières de 120 × 80, pesant 16 kilogr. 04 le mètre, et à celui des compartiments étanches par des cornières de 100 × 80, pesant 16 kilogrammes le mètre. Le bordé du pont de ressaut est soutenu, à sa partie inférieure, par 37 armatures transversales ou barrots, formés de cornières de 80 × 80, pesant 9 kilogr. 25 le mètre courant; leurs extrémités sont repliées et viennent se fixer contre le bordé de la porte; ces barrots sont espacés de 0m,700 les uns des autres.

Plafond supérieur au-dessus du pont de ressaut. — Le bordé du plafond supérieur est formé d'une tôle de 0m,006 d'épaisseur, réunie au bordé des compartiments étanches par des cornières de 80 × 80, pesant 9 kilogr. 25 le mètre. Ce bordé est soutenu par 39 barrots espacés de 0m,700 et formés de cornières de 80 × 80, pesant 9 kilogr. 25 le mètre courant.

Passerelle. — Les barrots de la passerelle sont formés d'une tôle de 0m,005 d'épaisseur, armée de deux cornières de 80 × 50, pesant 5 kilogr. 80 le mètre courant; la cornière inférieure les réunit au plafond supérieur, et la cornière supérieure reçoit le bordé du pont de la passerelle et, de chaque bord, une latte en fer de 0m,200 de largeur sur 0m,006 d'épaisseur, sur laquelle viennent se fixer la longrine et les chandeliers de la passerelle.

Bordage de la quille et des étambots. — La fausse quille et les bordages porte-paillets de la quille et des étambots sont en bois de teak ; la fausse quille a 0m,700 de largeur sur 0m,100 d'épaisseur ; elle est comprise entre deux cornières de 80 × 80, pesant 9 kilogr. 25 le mètre, auxquelles elle est fixée par des vis à bois ; les porte-paillets de la quille et des étambots ont 0m,400 de largeur et 0m,100 d'épaisseur. Ils sont, comme la fausse quille, compris entre deux cornières de 80 × 80, pesant 9 kilogr. 25 le mètre, et fixés à ces cornières par des vis à bois.

Membrures horizontales, armées de quatre cornières. — Les membrures nos 1 à 7 inclus sont formées de deux nervures réunies tous les 1m,400 par des entretoises en cornières de 100 × 80, pesant 16 kilogrammes le mètre. Ces nervures sont composées d'une âme en tôle d'épaisseur et de largeur variables, armée sur chaque rive de deux cornières.

DÉSIGNATION DES MEMBRURES	LARGEUR	ÉPAISSEUR	CORNIÈRES	
			DIMENSIONS	POIDS PAR MÈTRE
Membrure n° 1	0,330	0,016	140×110	25k,00
— n° 2	0,400	0,014	140×110	25 ,00
— n° 3	0,440	0,013	140×110	23 ,90
— n° 4	0,520	0,012	140×110	23 ,90
— n° 5	0,570	0,011	140×110	20 ,50
— n° 6	0,640	0,011	140×110	20 ,50
— n° 7	0,700	0,010	120×80	16 ,04

Membrures horizontales, armées de deux cornières. — Les membrures nos 8 à 10 inclus sont formées de deux nervures réunies tous les 1m,400 par des entretoises en cornières de 80 × 80, pesant 9 kilogr. 25 le mètre. Ces nervures sont composées d'une âme en tôle de 0m,009 ayant, au maître couple, une largeur de 0m,400 ; elles portent en abord deux cornières de 120 × 80 × 11, pesant 16 kilogr. 04 le mètre.

Membrures horizontales des compartiments étanches. — Les membrures de 12 à 22 inclus sont formées de deux nervures réunies tous les 1m,400 par des entretoises en cornières de 80 × 80, pesant 9 kilogr. 25 le mètre.

DÉSIGNATION DES MEMBRURES	LARGEUR	ÉPAISSEUR	CORNIÈRES	
			DIMENSIONS	POIDS PAR MÈTRE
Membrure n° 12.......	0,250	0,014	140×110	25k,00
— n° 13.......	0,250	0,012	140×110	25 ,00
— n° 14.......	0,250	0,011	100×80	16 ,00
— n° 15.......	0,250	0,010	100×80	16 ,00
— n° 16.......	0,250	0,008	100×80	16 ,00
— n° 17.......	0,250	0,008	100×80	14 ,60
— n°s 18 et 19.	0,250	0,007	80×80	9 ,25
— n°s 20, 21, 22	0,250	0,006	80×80	9 ,25

Aiguilles. — A 3m,50 de chaque côté de l'axe est disposée une aiguille ou poutre formée d'une âme pleine en tôle d'acier de 0m,014 d'épaisseur, de deux plates-bandes de 0m,300 de largeur sur 0m,024 d'épaisseur et de quatre cornières de 125 × 125, pesant 32 *kilogrammes le mètre.*

Ces aiguilles s'assemblent à leur partie inférieure avec le fond de quille et à leur partie supérieure avec le fond des caisses flotteurs, auxquelles elles servent en même temps de support.

Cloisons étanches. — Quatre cloisons étanches, dont deux situées à 3m,50 de chaque côté de l'axe et deux autres à 7 mètres, sont disposées depuis le pont de ressaut jusqu'au plafond supérieur du bateau-porte. Elles sont formées d'une âme en tôle de 0m,008 d'épaisseur et de cornières de 80×80, pesant 9 kilogr. 25 le mètre.

Tirants verticaux. — Les tirants verticaux qui relient les membrures entre elles sont espacés de 0m,700, correspondant ainsi aux varangues de la quille. Ils reposent sur le fond de quille, montent alternativement jusqu'aux membrures 6 et 7 et sont formés d'une cornière de 108 × 80, pesant 16 kilogrammes le mètre.

Arcs-boutants entretoises. — Les arcs-boutants horizontaux, espacés de 1m,400, sont composés pour les *membrures n°s 1 à 7* inclus de deux cornières de 100 × 80, pesant 16 kilogrammes le mètre, rivées ensemble par leur petite panne et venant s'appliquer sur la face transversale des tirants verticaux.

Pour toutes les autres membrures, les cornières, espacées de 1m,400, ont 80 × 80 et pèsent 9 kilogr. 25 le mètre. Elles sont rivées ensemble et à leurs extrémités avec les tôles constituant la membrure.

Caisses à eau ou flotteurs. — Les flotteurs ou caisses à eau, au nombre de deux, sont composés de tôles de 0m,008 d'épaisseur pour les faces supérieures et latérales, et de 0m,012 pour le fond, réunies par des cornières de 80 × 80, pesant 9 kilogr. 25 le mètre. Les faces latérales sont renforcées par quatre entretoises formées d'une tôle de 0m,008 d'épaisseur, reliée aux côtés latéraux et aux membrures nos 6, 7, 8, 9 et 10 par des cornières de 80 × 80, pesant 9 kilogr. 25 le mètre.

Conduits. — Les conduits des vannes, des tringles de manœuvre, des robinets des flotteurs et des conduits d'aérage, au nombre de quatre, sont formés par des tôles de 0m,006 d'épaisseur et reliées entre elles par des cornières de 80 × 80, pesant 9 kilogr. 25 le mètre.

Trous d'homme. — Des trous d'homme sont disposés sur le plafond supérieur du caisson et sur le bordé de la porte, pour permettre l'accès de tous les compartiments.

Chandeliers et garde-corps. — Des chandeliers et des garde-corps règnent de chaque côté de la passerelle. Les chandeliers en fer ont 0m,920 de hauteur jusqu'à l'axe du garde-corps supérieur ; le diamètre au pied est de 0m,040 et à la tête 0m,030. Les garde-corps ont 0m,030 de diamètre.

Accessoires divers. — Les accessoires comprennent :
8 vannes avec leurs cadres, mouvements et tringles;
12 soupapes avec leurs tringles;
4 robinets pour les flotteurs, tuyaux et tringles ;
2 robinets d'épuisement des flotteurs ;
1 robinet de purge et sa tringle;
4 trous d'homme avec leurs fermetures en fer;
1 pompe de cale, aspirante et refoulante;
12 pitons d'itague ;
8 taquets de tournage.

CALCULS DES POIDS ET DU CENTRE DE GRAVITÉ DU BATEAU-PORTE DU BASSIN N° 2 DE LORIENT.

Légende.

F. Q.	Fond de quille.	C. V.	Conduits des vannes.
P. R.	Pont de ressaut.	C.A.E.	Caisses à eau étanches.
P. S.	Pont supérieur.	P. D.	Puits d'aérage.
C. E.	Cloisons étanches.	P.P.I.	Porte-paillets inférieur.
D. E.	Dos des étambots.	P.P.V.	Porte-paillets vertical.
C. Z.	Cornières en Z de la quille.	P. B.	Plate-bande.

Tôles et bois.

Numéros des virures.	Échantillons.	Longueur moyenne des virures des deux bords.	Largeur moyenne des virures.	Surface totale des virures des deux bords, y compris les joints	Poids du mètre carré.	Poids par virure, y compris les joints.	Distance du centre de gravité au-dessus du dessous de la fausse quille.	Moments.
Faus. quille	en bois	25,30	0,700×0,100	1,77	790,00	1399,09	0,050	69,95
Quille	16m/m	25,30	0,700	18,26	124,80	2270,50	0,108	246,23
1re V.	14	50,80	0,600	31,59	109,20	3449,60	0,400	1379,86
2e V.	13	51,04	0,810	42,11	101,40	4269,95	0,960	4099,15
3e V.	13	51,40	0,740	39,20	101,40	3974,88	1,520	6041,82
4e V.	13	51,80	0,740	38,94	101,40	3948,52	2,060	8133,95
5e V.	13	52,28	0,740	39,85	101,40	4040,79	2,600	10506,05
6e V.	13	52.80	0,735	39,44	101,40	3999,22	3,140	12557,55
7e V.	12	53,20	0,730	40,22	93,60	3764,59	3,680	13853,59
8e V.	12	53,76	0,730	40,01	93,60	3744,94	4,290	16065,79
9e V.	12	54,20	0,660	36,95	93,60	3458,52	4,865	16825,70
10e V.	10	54,48	0,660	36,40	78,00	2839,20	5,415	15374,27
11e V.	10	54,80	0,660	37,07	78,00	2891,46	5,965	17247,56
12e V.	10	55,20	0,735	39,50	78,00	2081,00	6,538	20143,58
13e V.	14	54,88	0,600	33,54	109,20	3662,57	7,200	26370,50
14e V.	13	55,16	0,555	31,07	101,40	3150,50	7,657	24123,36
15e V.	12	55,40	0,550	31,34	93,60	2933,42	8,092	23737,27
16e V.	11	55,68	0,545	30,60	85,80	2625,48	8,527	22387,47
17e V.	10	55,96	0,545	31,37	78,00	2446,86	8,962	21928,76
18e V.	8	56,24	0,535	30,35	62,40	1893,84	9,397	17796,41
19e V.	8	56,52	0,535	31,11	62,40	1941,26	9,832	19086,47
20e V.	6	56,80	0,530	30,36	46,80	1420,85	10,267	14587,87
21e V.	6	57,08	0,525	30,84	46,80	1443,31	10.702	15446,30
22e V.	6	57,36	0,525	30,37	46,80	1421,32	11,137	15829,24
23e V.	6	57,64	0,525	31,13	46,80	1456,88	11,572	16859,01
24e V.	6	57,84	0,244	14,37	46,80	672,52	11,866	7980,12
P. S.	6	»	»	33,03	46,80	1639,40	11,997	19667,88
P. R.	10	»	»	104,35	78,00	8139,30	6,892	56096,05
C. E.	8	20,40	1,36	27,74	62,40	1730,98	9,450	16357,76
D. E.	16	24,10	0,700	16,87	124,80	2105,38	6,050	12737,55
C. V.	8	»	»	38,00	62,40	2371,20	6,110	14488,03
C. A. E.	»	»	»	»	62,40	5317,60	5,173	27509,96
P. D.	6	»	»	49,34	46,80	2309,11	9,447	21814,17
P. P. I.	bois	50,60	0,400×0,100	2,024	790,00	1598.98	0,316	505,27
P. P. V.	bois	46,40	0,400×0,100	1,856	790,00	1466,24	6,260	9178,66
						98888,24		547033,28

Barres faites de deux ou quatre cornières embrassant une tôle banquière, consolidées par des cornières arcs-boutants et tirants verticaux.

TOLES BANQUIERES								
Numéros des barres.	Échantillons.	Longueur d'une banquière des deux bords.	Largeur moyenne d'une banquière.	Surface totale des banquières, y compris les joints	Poids du mètre carré.	Poids total par banquière, y compris les joints.	Distance du centre de gravité au-dessus du dessous de la fausse quille.	Moments.
Faus. quille	»	»	»	»	»	»	»	»
Quille	»	»	»	»	»	»	»	»
C. Z.	»	»	»	»	»	»	»	»
F. Q.	16m/m	23,44	0,920	25,00	124,80	3120,00	0,98	3057,60
1	16	51,36	0,330	16,95	124,80	2115,36	1,52	3215,35
2	14	51,68	0,400	20,67	109,20	2257.16	2,06	4649,75
3	13	52,08	0,440	22,915	101,40	2323,58	2,60	6041,31
4	12	52,56	0,520	27,33	93,60	2558,09	3,14	8032,40
5	11	53,20	0,570	30,32	85,80	2601,46	3,68	9573,37
6	11	53,80	0,640	34,43	85,80	2954,09	4,22	12466,26
7	10	54,20	0,700	37,94	78,00	2959,32	4,76	14086,36
8	9	54,60	0,400	21,84	70,20	1533,17	5,30	8125,80
9	9	54,80	0,400	21,92	70,20	1538,78	5,84	8986,47
10	9	55,20	0,400	22,08	70,20	1550,02	6,38	9889,13
11 PR.	»	»	»	»	»	»	»	»
	»	»	»	»	»	»	»	»
12	14	56,40	0,250	14,10	109,20	1539,72	7,245	11155,27
13	12	56,71	0,250	14,18	93,60	1327,25	7,68	10193,28
14	11	57,02	0,250	14,25	85,80	1222,65	8,115	9921,80
15	10	57,33	0,250	14,33	78,00	1117,74	8,550	9556,68
16	8	57,64	0,250	14,41	62,40	899,18	8,985	8079,13
17	8	57,95	0,250	14,48	62,40	903,55	9,420	8511,44
18	7	58,26	0,250	14,56	54,60	794,98	9,855	7834,53
19	7	58,57	0,250	14,64	54,60	799,34	10,290	8225,21
20	6	58,88	0,250	14,72	46,80	688,90	10,725	7388,45
21	6	59,10	0,250	14,79	46,80	692,17	11,160	7724,62
22	6	59,50	0,250	14,87	46,80	695,92	11,593	8069,19
P. S.	»	»	»	»	»	»	»	»
C. E.	»	»	»	»	»	»	»	»
D. E	»	»	»	»	»	»	»	»
P. A.	»	»	»	»	»	»	»	»
C. A. E.	»	»	»	»	»	»	»	»
P. D.	»	»	»	»	»	»	»	»
Clons transles	0,014	»	»	13,31	109,20	1453,45	3,33	4839,99
P. B.	0,024	»	0,300	4,80	187,20	898,56	2,84	2551,91
P. P. I.	»	»	»	»	»	»	»	»
P. P. V.	»	»	»	»	»	»	»	»
						38544,44		192175,30

Barres faites de deux ou quatre cornières embrassant une tôle banquière, consolidées par des cornières arcs-boutants et tirants verticaux.

CORNIÈRES						CORNIÈRES, ARCS-BOUTANTS ET TIRANTS VERTICAUX					
Échantillons.	Longueur totale des cornières pour les deux bords.	Poids du mètre courant.	Poids total d'une barre.	Distances du centre de gravité au-dessus du dessous de la fausse quille.	Moments.	Échantillons.	Longueur totale des tirants d'une barre	Poids du mètre courant.	Poids total des tirants d'une barre.	Distance du centre de gravité au-dessus du dessous de la fausse quille.	Moments.
80×80	50,40	9,25	466,20	0,070	32,68	»	»	»	»	»	»
125×125	50,40	32,00	1612,80	0,150	241,92	»	»	»	»	»	»
125×125	177,00	32,00	5664,00	0,480	2718,72	»	»	»	»	»	»
140×110	101,76	25,00	2544,00	0,980	2493,12	100×80	13,00	16k »	208,00	1, »	206,00
140×110	205,44	25,00	5136,00	0,520	7800,78	100×80	22,80	16 »	358,40	1,520	544,77
140×110	206,72	25,00	5168,00	2,060	10646,02	100×80	28,00	16 »	448,00	2,060	922,88
140×110	208,32	23,90	4978,85	2,600	12945,01	100×80	36,23	16 »	579,68	2,600	1507,17
140×110	210,24	23,90	5024,74	3,140	15777,68	100×80	39,76	16 »	636,16	3,140	1997,54
140×110	212,80	20,50	4362,40	3,680	16053,63	100×80	48,72	16 »	779,52	3,680	2863,63
140×110	215,20	20,50	4411,60	4,22	18616,95	100×80	55,72	16 »	891,52	4,22	3762,21
120×80×11	216,80	16,04	3477,47	4,70	16352,77	100×80	61,60	16 »	985,60	4,76	4711,17
120×80×11	110,00	16,04	1764,40	5,30	9351,32	80×80	93,20	9 ,25	862,96	5,32	4590,95
120×80×11	111,00	16,04	1780,44	5,84	10397,77	80×80	93,20	9 ,25	862,96	5,86	5056,94
120×80×11	112,00	16,04	1796,48	6,38	11561,54	80×80	93,20	9 ,25	862,96	6.40	5522,94
120×80×11	57,00	16,04	914,28	0,864	6275,62	80×80	145,21	9 ,25	1344,00	6,86	9151,24
100×80	109,00	16,00	1744,00	6,915	12059,76	80×80	»	»	»	»	»
140×110	113,00	25,00	2825,00	7,245	20467,12	80×80	32,88	9 ,25	304,14	7,265	2209,58
140×110	113,70	25,00	2842,50	7,680	21830,40	80×80	32,88	9 ,25	304,14	7,700	2341,88
100×80	114,40	16,00	1830,40	8,115	14853,70	80×80	32,88	9 ,25	304,14	8,135	2474,16
100×80	115,10	16,00	1841,60	8,550	15745,68	80×80	32,88	9 ,25	304,14	8,57	2606,48
100×80	115,80	16,00	1852,80	8,985	16647,41	80×80	32,88	9 ,25	304,14	9,003	2738,78
100×80	116,50	14,60	1700,90	9,420	16022.48	80×80	32.88	9 ,25	304.14	9,44	2871,08
80×80×7,5	117,20	9,25	1084,10	9,855	10683,80	80×80	32,88	9 ,25	304,14	9.875	3003,38
d°	117,00	9,23	1090,57	10,290	11222,02	80×80	32,88	9 ,25	304,14	10,31	3135,08
d°	118,60	9,23	1097,05	10,723	11763,86	80×80	32,88	9 ,25	304.14	10.745	3267,98
d°	119,30	9,25	1103,52	11,160	12315,34	80×80	32,88	9 ,25	304,14	11,18	3400,28
d°	120,00	9,25	1110,00	11,595	12870,45	80×80	32,88	9 ,25	304,14	11,615	3532,58
80×80	117,00	9,25	1082,25	11,970	12954,53				12155,30		72426,32
80×80	222,72	9,25	2060,16	9,450	19468,51						
125×125	48,00	32,00	1536,00	6,03	9292,80						
80×80	42,56	9,25	393,68	6,11	2405,33						
80×80	176,00	9.23	1028,·0	5,29	8612,12	TIRANTS VERTICAUX					
80×80	102,00	9,25	943,50	9.447	8913,24						
125×125	46,00	32,00	1472.00	3,33	4901,76	Longs.					
»	»	»	»	»	»	100×80	124,00	16 »	1984,00	2,78	5515,52
80×80	101,20	9,25	936,10	0,316	295,81	Courts.					
80×80	92,80	9,25	858,40	6,150	5279,16	100×80	107,00	16 »	1712,00	2,50	4280,00
			80134,19		389978,81				3696,00		9795,52

PASSERELLE	Échantillons	Largeur	Longueur	Poids du mètre carré	Poids total, tôles et cornières comprises	Distance du centre de gravité	Moments
Barrots(fer),tôle et cornières comprises....	»	»	»	»	1158,36	12,197	14.128,52
Barrots extrêmes (bois)....	»	»	»	»	227 52	12,150	2.764,37
Lattes..........	6mm	0.200	56.64	»	530,15	12,380	6.563,26
Longrines (bois)	0.130	0.200	57.00	»	1170,78	12,445	14.570,36
Plancher (bois).	0.05	»	»	»	1482,00	12,402	18.379,76
	»	Nombre	»	Poids de l'unité	»	»	»
Chandeliers....	»	38	»	10k.	380,00	12,940	4.917,00
Tringles........	D=0.03	2	28.50	180	360,00	13,000	4.680,00
		2	28.50	180	360,00	13,530	4.870,80
					5668,81	12,502	70.874,07

ACCESSOIRES	Nombre	Poids de l'unité	Poids total	Distance du centre de gravité	Moments
Vannes, tige et cadre......	8	800k	6.400k	6,53	41.792,00
Soupapes avec leurs tringles....................	12	100	1.200	7,00	8.400,00
Robinets des flotteurs, tuyaux et tringles..........	4	50	200	3,82	764,00
Robinets d'épuisement des caisses flotteurs..........	2	50	100	4,02	402,00
Robinet de purge, tuyau et tringle..................	1	60	60	1,35	81,00
Trous d'homme, fermetures en fer...................	4	30	120	2,35	282,00
Pitons d'itagues...........	12	17	204	6,70	1.366,60
Pompe de cale, aspirante et foulante..................	1	150	150	7,80	1.170,00
Taquets de tournage.......	8	7	56	12,55	702,80
Hommes sur le pont de la passerelle..............	10	75	750	13,35	10.012,50
			9.240	7,031	64.973,10

RÉSUMÉ DES CALCULS	Poids	Distance du centre de gravité	Moments
Tôles du bordé.....................	98.888,24		547.033,28
Tôles banquières..................	38.544,44		192.175,30
Cornières des banquières..........	80.134,19	5,190	389,978,81
Cornières arcs-boutants...........	12.155,30		72.426,32
Tirants verticaux.................	3.606,00		9.795,52
Rivets (3 0/0)	7.000,00	5,190	36.330,00
Peinture	1.500,00	5,190	7.785,00
Passerelle	5.669,81	12,502	70.874,07
Accessoires........................	9.240,00	7,031	64.973,10
	256.826,98	5,417	1391.371,40

ANNEXE N° 2

PORT DE CALAIS

CONCOURS POUR L'ÉTABLISSEMENT DES MACHINES D'ÉPUISEMENT ET APPAREILS ACCESSOIRES DES PUISARDS DE LA FORME DE RADOUB.

Projet de M. Barret et de la Compagnie de Fives-Lille.

Notes extraites du mémoire justificatif (27 septembre 1886).

1° *Consommation de charbon.* — On estime qu'une bonne machine consomme environ de 0 kilogr. 800 à 0 kilogr. 900 par heure et par cheval indiqué. Mais, en fait et en pratique, les appareils élévatoires les plus perfectionnés dépensent par cheval en eau montée, dans la même unité de temps :

Pour obtenir de l'eau sous pression à 40 ou 50 atmosphères, 1 kilogramme ;

Pour l'alimentation des villes en eau douce, la hauteur d'élévation constante étant de 40 à 50 mètres, 1 kilogr. 300 ;

Lorsque l'on fait usage de pompes centrifuges à actionnement régulier, 2 kilogrammes.

Il résulte, au contraire, de l'expérience des appareils d'épuisement des formes de radoub, dans la plupart des ports à marée ou sans marée, que la même consommation en eau épuisée varie de 5 kilogr. 5 à 8 kilogrammes.

Les chiffres précédents montrent l'écart très grand de consommation de combustible qui existe entre les appareils élévatoires et les appareils d'épuisement des formes de radoub.

2° *Durée des courroies de transmission.* — Les huit courroies des pompes des quatre formes des bassins de radoub de Marseille coûtent ensemble 8.000 francs, et, malgré qu'elles soient entretenues avec soin, leur durée moyenne n'excède pas quatre ans et demi à cinq ans, le nombre de mises à sec effectuées dans une année variant de 465 à 480 environ.

3° *Pompes rotatives : inconvénients des parties frottantes ;*

garniture Barret. — Nous avons remarqué, dans de bonnes pompes centrifuges, que l'effet utile produit aux essais est toujours satisfaisant, mais que, après quelques mois de service, la quantité de charbon consommée, par unité d'eau montée, augmentait sensiblement, que leur rendement diminuait progressivement, enfin qu'à un moment donné elles ne pouvaient plus aspirer l'eau avant d'arriver à la fin de la mise à sec, c'est-à-dire alors qu'elles ont à produire le travail maximum.

Cette défectuosité est occasionnée par le jeu qui se produit entre les surfaces annulaires latérales du disque et du corps de pompe qui séparent la chambre d'aspiration de la chambre de refoulement, lesquelles devraient se maintenir constamment en contact et former un joint étanche.

Cette condition est d'autant plus difficile à obtenir que le disque, alors que le corps de pompe est fixe, est soumis à des trépidations occasionnées par les coups des pistons de la machine et le peu de jeu existant dans les coussinets de l'arbre sur lequel il est claveté. Ces trépidations usent les surfaces annulaires en contact (*ab*), et c'est par l'espace libre résultant de cette usure qu'une partie de l'eau élevée retourne avec violence dans le tuyau d'aspiration.

Nous avons observé pour la première fois cette cause de déperdition en 1859, sur l'appareil d'épuisement des deux formes de radoub provisoires établies au pied du fort Saint-Jean, à Marseille.

Après quelque temps de service, la durée de l'épuisement augmentait, ainsi que la quantité de charbon consommée. Un jour, après avoir démonté les pompes, nous aperçûmes qu'il y avait un jeu de 4 à 5 millimètres entre les surfaces de contact du disque et de l'enveloppe des pompes, ce qui permettait à l'arbre de se déplacer de la même quantité suivant son axe.

Pour remédier à cet inconvénient, nous fîmes rapporter de chaque côté du disque une rondelle en bronze pour remplir le vide formé par l'usure.

Cette réparation une fois terminée, nous fûmes tout surpris de voir les pompes fonctionner aussi bien que le jour de leur mise en service et ne consommer pas plus de combustible.

Garniture Barret. — Pour que le rendement des pompes centrifuges reste constant d'une manière permanente, il faut ajouter aux surfaces en contact du disque et du corps de pompe, comme nous l'avons fait à l'appareil des bassins de radoub de Marseille, une garniture étanche, automotrice, actionnée par la colonne d'eau élevée.

Cette garniture se compose comme suit :

1° D'une rondelle plane A, en bronze, fixée au moyen de vis sur les parois intérieures du corps de pompe;

2° d'une rondelle B, également en bronze, ayant une section semblable à celle d'un fer d'angle.

Cette rondelle est tenue sur le disque de la pompe au moyen d'ergots qui l'assujettissent à suivre le disque dans sa rotation, mais qui le laissent libre de se mouvoir parallèlement à lui-même dans le sens de l'axe du disque.

3° D'un cercle élastique en caoutchouc C, appliqué avec tension, partie sur la rondelle B et partie sur le moyeu du disque, qui ferme hermétiquement le joint *cd ef*.

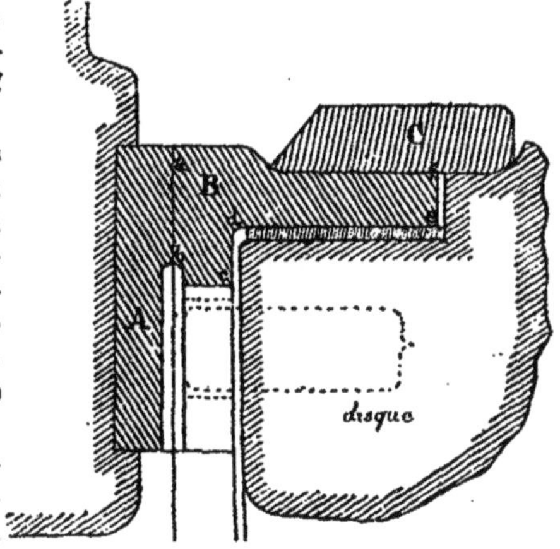

Ceci posé, admettons que la pompe aspire l'eau à 5 mètres et qu'elle la refoule à 5 mètres au-dessus du centre du disque, ce qui fait, entre aspiration et refoulement, une hauteur de 10 mètres.

Les 5 mètres de la colonne d'aspiration agiront par succion sur la surface annulaire *ab* de la rondelle mobile B et tendront à la pousser contre la rondelle fixe A du corps de pompe, avec une intensité égale à 0 kilogr. 5 par centimètre carré.

Cette même force agira en sens contraire sur les surfaces *c d* et *e f*, et tendra à appliquer la rondelle contre le disque; mais, comme la première surface *a b* est plus grande que les deux autres *c d* et *e f*, la rondelle B sera toujours appliquée contre la rondelle A avec une force égale à la différence des deux, multipliée par 0 kilogr. 5 par centimètre carré.

Par ce moyen, l'eau élevée, ni aucun corps étranger ne pourront passer le joint, puisque la rondelle B, quelle que soit l'usure qui se produise au contact des deux surfaces, avancera progressivement et s'appliquera toujours, sous l'action de l'effort susmentionné, contre la rondelle A.

Nous devons ajouter que l'excédent de la surface du joint *a b* sur le joint *c d e f* n'est pas seulement actionné par l'aspiration (5 mètres), mais qu'il l'est aussi par les 5 mètres de la colonne de refoulement, ce qui constitue un effort total de 1 kilogramme par centimètre carré. Si l'on donne à l'excès de surface des deux joints, excès qui est représenté exactement par l'épaulement supérieur de la rondelle B, 110 ou 115 centimètres carrés, la force permanente qui poussera cette dernière contre la rondelle A sera de 110 à 115 kilogrammes, ce qui est plus que suffisant pour obtenir l'étanchéité.

Comme ces garnitures ne compliquent pas le mécanisme, que leur exécution ne présente aucune difficulté et qu'elles n'augmentent pas sensiblement la valeur des pompes, nous pensons qu'il serait utile, dans le but d'assurer la constance du rendement, de les appliquer aux pompes élévatoires de Calais.

4° *Pompe Gwine.* — Le constructeur anglais Gwine a remédié à l'inconvénient que nous venons de signaler, de l'usure des parties frottantes, en supprimant les faces latérales du disque et en ne conservant que les ailettes qui sont terminées sur les côtés et ajustées avec un jeu de 0m,003 ou 0m,004 entre les flasques de la pompe.

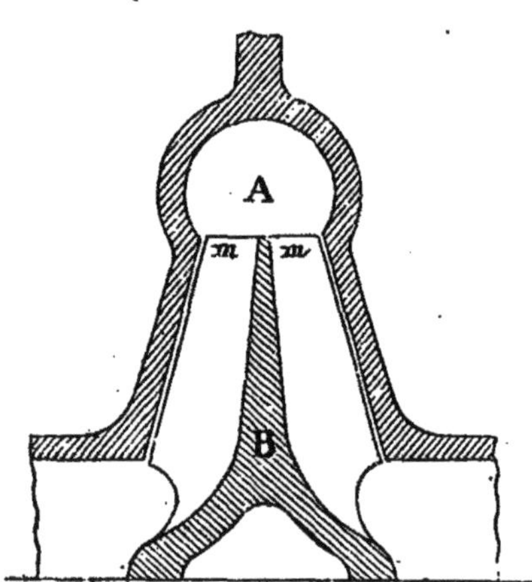

Comme l'indique la figure ci-contre, on comprend qu'avec ce dispositif, qui est semblable à celui des ventilateurs, la masse d'eau logée entre les ailettes du disque et les parois de la pompe se trouve chassée, à chaque révolution, dans la chambre de refoulement A par l'effet de la force centrifuge, et, comme la vitesse de l'eau, à la sortie des ailettes, est toujours plus grande que celle qui est produite par la charge due à la hauteur de la colonne à laquelle l'eau *est élevée*, il en résulte que l'eau qui se trouve logée dans la chambre de refoulement A ne peut, en aucune façon, retourner dans le tuyau d'aspiration.

Les seules critiques que l'on puisse faire de ce système, si on l'appliquait aux pompes destinées à épuiser les formes de radoub, consistent :

a. — En ce que la couronne B portant les ailettes du disque divise l'ouverture extérieure de ce dernier en deux parties *m m*, dont la section réduite permettrait *difficilement l'expulsion* des corps un peu volumineux entraînés par l'eau.

b. — Dans ce fait, que les brins de bois pourraient se loger dans le faible jeu de $0^m,003$ *ou* $0^m,004$ *qui* existe entre les parois de la pompe et les côtés des ailettes du disque, et mettre fréquemment ce dernier hors de service ; on ne peut, par suite, adopter le dispositif imaginé par Gwine que pour des pompes destinées à élever des eaux relativement propres.

5° *Pompes de l'arsenal de Chatham.* — Les pompes des instruments de radoub de l'arsenal militaire de Chatham (Angleterre) et celles imitées des formes de Rio-Janeiro (Brésil) sont à aspiration centrale et à un seul œillard, comme celle que nous venons de décrire, avec cette différence que le disque est horizontal.

Ces instruments desservent quatre formes identiques, de $142^m,75$ de longueur, 38 mètres de largeur en couronne et $12^m,659$ de profondeur. Le volume d'eau à épuiser par forme, lorsque celle-ci ne contient pas de navire, est de 32.000 mètres cubes.

L'appareil d'épuisement se compose d'une seule machine Compound horizontale faisant de 80 à 96 tours par minute et développant une force de 800 à 1.000 chevaux mesurés sur les pistons.

Cette machine donne le mouvement, par l'intermédiaire de roues d'angles, à deux pompes étagées, à arbre vertical, placées dans un puits à des altitudes telles, que chacune n'ait à élever l'eau qu'à la moitié de la hauteur totale ($9^m,302$), ce qui donne $4^m,651$ par pompe.

Le diamètre du disque des pompes est de $2^m,592$ et celui du tuyau d'aspiration $1^m,375$. Le débit moyen des deux pompes réunies est de 16.000 mètres cubes à l'heure.

Les pompes étant étagées, on les fait fonctionner toutes deux ensemble, pendant que le plan d'eau passe de la cote $9^m,302$ au-dessus du radier à la cote 4,651. Arrivé à ce point, on ferme la vanne d'aspiration de la pompe supérieure et l'on ouvre la vanne qui met en communication les deux puits ; de cette manière, la pompe inférieure verse l'eau à l'alimentation de la pompe supérieure, et chacune d'elles n'élève l'eau qu'à une hauteur variant de zéro à 4^m,651.

La figure n° 1, ci-après, montre la disposition des deux puits et de la vanne qui les met en communication, et la figure n° 2, la pompe horizontale qui ne se compose que d'une plaque de fondation scellée sur le puisard et d'un simple disque claveté sur un arbre vertical. Ce sont les puits eux-mêmes qui constituent l'enveloppe des disques.

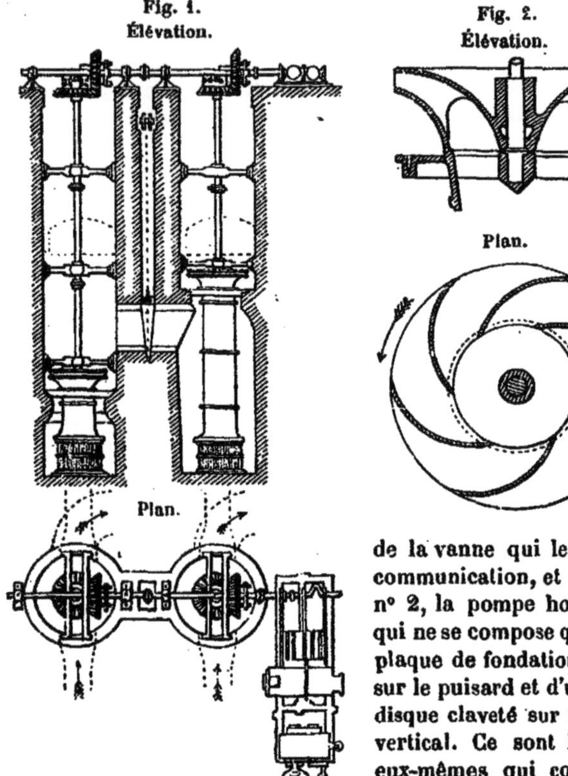

Fig. 1. Élévation.

Fig. 2. Élévation.

Cette installation est très peu compliquée, facile à construire et relativement peu coûteuse.

De plus, l'utilisation de la machine et des pompes est supérieure aux divers systèmes que nous avons décrits, et la consommation de charbon par force de cheval d'eau élevée serait bien moindre, n'étaient-ce les pertes de frottement absorbées par la pression considérable que le disque exerce sur la plaque de fondation.

Il faut remarquer aussi que ce dispositif ne remplirait pas les conditions du programme de l'appareil du port de Calais et que, si une avarie importante survenait à la machine, aux transmissions ou aux pompes dont l'entretien en bon état ne paraît pas très facile, on ferait chômer, pendant un laps de temps plus ou moins long, quatre formes de radoub en granit qui ont coûté plus de 12 millions de francs.

Aux épreuves de réception, les deux pompes ont mis à sec les deux formes 3 et 4, contenant 64.000 mètres cubes, en quatre heures, avec une dépense de combustible de 5.500 kilogrammes, non compris l'allumage. Dans ces conditions, le travail utile en eau montée était de $64.000 \times 1.026 \times 4^m,60 = 302.054.400$ kilogrammètres et le charbon absorbé par un million de kilogrammètres de

$$\frac{5.500}{302,054} = 18 \text{ kilogrammes,}$$

ce qui revient à

$$\frac{18 \times 270.000}{1.000.000} = 4 \text{ kilogr. } 86$$

par force de cheval mesurée en eau élevée et par heure, alors que, dans les divers appareils que nous avons cités plus haut, la consommation de combustible pour la même unité de travail varie de 5 kilogr. 30 à 6 kilogrammes.

Cet écart dans la consommation provient des grandes dimensions que comportent les pompes de Chatham et de ce qu'elles n'ont à élever l'eau qu'à la moitié de la hauteur. Malgré ces avantages, elles ne pourraient réaliser les conditions imposées pour les pompes de Calais, attendu que celles-ci ne doivent brûler que 12 kilogr. 500 par million de kilogrammètres en eau élevée, tandis que celles de Chatham en brûlent 18 kilogrammes.

6° *Tuyau d'évent à ménager aux puisards et charge accidentelle à prendre en considération dans le calcul du plancher des puisards.* — Un tuyau en fonte, établi sur la plaque dans un angle du puisard et allant déboucher au niveau du sol à l'extrémité du bâtiment des machines, servira à donner issue à l'air emprisonné dans le puisard au moment où on y introduira l'eau venant des formes de radoub.

Nous ferons remarquer à ce sujet que, lorsqu'on ouvre les vannes des formes un peu trop brusquement, le plan d'eau dans le puisard s'élève rapidement et, à l'instant où il atteint le dessous de la plaque, il se produit un choc dont l'énergie détermine une sous-pression de près d'une atmosphère, soit 10.330 kilogrammes environ par mètre carré.

Lorsque cette action se produit aux puisards des formes de

radoub de Marseille, la violence du choc expulse l'eau par le tuyau à air dont nous avons parlé, à une hauteur de près de 8 mètres au-dessus du niveau du sol.

7° *Dispositions des pompes.* — Chaque puisard sera muni de deux pompes centrifuges spéciales, identiques, disposées pour

Port de Calais. — Projet Barret.
Machinerie des formes de radoub.
Coupe suivant m n du plan.

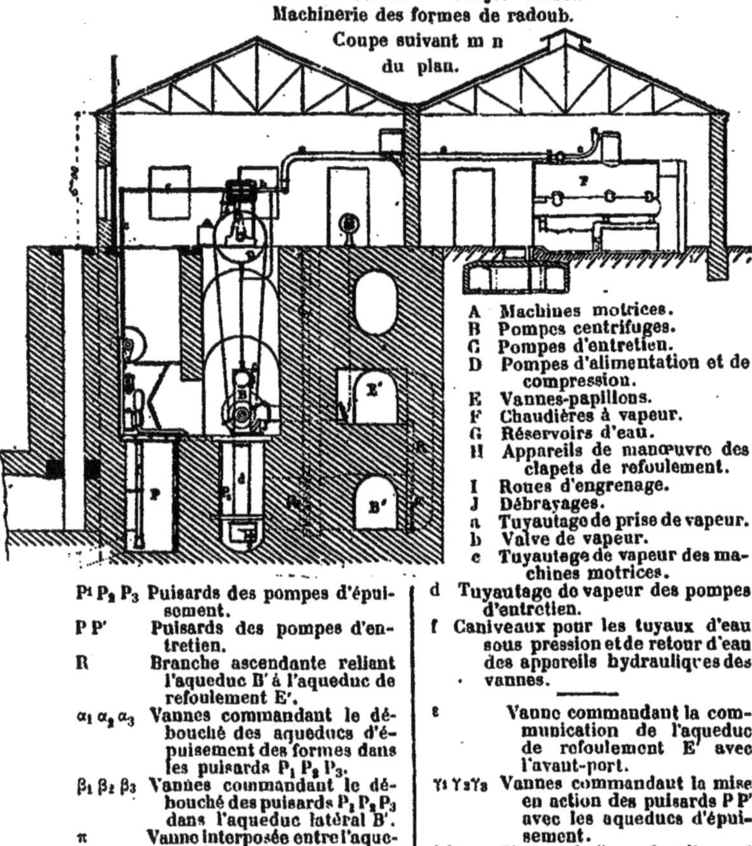

A Machines motrices.
B Pompes centrifuges.
C Pompes d'entretien.
D Pompes d'alimentation et de compression.
E Vannes-papillons.
F Chaudières à vapeur.
G Réservoirs d'eau.
H Appareils de manœuvre des clapets de refoulement.
I Roues d'engrenage.
J Débrayages.
a Tuyautage de prise de vapeur.
b Valve de vapeur.
c Tuyautage de vapeur des machines motrices.
d Tuyautage de vapeur des pompes d'entretien.
f Caniveaux pour les tuyaux d'eau sous pression et de retour d'eau des appareils hydrauliques des vannes.

$P_1 P_2 P_3$ Puisards des pompes d'épuisement.
P P' Puisards des pompes d'entretien.
R Branche ascendante reliant l'aqueduc B' à l'aqueduc de refoulement E'.
$\alpha_1 \alpha_2 \alpha_3$ Vannes commandant le débouché des aqueducs d'épuisement des formes dans les puisards $P_1 P_2 P_3$.
$\beta_1 \beta_2 \beta_3$ Vannes commandant le débouché des puisards $P_1 P_2 P_3$ dans l'aqueduc latéral B'.
π Vanne interposée entre l'aqueduc latéral B' et l'aqueduc de refoulement E'.
ε Vanne commandant la communication de l'aqueduc de refoulement E' avec l'avant-port.
$\gamma_1 \gamma_2 \gamma_3$ Vannes commandant la mise en action des puisards P P' avec les aqueducs d'épuisement.
δ δ' Vannes de l'aqueduc d'amené des eaux à épuiser.

fonctionner isolément pendant que l'eau des formes s'abaissera de la cote (+ 6,25) à la cote (+ 1,325), et par accouplement pendant que le niveau passera de la cote (+ 1,325) à la cote (— 3,60).

En d'autres termes, pendant la première période d'épuisement, alors que l'appareil enlèvera une tranche d'eau de $4^m,975$ de hauteur, les deux pompes de chaque puisard travailleront isolément et débiteront un grand volume d'eau; tandis que, pendant la seconde période, elles fonctionneront comme s'il n'y en avait qu'une, attendu que le refoulement de l'une d'elles enverra l'eau montée dans l'aspiration de l'autre. Cet accouplement, qui a donné de très bons résultats, a été appliqué par M. Alfred Durand-Claye

Plan.

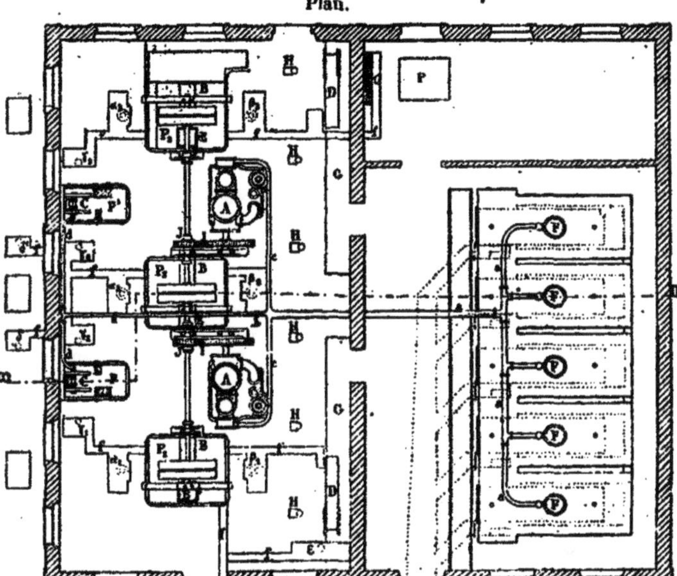

aux pompes qui élèvent journellement les eaux sales remplies d'immondices du collecteur de Clichy.

La différence qui caractérise les deux dispositions consiste en ce que, dans l'appareil de Clichy qui élève l'eau à la hauteur constante d'environ 12 mètres, les deux pompes sont disposées pour fonctionner par accouplement, tandis que l'appareil que nous proposons pour Calais, dont la conception est entièrement nouvelle [1], comportera trois paires de pompes qui travailleront

1. Ce système réunit à la fois les conditions de marche des pompes d'épuisement étagées des formes de Chatham et de l'appareil élévatoire accouplé du collecteur de Clichy.

Projet Barret : Détail des pompes.
Élévation.

Plan

Coupe suivant ab — Coupe suivant c d.

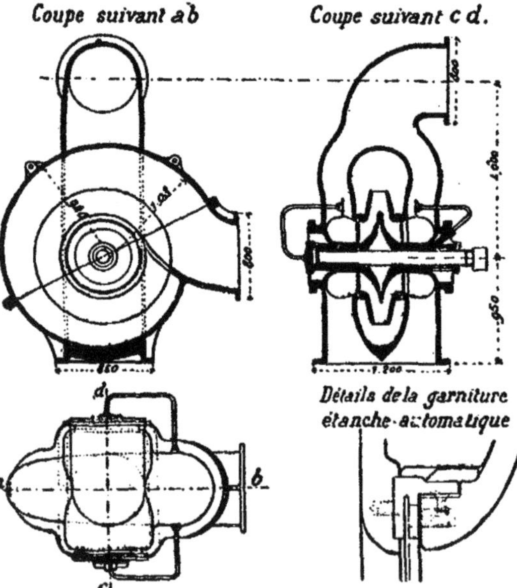

isolément pendant une partie de l'opération, et par accouplement pendant l'autre partie.

Les deux pompes d'un même puisard devant fonctionner isolément pendant la première partie de l'épuisement, et accouplées pendant la seconde partie, chacune d'elles sera munie d'un tuyau d'aspiration avec clapet de pied et d'un tuyau de refoulement avec clapet de retenue.

Les deux pompes seront accouplées au moyen d'un troisième tuyau muni d'une vanne-papillon servant à les faire communiquer ensemble ou à les isoler. Ce troisième tuyau est enraciné dans le refoulement de la première pompe et aboutit à l'aspiration de la seconde.

Quand les deux pompes travailleront isolément, les clapets de pied et de retenue seront ouverts, et la vanne-papillon du tuyau de communication sera fermée.

Quand elles seront accouplées, la vanne-papillon sera ouverte, ainsi que le clapet de pied de la première pompe, dont le clapet de retenue sera fermé. Par contre, la seconde pompe aura son clapet de pied fermé et celui de retenue placé à l'extrémité du tuyau de refoulement sera ouvert.

L'accouplement des pompes devant s'effectuer sans arrêter la marche de la machine et sans occasionner le moindre trouble dans

Pompe à double refoulement.

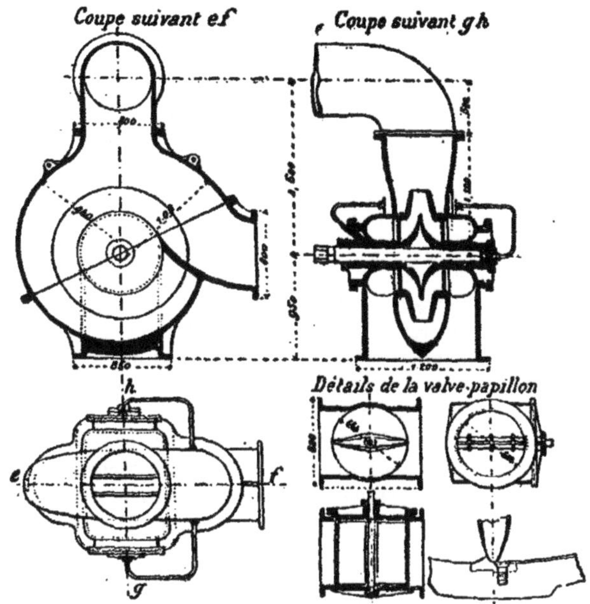

le mouvement de l'eau élevée, ni aucun choc dans l'ensemble du système, les manœuvres de la vanne-papillon, des clapets de pied et de retenue se feront en même temps automatiquement et avec lenteur, à l'aide de transmissions et d'un petit régulateur hydraulique. Cette condition nous paraît indispensable pour prévenir les avaries qui pourraient se produire si, la machine et les pompes étant en marche, on manœuvrait trop brusquement les clapets.

Pompes centrifuges. — Les pompes, au nombre de six, deux par machine motrice, se composent d'une coquille en fonte, divisée en deux pièces assemblées au moyen de boulons suivant un plan diamétral; des deux pompes de chaque machine, une est à double refoulement, l'autre à double aspiration; les coquilles sont disposées pour que l'écoulement de l'eau se fasse sans tourbillons.

Dans la coquille se meut un disque circulaire creux, en fonte, d'une seule pièce, monté sur un arbre horizontal qui reçoit son mouvement de la machine motrice, par l'intermédiaire d'une courroie actionnant une poulie calée sur cet arbre.

Le disque, animé d'un mouvement de rotation rapide, prend de l'eau par son centre et la rejette, sous l'effet de la force centrifuge, par sa circonférence extérieure.

Les deux joints situés entre les parois latérales du disque et de la coquille seront munis de la garniture étanche automotrice, dont la description a été donnée plus haut. L'arbre du disque est chemisé en bronze dans les parties qui s'appuient sur le palier, et ces derniers sont munis de garnitures en gaïac.

Les clapets de pied et de tête auront leur butée garnie en cuir, afin de rendre le joint étanche.

Appareils hydrauliques pour la manœuvre des clapets de pied, de refoulement et des vannes-papillons de chaque groupe de pompes. — Dans les appareils d'épuisement des formes de radoub les plus récents, on manœuvre les clapets de pied des pompes à l'aide d'appareils hydrauliques faisant en même temps fonction de frein, afin d'éviter que, dans le cas d'une fermeture trop brusque, le choc du clapet sur le siège de la boîte ne brise cette dernière, comme cela s'est déjà produit dans diverses circonstances. Par contre, les clapets de retenue, placés sur les tuyaux de refoulement, sont manœuvrés à bras d'homme au moyen d'un pignon et d'une crémaillère.

Dans le cas qui nous occupe, les clapets de pied des pompes à double aspiration et la vanne-papillon placée sur le tuyau qui met en communication les deux pompes d'un même groupe sont manœuvrés simultanément par un appareil hydraulique différentiel, au moyen de transmissions à levier, combinées de manière que, quand l'un s'ouvre, l'autre se ferme, et réciproquement.

Le même appareil sera muni d'une tringle spéciale avec taquet pour manœuvrer le tiroir de l'appareil qui actionne le clapet placé sur le tuyau de refoulement de la pompe à aspiration unique.

Cette combinaison permet de ne pas arrêter la marche des machines au moment de l'accouplement des pompes.

ANNEXE N° 3

RÉSUMÉ

DE LA SOLUTION PROPOSÉE PAR LA MAISON FARCOT, AU PORT DU HAVRE, POUR L'ÉPUISEMENT DES FORMES DE RADOUB.

Notations employées dans le texte.

T_u = Travail utile en eau élevée ;
V = Volume débité par seconde en mètres cubes ;
v = Vitesse circonférentielle de la roue-turbine ;
H = Hauteur d'élévation utile (différence des biefs) ;
h = Pertes de charge ;
t = Temps en secondes ;
M = Moment moteur = P R ;
η = Rendement dynamique de la pompe seule ;
n = Nombre de tours de la pompe ;
T_m = Travail moteur.

Le problème de la régulation du débit d'une pompe centrifuge, attelée directement ou indirectement à un moteur quelconque, est en général assez complexe.

La rotation de la roue-turbine produit, lorsque le débit est nul, une pression ou *charge d'équilibre* qui dépend essentiellement de la forme des aubes de la turbine, des dispositions du corps de pompe et de la vitesse circonférentielle du disque-turbine.

Lorsque, toutes conditions égales d'ailleurs, on produit, au contraire, un écoulement au moyen d'un orifice placé à un niveau inférieur au niveau d'équilibre, cet écoulement aura pour conséquence une diminution de la pression dans la conduite, conformément aux lois de Bernoulli. Cette nouvelle pression sera la hauteur d'élévation utile ; les choses se passeront alors comme pour l'écoulement d'un réservoir par un orifice sous une charge d'eau égale à la différence entre la charge d'équilibre et la hauteur utile d'élévation, diminuée des pertes de charge intégrales depuis l'entrée de l'eau dans la tuyauterie d'aspiration jusqu'à la sortie au refoulement.

Cet énoncé renferme le seul principe à considérer pour la régulation rationnelle, sans étranglement et sans perte d'énergie, du débit d'une pompe centrifuge.

Ainsi, lorsqu'on voudra, dans des conditions quelconques de niveaux, obtenir un débit constant, il suffira de créer une charge génératrice constante en établissant une relation convenable entre la vitesse de rotation et la hauteur d'élévation utile.

PORT DU HAVRE

Machinerie des formes de radoub. — Appareils d'épuisement.

Diagrammes. — Fig. 1.

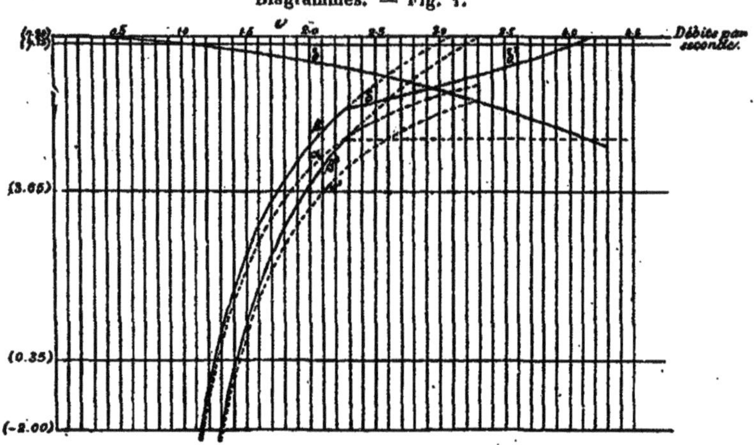

Courbes αα'. Débits en fonction des hauteurs d'élévation utiles, l'introduction étant constante et le rendement hydraulique étant également constant = 0,65. — Équation de la courbe $q^2 h = 12{,}3$.

Courbes ββ'. Débits en fonction des hauteurs d'élévation utiles, dans ces mêmes conditions d'introduction et en tenant compte de toutes les pertes de charge et des variations du rendement hydraulique. — Équation de la courbe $0{,}138\, q^4 + q^2 H = 12{,}3$ (Coeff. Darcy = 77).

Courbes γ. Pertes de charges de toutes les conduites et du canal circulaire de la pompe.

Courbes δδ'. Débits en fonction des hauteurs utiles dans les conditions de la courbe β et en tenant compte de la vitesse minimum de 60 tours. Courbe réalisée automatiquement par notre régulateur.

Le projet que la Maison Farcot a élaboré en 1887, en vue de l'épuisement des formes de radoub du port du Havre, constitue un intéressant exemple d'un problème complexe de ce genre. Il s'agit, dans ce cas, d'épuiser en trois heures le volume d'une forme entre les cotes (+ 7m,30) et (— 2m,00).

Les diagrammes inclus, pages 264 et 265, contiennent, rapportés à la même échelle, une section transversale de la forme et les différents éléments donnés et calculés relatifs au problème.

La Maison Farcot s'est préoccupée d'obtenir, pour toutes les hauteurs d'élévation variant entre zéro et $9^m,30$ et pour tous les

Fig. 2. Diagrammes. Fig. 3.

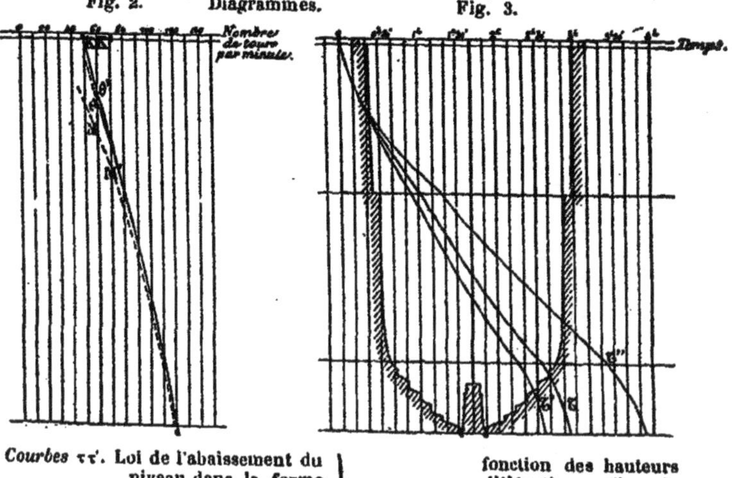

Courbes ττ'. Loi de l'abaissement du niveau dans la forme en fonction du temps (2 machines en marche).

Courbes τ'τ''. Champ d'action du contrepoids du régulateur comme paramètre de la durée des épuisements.

Échelle des abscisses.
0,00025 = 10 litres.
0,00025 = 1 minute.
0,00025 = 1 tour.

Courbes θθ' Nombre de tours en fonction des hauteurs d'élévation utiles, le débit suivant la loi β.

Courbes MM'. Nombre de tours en fonction des hauteurs d'élévation utiles, le débit suivant la loi α.

Courbes KK'. Modification de la loi θ par l'adoption de 60 tours comme limite inférieure de la vitesse.

Échelle des ordonnées.
Hauteur : 0,025 = 3 mètres.

Nota. — Toutes les courbes se rapportent au fonctionnement d'une seule machine, à la seule exception de la série τ, qui indique la durée de l'épuisement pour deux machines en marche.

états des biefs, un maximum d'effet utile, c'est-à-dire un épuisement dynamiquement le plus économique.

Prenons, pour fixer une base à notre raisonnement, de tous les épuisements celui qui exige le maximum de travail, en même temps qu'un développement de puissance le plus variable, et établissons, pour plus de simplicité, nos calculs dans l'hypothèse d'un niveau de refoulement constant (cote maximum de marée $+7^m,30$).

Régulateur Farcot.

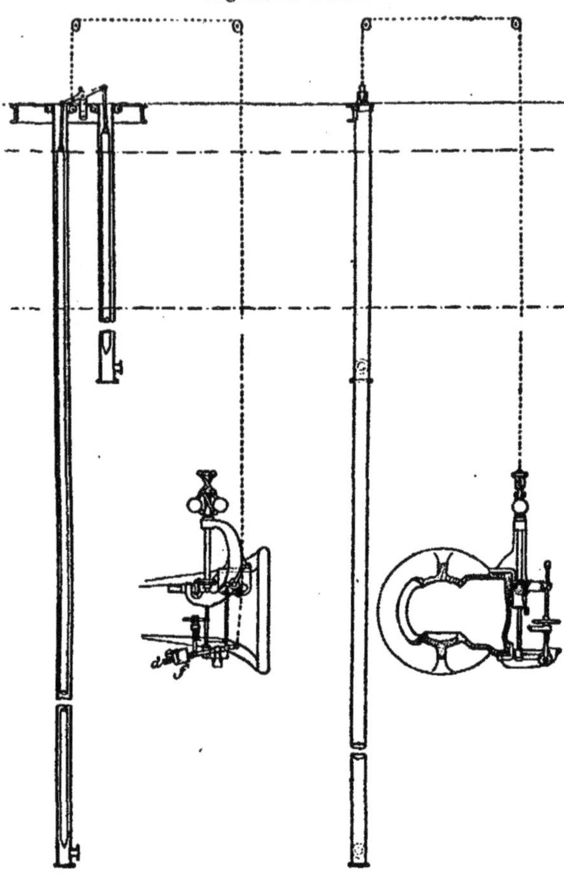

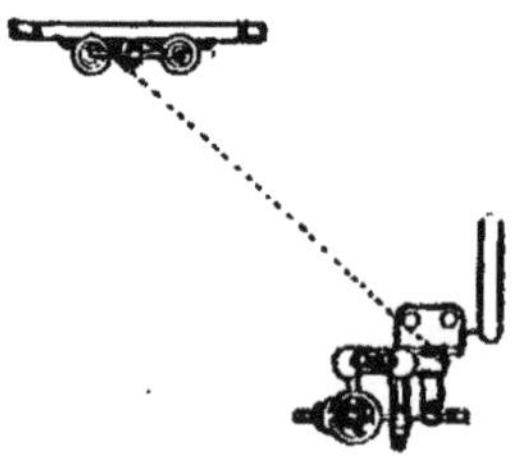

La solution étant exposée pour ce cas particulier, on en dérivera facilement les conditions de fonctionnement pour tous les autres niveaux d'aspiration et de refoulement.

Le centre de gravité de la forme se trouvant à une profondeur de $4^m,25$ au-dessous du niveau ($+ 7^m,30$) et la forme ayant un volume de $37,300^{m^3}$, l'épuisement de la forme devant être obtenu en trois heures, on aura à fournir un travail utile :

$$T_u = \frac{V \times H}{75 \times t} = \frac{37.300.000 \text{ lit.} \times 4,25}{75 \times 10.800} = 196 \text{ chevaux.}$$

Pour que ce travail soit fourni avec un maximum d'économie de combustible, il est nécessaire de gouverner le fonctionnement de telle façon que la somme des rendements hydrauliques, mécaniques et caloriques soit à chaque instant un maximum. Mais le rendement de la pompe Farcot étant, grâce à ses très larges passages d'eau, presque constant pour une très large variation du débit, il suffira de demander au moteur, à tout moment du fonctionnement, un moment dynamique constant le plus économique, c'est-à-dire une période d'admission à pleine pression constante.

Or, on peut écrire d'une façon générale pour un moment moteur :

$$M = P \times R = \frac{T_m \times 75 \times 60}{2\pi \times n} = 716,2 \times \frac{T_m}{n} \qquad (1)$$

Le moment normal du moteur proposé

$$PR = \frac{220}{120} \times 716,2 = 1.310 \qquad (1_a)$$

Il suffira donc de choisir T_m et n de telle façon que leur rapport reste constant à tout moment du fonctionnement et $= \frac{PR}{716,2}$.

Mais

$$T_m = \frac{V \times (h + H)}{75 \times \eta} \times 1000 \qquad (2)$$

Et la vitesse circonférentielle admise à la Maison Farcot, d'après de nombreuses expériences, pour sa roue-turbine, est de

$$v = 1,05\sqrt{H + h}$$

Cette formule, appliquée à la roue proposée, qui a un diamètre de 2 mètres, se transforme en :

$$n = 30\sqrt{H + h} \qquad (3)$$

Les pertes de charge ont été calculées pour l'installation projetée et exprimées en fonction du volume comme suit :

$$h = 0{,}138V^2$$

Pour trouver la relation que nous cherchons entre le volume et la hauteur d'élévation utile H, on déduira de l'équation (1) :

$$\frac{T_m}{n} = const. = \frac{PR}{716{,}2} = \frac{1310}{716{,}2} = \frac{V \times \frac{h+H}{75 \times \eta} \times 1000}{39\sqrt{H + 0{,}138V^2}}$$

d'où on retire, en transformant et réduisant :

$$0{,}138V^4 + AV^2 = 12{,}3 \qquad (4)$$

Cette équation définit bien la relation à satisfaire entre le volume V et la hauteur d'élévation utile H, pour réaliser la constance des périodes d'admission de vapeur au cylindre.

En l'établissant, on a compté sur un rendement dynamique de 65 0/0 pour la pompe centrifuge.

Une modification de ce chiffre n'apporterait aucun changement de caractère à l'équation (4), dont elle ne modifierait que la constante. Et, de même, si on modifiait le moment moteur en s'éloignant du moment le plus économique, cette modification encore se porterait dans l'équation sur la valeur de la constante seulement.

L'équation (4) est figurée sur notre diagramme par la courbe β (Fig. 1, p. 264).

La courbe θ représente la parabole

$$n = 39\sqrt{H + h} \qquad \text{(Fig. 2, p. 265)}$$

La vitesse du moteur ayant été limitée, pour des raisons d'ordre pratique, au minimum de 60 tours, la courbe θ se trouve modifiée à son origine par l'ordonnée K.

Cette modification se traduit sur la loi β par la modification représentée par la branche δ (Fig. 1).

La loi β δ, qui sera définitivement suivie, peut servir pour déterminer la loi de l'abaissement du niveau dans la forme en fonction du temps. τ'' τ τ' représentent cet abaissement pour des moments moteurs correspondant respectivement à des puissances de 200, 220 et 260 chevaux, développés à 120 tours (Fig. 3, p. 265).

Passons maintenant à la réalisation matérielle et automatique de la loi θ K, régissant la vitesse du moteur.

Le croquis page 266 représente le régulateur Farcot à pendule conique isochrone, bien connu pour cette propriété particulière que la trajectoire de ses boules, se confondant avec un arc de parabole de même axe, présente une hauteur constante du pendule, puisque cette hauteur n'est autre que la sous-normale.

Le contrepoids d'équilibre de ce pendule affecte ici la forme particulière de deux tubes flotteurs, plongeant l'un dans le bief d'aspiration, l'autre dans le bief de refoulement.

Reliés ensemble à leur partie supérieure par un balancier, ils transmettront, par la chaîne de connexion, au régulateur des efforts proportionnels à la différence des niveaux d'aspiration et de refoulement, c'est-à-dire à la hauteur H d'élévation utile. Cette variation du contrepoids, étant une fonction du premier degré de la hauteur d'élévation, appelle une variation du second degré de la vitesse de rotation, et il est facile d'établir une identité entre les deux équations fort simples qui régissent, l'une la vitesse d'un pendule conique et l'autre la vitesse d'une pompe centrifuge.

Les lois qui gouvernent ces deux appareils sont d'ailleurs *à priori* de même nature, par cette seule considération d'ordre physique, que l'origine des phénomènes est identique dans les deux cas : la force centrifuge.

Cet appareil extrêmement simple présente donc une solution complète du problème.

Mais nous avons ajouté à notre régulateur, outre le contrepoids automatiquement variable, un autre contrepoids (*f*) mobile sur une branche filetée (*d*), qui permet de varier à la main, dans une certaine mesure, la charge constante du régulateur.

Ce contrepoids joue dans l'ensemble du fonctionnement le rôle d'un paramètre. Il sert à modifier la valeur de la constante dans l'équation fondamentale (4), c'est-à-dire à modifier la valeur de la période normale d'admission à pleine pression dans le cylindre moteur.

Le champ d'action de ce contrepoids est caractérisé, dans le diagramme, par la surface comprise entre τ' et τ'' (Fig. 3). On pourra donc, toutes choses égales d'ailleurs, par la simple manœuvre du déplacement du contrepoids (*f*), obtenir toutes les durées d'épuisement entre ces limites τ' et τ''.

On pourrait objecter à notre solution que, s'il s'agit uniquement de déterminer au cylindre-vapeur une admission constante, il eût été plus rationnel de fixer purement et simplement cette introduction, sans recours au régulateur, autrement que pour fixer une allure maximum au moteur, évitant les emportements en cas de désamorçage.

Mais la pratique des pompes centrifuges nous a démontré qu'il y a, entre la vitesse circonférentielle de la roue-turbine et le volume débité, une sorte d'équilibre instable qui rend l'intervention du régulateur d'autant plus utile que les conditions de fonctionnement sont plus variables. Cette instabilité d'équilibre est principalement due à la très grande mobilité des molécules soumises à la force centrifuge, dont les effets sont loin d'être mathématiquement réguliers, puis aux variations naturelles de la vitesse de rotation, puis encore aux oscillations des niveaux, à la présence de quantités variables d'air, etc.

Gouverner l'appareil par les moyens indiqués, c'est tenir compte de tous les facteurs pouvant influencer la puissance absorbée par l'ensemble de l'appareil. Fixer l'introduction, ce serait imposer au moteur une puissance constante, sans tenir aucun compte des troubles naturellement apportés à cette absorption de puissance par les nombreux éléments perturbateurs.

ANNEXE N° 4

NOTE SUR LE DOCK FLOTTANT DE SAÏGON

Cette note est extraite d'un rapport fait sur ce dock par M. Recoppé, sous-ingénieur de la marine.

Le dock de Saïgon, mis à l'eau en juillet 1866, a été construit par la maison Randolph et Elder, de Glascow.

Principe du dock. — Il est établi sur le principe des *Sectional floating docks* américains, c'est-à-dire de flotteurs mis à la suite les uns des autres et qu'on peut faire couler et émerger à volonté; seulement, les tranches successives du système, au lieu d'être indépendantes, sont toutes solidaires au moyen d'un bordé en tôle qui les réunit. Chacune des tranches a néanmoins son existence propre : le centre d'action de chacune d'elles étant la turbine d'épuisement située au milieu de l'appareil.

Système de construction. — La section transversale A montre le principe sur lequel l'appareil est établi. A la partie inférieure sont des caissons à air, et de chaque côté des murailles verticales dans lesquelles se font les mouvements de l'eau. L'intervalle compris

Section transversale A.

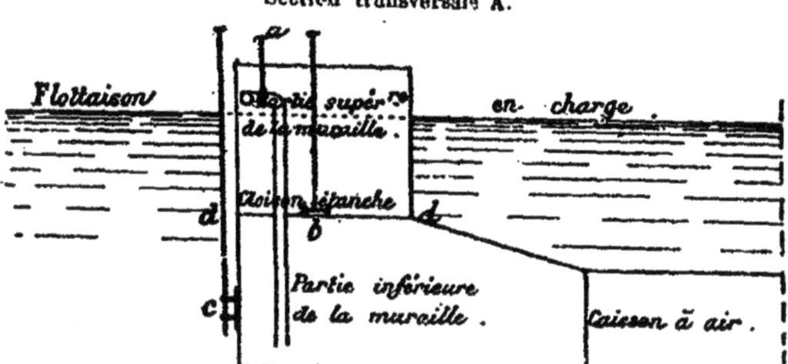

entre celles-ci est divisé en deux régions par une cloison étanche horizontale (dd).

Tuyautage. — Pour couler le dock, on introduit de l'eau dans la partie inférieure des murailles et, au besoin, au-dessus de la cloison horizontale, jusqu'à ce que l'enfoncement produit permette à un bâtiment d'entrer. Cela fait, on épuise l'eau jusqu'à ce que, en se soulevant, l'appareil ait mis à sec ce bâtiment.

Chaque tranche possède trois vannes de chaque bord; l'une, *a*, pour les mouvements de l'eau de la turbine; l'autre, *b*, pour la communication à travers la cloison étanche horizontale, et enfin une vanne de communication directe avec l'extérieur (les bornes servant de guides aux tiges qui, sur le pont de manœuvre, dirigent les vannes ont été peintes de différentes couleurs, pour la facilité des commandements à faire aux Annamites pendant un mouvement de dock). On ouvre les vannes noires ou *a*, quand on a à aspirer ou refouler de l'eau dans l'intérieur de la tranche. Les vannes blanches ou *b* sont toujours ouvertes en temps ordinaire et ne devraient être fermées que dans le cas où, les caissons à air venant à se remplir d'eau, il serait nécessaire de transformer la région supérieure des murailles verticales en flotteurs empêchant le dock de couler à pic. Les vannes rouges ou *c* permettent de faire une partie des mouvements d'échouage des navires, sans se servir des pompes d'épuisement.

Le tuyautage, qui réunit chacune des tranches à la pompe d'épuisement, est disposé pour permettre d'effectuer les manœuvres dont nous allons parler.

Manœuvres. — L'aspiration de l'eau à l'intérieur ou à l'extérieur du dock se fait, de chaque côté, au moyen d'une turbine tournant toujours dans le même sens. C'est par la manœuvre de vannes particulières qu'on produit l'un ou l'autre mouvement d'ascension ou d'enfoncement du dock. Cette turbine, qui est fixée au fond des murailles verticales, reçoit son mouvement de rotation par l'intermédiaire d'un arbre vertical et de pignons d'une machine située sur le plancher supérieur du dock.

Chaque tranche participe par sa vanne noire au mouvement de l'eau produit par la turbine, et, par conséquent, peut être vidée ou remplie indépendamment des autres. Une vanne générale, dite de distribution (verte) pour l'AV et pour l'AR, permet de produire telle opération qu'on veut dans l'une ou l'autre de ces régions.

Supposons qu'on veuille couler le dock. Toutes les vannes étant fermées, position dans laquelle les index de leurs tiges sont au bas des bornes, on ouvre la vanne générale d'introduction (blanche et noire) et les vannes générales de distribution (vertes), l'eau du dehors, aspirée par le conduit inférieur de la turbine, se rend dans le tuyau principal supérieur ; de là, franchit des vannes (jaunes) permettant d'isoler la partie AV de la partie AR et se rend alors, après avoir passé les vannes vertes, dans chacun des compartiments dont les vannes noires sont ouvertes.

Pour soulever le dock, au contraire, toutes les vannes étant fermées, ouvrir :

La vanne générale d'évacuation (rouge et noire), les vannes *jaunes*, *vertes* et *noires* des compartiments.

On concoit que, par l'ouverture ou la fermeture de l'une ou l'autre des vannes vertes d'un même côté, on peut produire l'épuisement de la partie AR ou de la partie AV séparément et que, dans chacune de ces régions, par l'ouverture de l'une ou l'autre des vannes noires, on peut épuiser tel compartiment que l'on veut.

Cette opération, et l'opération inverse de l'introduction de l'eau dans l'un ou l'autre des compartiments, est extrêmement importante. Dans tout mouvement de dock, on est obligé d'y avoir recours plusieurs fois pour contrebalancer les effets de bande et de différence de tirants d'eau qui se produisent toujours, par suite d'inégalités dans le fonctionnement des deux machines d'épuisement ou d'écoulement dans l'un ou l'autre des tuyaux principaux de l'AV ou de l'AR.

Les vannes rouges de communication directe avec l'extérieur ont aussi leur utilité. Le niveau de l'eau à l'intérieur étant presque toujours au-dessus du niveau de l'eau à l'extérieur, il suffit, pour faire émerger le dock, d'ouvrir ces vannes. L'ascension de l'appareil se fait alors aussi lentement qu'on veut, et, au moment de l'échouage d'un bâtiment et pendant la mise en place des clefs, l'absence du bruit des machines et la possibilité de régler à volonté les mouvements du dock sont des conditions précieuses pour la réussite de la manœuvre.

Nous avons déjà dit que les deux compartiments étanches des murailles verticales communiquaient ensemble au moyen d'une soupape (blanche), qui est toujours ouverte pour le passage de l'eau dans la région supérieure. Il ne serait nécessaire de la fermer que dans le cas où, malgré l'épuisement des pompes, le dock viendrait à couler. Les nouveaux caissons à air ainsi formés lui permettraient de flotter et donneraient le temps d'aviser pour remédier à l'avarie. Les deux côtés bâbord (gauche) et tribord (droite) du dock communiquent ensemble par un tuyau muni, à ses deux extrémités, de vannes. Celles-ci sont toujours fermées en temps ordinaire et ne doivent être ouvertes que lorsqu'une des deux pompes est paralysée. La pompe qui reste doit alors épuiser le dock à elle toute seule, et cette opération, qu'il a été nécessaire de faire lors du dernier échouage de *la Sarthe*, dans le dock, en mai 1877, est longue et difficultueuse.

D'autres vannes permettent d'épuiser les deux premiers caissons avant et arrière, dans le cas où, par suite d'accident, il se produirait dans leur intérieur une rentrée d'eau inquiétante. On en serait prévenu par le sifflement d'air qui se produirait à l'extrémité du tuyau qui fait communiquer ces caissons avec l'extérieur.

Fonctionnement du dock. Étude sur les courbes de déplacement. — Considérons maintenant les conditions de fonctionnement du dock pendant qu'il soulève un navire, et prenons pour type le transport *la Sarthe*, de la marine militaire.

Courbes des déplacements extérieurs et des volumes d'eau introduits. — La courbe des déplacements extérieurs du dock est figurée en A (Fig. p. 275) et comprend les déplacements des parties accessoires de la coque : chantiers, tins, passerelles, etc., à mesure que celles-ci s'enfoncent.

Prenons le point d'intersection O de cette courbe avec la flottaison lège du dock et traçons par le point *b*, en prenant la ligne *a b* comme axe vertical, la courbe des volumes intérieurs d'eau introduite, ou courbe des déplacements dans les murailles.

L'ensemble de ces deux courbes donnera à chaque instant les niveaux correspondants intérieur et extérieur.

Ainsi, quand le dock est coulé jusqu'en A B, le niveau de l'eau intérieur est en *e f*. La dénivellation *e d* représente la pression que es pompes ont à vaincre pour introduire l'eau et celle qui s'exerce sur les vannes extérieures, si celles-ci sont fermées.

Comme en *m* cette pression est nulle, c'est à ce niveau que le dock doit être maintenu pendant ses chômages. Il est donc important que ce point soit situé à $0^m,30$ au moins au-dessous du plancher *p q*. On voit également que le dock, étant plein d'eau, a encore une hauteur d'œuvre morte égale à K *l*.

Supposons que le dock étant coulé d'une quantité suffisante, nous ayons à soulever le transport *la Sarthe*. A son entrée, le déplacement, pour un tirant d'eau moyen de $5^m,62$, était 3.270 tonneaux. A cause de la différence de tirant d'eau et pour la facilité des manœuvres, on avait coulé le dock de 7 mètres au-dessus de la ligne des tins.

L'échouage du bâtiment s'est fait par la simple ouverture des vannes rouges. A partir du moment correspondant au niveau X, le bâtiment a touché et le niveau intérieur était en *y z*.

Construction de la courbe de déplacement du dock chargé. — Quand tout le système a eu pour ligne de flottaison A B, par exemple, le poids soulevé était $o_1\ b_1$ et, si nous portons $d\ c = o_1\ b_1$, nous aurons en $i\ j_1$, à ce moment, le niveau intérieur.

La courbe M des points c et la courbe des niveaux intérieurs jouent donc maintenant, l'une par rapport à l'autre, le même rôle que, tout à l'heure, celle-ci jouait avec la courbe des déplacements extérieurs.

Courbe des dénivellations montrant l'effort des pompes. — Ainsi, nous voyons qu'en α, il y a égalité de niveau intérieur et extérieur. C'est donc jusqu'au tirant d'eau correspondant qu'on a pu soulever le bâtiment par la simple action de la pesanteur. A partir de ce moment, les pompes ont dû être mises en mouvement. On voit que des dénivellations telles que *c h* vont en croissant; la courbe qui les représente λμνρ a un maximum en ν. C'est à ce moment que les pompes ont à vaincre la plus grande résistance.

C'est, en effet, au tirant d'eau correspondant A' B' que l'une d'elles a été mise hors de service, par suite de la rupture de presque toutes les dents du pignon de l'arbre vertical de la turbine.

Conditions à remplir pour que le dock fonctionne. — Cette courbe

M, dont l'établissement est indispensable pour suivre toutes les phases d'un mouvement de dock, montre qu'à la limite d'épuisement le niveau extérieur sera en λ (qui se trouve être par hasard au même niveau que *m*) ; qu'un navire dont la courbe analogue M' passerait en *n* serait mis encore à sec avec le dock actuel, mais que

Courbes de déplacement.

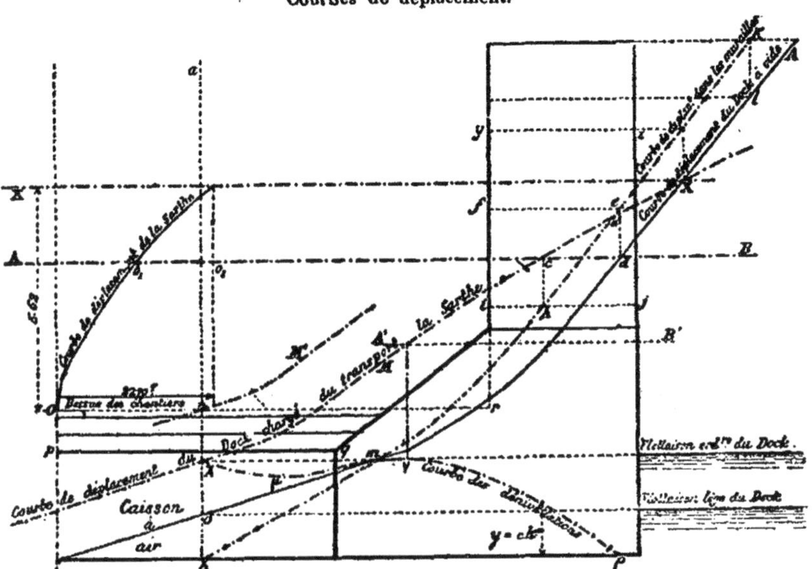

le niveau serait alors le dessus des chantiers. Le poids soulevé *n r* serait de 5.450 tonneaux environ, mais il est probable que les pompes ne pourraient pas épuiser au delà d'une certaine dénivellation, inférieure à *n b*, et par conséquent, en pratique, le soulèvement complet d'un navire de ce déplacement est tout à fait impossible avec le dock de Saïgon.

Variation de la stabilité du système. — A mesure que le dock s'élève en soulevant un bâtiment, la stabilité du système va en décroissant, puisque la flottaison totale diminue en même temps que le centre de gravité de l'ensemble s'élève.

Pour le dock de Saïgon, c'est un peu au-dessous de l'intersection des murailles verticales avec les murailles inclinées qu'elle est minimum. C'est vers cet endroit que, pour le transport *la Sarthe*, le travail de la seule pompe en service était maximum. C'est à ce moment que, pendant l'opération de mai 1877, la brise et les courants ont fait prendre au dock des mouvements inquiétants de roulis et de tangage, et que, dans l'impossibilité de franchir rapidement ce passage dangereux, il a fallu *recouler* le système de près de $1^m,50$, pour retrouver une stabilité rassurante [1].

1. Il résulte des renseignements recueillis auprès de M. Peschart d'Ambly, inspecteur général du génie maritime, que cette forme flottante a fonctionné d'une manière satisfaisante pendant une vingtaine d'années. Vers 1886, on dut songer, vu son état de dépérissement, à la remplacer par une autre forme flottante, dont la construction fut confiée aux usines du Creusot. Cette seconde forme coula à fond pendant les essais, par suite d'une fausse manœuvre.

On se décida alors à établir un bassin de radoub en maçonnerie, qui fut exécuté par M. Hersent, et dont les dessins sont donnés Planche VI.

CHAPITRE VIII

DÉFENSE DES COTES

§ 1er *Défense des falaises.* — § 2. *Défense des plages meubles.* — § 3. *Des épis.* § 4. *Des revêtements du rivage et des digues.*

461. Observations générales. — La mer modifie incessamment la forme des plages meubles de galets et de sables ; elle corrode, d'ailleurs, les terrains naturels fixes, mais peu résistants, qui la bordent, les falaises crayeuses par exemple.

Lorsque des centres de population, des exploitations agricoles, des édifices importants, etc., sont établis près de la côte, les variations des limites du rivage peuvent avoir de graves conséquences.

Ainsi, le phare Sud de la Hève[1] est menacé par la destruction de la falaise sur laquelle il est élevé. Aussi a-t-on acheté, il y a peu d'années, des terrains, au nord du phare Nord, pour la réédification éventuelle d'un autre phare.

Une grande partie du territoire cultivable de la Hollande est située au-dessous du niveau de la mer;

1. Les phares de la Hève, près du Havre, au nombre de deux, sont espacés de 83 mètres; ce sont des phares de premier ordre, éclairés à la lumière électrique; les tours ont 20 mètres de hauteur et le niveau des foyers lumineux, au-dessus des hautes mers, est de 121 mètres; la portée de ces feux est de 20 milles marins, en temps clair.

elle a été conquise au moyen de digues littorales, dont la rupture causerait d'immenses désastres, etc.

On est donc quelquefois obligé de défendre les côtes contre l'action de la mer.

La mer attaque les côtes par ses lames et ses courants. Sur les falaises, l'action des lames est à peu près seule à considérer. Toutefois, lorsque, comme sur le rivage de la Seine-Inférieure, le terrain est crayeux et contient des couches de silex, son éboulement produit une grande quantité de galets, dont le mouvement incessant corrode le pied de la falaise. La paroi, ordinairement à pic, peut alors être en surplomb à sa partie supérieure, ce qui facilite son éboulement sous l'action des influences atmosphériques (infiltrations, congélation[1]).

§ 1er

DÉFENSE DES FALAISES

462. Défense contre l'action directe des lames. — Lorsque le terrain naturel présente des alternatives de bancs durs et de couches peu résistantes, argileuses ou sableuses (comme les falaises du Portel, près de Boulogne-sur-Mer), et que le pied de cette falaise est à peu près dépourvu de galets, on peut se borner à protéger les parties attaquables au moyen d'un revêtement en maçonnerie d'une épaisseur suffisante pour résister, d'une part, à la poussée des

1. *Travaux maritimes*, page 182.

couches argileuses plus ou moins aquifères et, d'autre part, à la poussée des lames.

La maçonnerie aura, par exemple, une épaisseur de 0m,50 à 0m,60 ; elle sera exécutée au mortier de ciment Portland, et l'on y ménagera, de distance en distance, en des points convenablement choisis, des barbacanes pour l'écoulement des suintements.

Si la destruction de la falaise tient surtout à l'action des lames sur des roches tendres, la solution ordinairement adoptée consiste à revêtir le pied de la falaise d'un parement de maçonnerie résistante, sur toute la hauteur à laquelle se produit le déferlement des lames. En Angleterre, à Brighton[1], on a défendu certaines falaises en recouvrant l'accore par une couche de béton atteignant jusqu'à 12 et même 25 mètres de hauteur.

De pareils ouvrages donnent lieu, à leur pied, à des ressacs violents ; par suite, la fondation doit être solidement encastrée dans le terrain inaffouillable.

463. Défense contre l'action simultanée des lames et des galets. — Pour protéger les falaises contre l'action simultanée des lames et des galets, il ne suffit plus d'en revêtir le pied au moyen de maçonnerie, il faut encore empêcher le galet de corroder ce revêtement.

Il en résulte, en premier lieu, la convenance de donner au parement de la maçonnerie une grande résistance, de le constituer, par exemple, au moyen de matériaux très durs, tels que granit, quartzites, etc.

1. Chevallier, *Cours de Travaux maritimes*, 1866-1867. Cahier autographié, page 220.

En second lieu, on dispose le plus souvent, au pied de l'ouvrage, des épis qui ont pour objet de cantonner le galet, d'exhausser par suite un peu la plage, qui contre-bute ainsi le mur ; ces épis ont, en outre, l'avantage de reporter au large du pied de la falaise le cheminement des galets qu'ils n'arrêtent pas.

Défense de la Hève : Épis en charpente (étude).

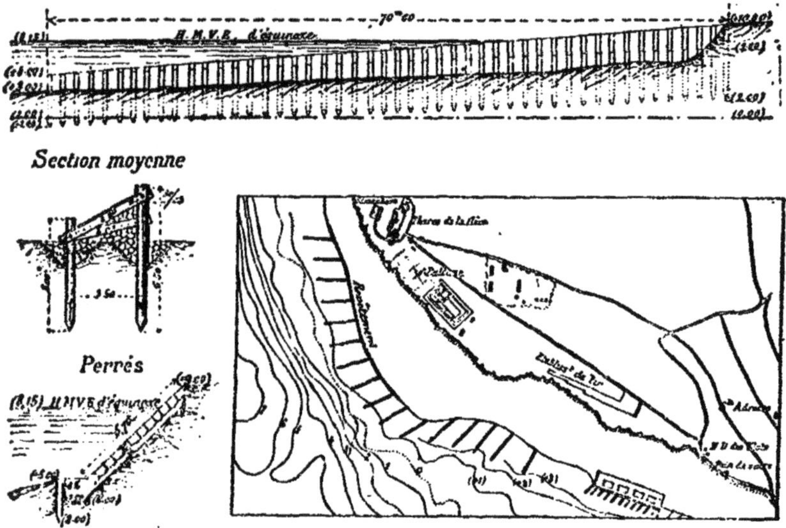

L'emplacement des épis, leur orientation, leur longueur, leur écartement, etc., demandent à être déterminés par expérience, à la suite de longues et attentives observations.

L'application de ce système a été étudiée pour défendre la pointe de la Hève, qui, outre qu'elle supporte deux phares, protège le port du Havre contre les vents du Nord-Ouest et du Nord.

464. Remarque. — Il ne faut pas croire que l'on

imagine du premier coup les dispositions les plus convenables à adopter dans un cas donné.

Ainsi, le bourg d'Ault, situé dans le département de la Somme, sur la côte de la Manche, entre le Tréport et la pointe du Hourdel, est bâti sur une falaise crayeuse mesurant de 20 à 30 mètres de hauteur au-dessus du niveau de la mer.

La falaise recule de $0^m,25$ à $0^m,40$ en moyenne par an, comme cela résulte des observations faites par les ingénieurs du service et des dépositions des habitants; certaines parties du bourg ont été détruites[1].

On a imaginé plusieurs procédés pour arrêter les corrosions de la falaise.

1. Extrait du *rapport de M. l'ingénieur Mary*, 22 mai 1833 :

« Chaque année, surtout à la suite des hivers rigoureux, lorsque les grandes marées du mois de mars sont encore augmentées par l'action des vents du Sud-Ouest, les vagues qui viennent se briser avec force au pieds des falaises en détruisent d'autant plus promptement la base que les gelées ont déjà fait éclater les blocs sur lesquels elles reposent. »

Extrait du *rapport de M. l'ingénieur Floucaud de Fourcroy*, 10 mars 1849 :

« La destruction lente, mais incessante de la falaise, sous l'action combinée des vagues de la mer et des intempéries atmosphériques, provoque la chute progressive des habitations du bourg.

« La falaise n'a pas échappé à la corrosion, favorisée peut-être, en ce qui concerne l'influence du flot, par la violence du remous derrière l'épi (construit pour la défense de la falaise); son enracinement à la côte n'a pas tardé à se séparer de la roche à laquelle il s'adossait, et il en est aujourd'hui distant de $6^m,10$. »

Fig. 1.

Fig. 2.

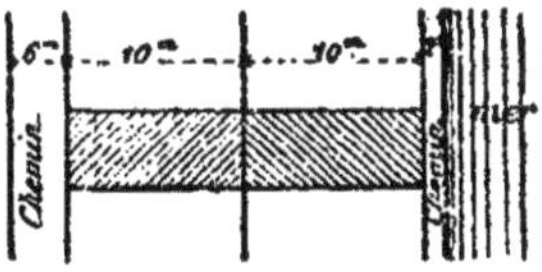

Rapport de M. de Lagrené, 13 janvier 1860 : cet ingénieur propose de protéger la falaise en faisant ébouler la crête et en maintenant les éboulis à leur pied (Fig. 1).

M. Hénin, propriétaire, estime que, depuis cinquante ans, la mer a rongé 20 mètres au moins de falaise. Il cite ce fait :

Le chemin littoral de 2 mètres, deux maisons de 10 mètres ont disparu, il ne reste plus que le chemin de 6 mètres (Fig. 2).

Dans l'un, on supposait qu'il suffirait de laisser l'éboulement se produire et d'en protéger le pied, au large, par une digue longitudinale, contre l'atteinte directe des lames (voir Fig. 1, p. 281). Sans pouvoir agir directement sur les causes de destruction (pluie et gelée), on espérait au moins faire en sorte que, les éboulis restant en place, la couche de craie superficielle, même désagrégée et ébranlée, prît un talus stable et protégeât la masse de la falaise située en arrière.

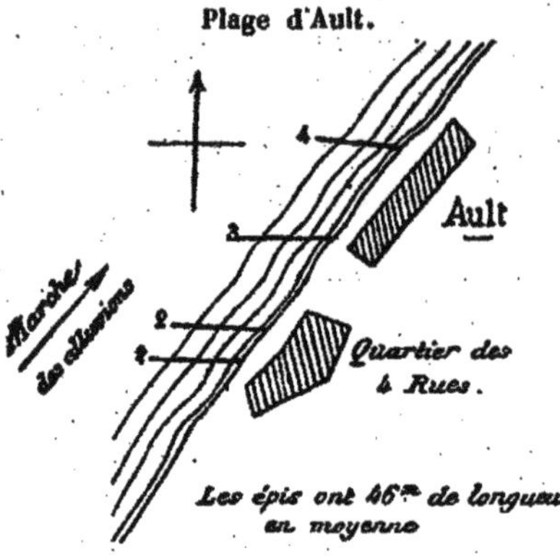

Cette idée n'a pas été réalisée ; en fait, on s'est borné à exécuter quelques épis. Le premier qui fut établi a été séparé de la falaise, où il s'enracinait, parce que son action n'était pas suffisante pour arrêter le galet, exhausser la plage et soustraire ainsi le pied de la falaise aux chocs des lames de tempête.

Depuis, trois autres épis ont été construits dans le but de remédier à cette situation.

Le croquis ci-dessus indique leur disposition en plan ; le résultat n'a pas complètement répondu à l'espoir qu'on avait conçu.

§ 2
DÉFENSE DES PLAGES MEUBLES

465. Généralités. — Quand la côte à défendre n'est pas fixe, mais composée de matériaux meubles, la première question qui se présente consiste à rechercher les causes de la corrosion.

Il est rare que ces causes soient d'origine prochaine, actuelle et accidentelle ; cependant, le cas peut se produire.

Ainsi, un grand pan de falaise s'est effondré dans la mer, soit par l'effet de forces naturelles, soit par suite de travaux de main d'homme ; cet éboulement forme un épi qui arrête la marche des galets ; dès lors, la plage située à l'aval de l'obstacle (dans le sens de la marche des alluvions) va s'appauvrir et sera rongée sur une certaine longueur.

Ce fait de la corrosion de la plage aval conduit à une règle d'une application assez générale lorsque l'on adopte des épis comme moyen de défense, procédé souvent employé.

Cette règle est la suivante : il convient de commencer par construire l'épi situé le plus à l'aval de la partie à protéger et de placer cet épi en un point où sa présence ne semble pas pouvoir déterminer des affouillements dangereux au delà (toujours vers l'aval).

Mais, le plus souvent, les corrosions sont le résultat d'actions d'origine lointaine, peu ou point connues, agissant depuis longtemps d'une manière continue, mais lente et avec des alternatives tantôt rassurantes, tantôt inquiétantes.

On s'habitue à cette situation incertaine et l'on ne s'en préoccupe que lorsqu'elle est devenue décidément menaçante.

Il est souvent trop tard pour apporter un remède prompt, simple, peu coûteux, qui aurait pourtant suffi probablement dans le principe.

Dans l'estuaire d'une rivière à marée, par exemple, il arrive qu'un des nombreux chenaux variables de l'embouchure tend insensiblement à se rapprocher d'une des rives par une succession d'avancements et de retraits alternatifs ; il sera relativement facile, dans certains cas, d'éloigner ce chenal pendant sa période de divagation, en le barrant, dans ses profondeurs les plus faibles, au moyen de quelques fascinages. Mais, si on le laisse se fixer près de la rive et si le long de cette rive il rencontre des obstacles résistants, tels que des digues, des murs de construction, etc., il y a beaucoup de chance pour qu'il s'y maintienne désormais et s'y approfondisse rapidement. La défense de cette rive deviendra alors excessivement difficile et coûteuse.

On peut tirer de là un second enseignement à peu près général : c'est que l'on doit suivre attentivement les corrosions qui tendent à se produire et chercher à remédier, dès le début, à leur formation.

Mais il arrive quelquefois que des attaques reconnues depuis longtemps ne donnent des préoccupations qu'à la suite de circonstances spéciales.

Ainsi, les corrosions de la pointe de Grave[1], au

1. *Mémorial des Travaux hydrauliques de la marine*, années 1862, 1863, 1864. Étude par M. Payen.

Sud de l'embouchure de la Gironde, point célèbre dans l'histoire des travaux de défense du rivage maritime, étaient signalées, dès 1580, par Montaigne ; mais alors le cordon des dunes littorales n'était pas fixé par des plantations ; la marche des dunes vers la terre précédait celle des érosions ; de cette façon, la barrière de défense contre la mer s'avançait en même temps qu'elle. Les propriétés situées derrière les dunes, ainsi soumises à l'envahissement du sable, étaient par suite de peu de valeur ; la culture se bornait à reculer en même temps que la mer avançait ; on a retrouvé sur le rivage des vestiges d'animaux et des troncs d'arbres qui vivaient dans les terrains marécageux autrefois abrités par la dune que la mer avait déplacée et rejetée vers la terre.

Quand les dunes furent fixées par des plantations, les terrains en arrière purent être mieux exploités et prirent plus de valeur ; en même temps, on put constater et mesurer les attaques de la mer sur la dune, désormais invariable de position.

On reconnut qu'une anse se creusait dans la dune, menaçant de couper cette barrière protectrice et de pratiquer une brèche par laquelle la mer serait venue submerger les terres basses ; on craignit même que la Gironde, qui tendait à se porter de ce côté, en rongeant la pointe Sud de son estuaire, ne s'ouvrît par là une nouvelle embouchure.

Mais tous ces faits ne devinrent alarmants que vers 1857, c'est-à-dire près de trois siècles après qu'ils avaient été signalés pour la première fois d'une façon positive, et c'est seulement alors que les ingénieurs furent mis en demeure d'avoir à s'occuper sérieusement des moyens de remédier à cette situation.

466. Causes de corrosion. — Les principales causes de corrosion des rivages meubles sont, comme on l'a dit, les lames et les courants.

De ces deux causes, tantôt l'une, tantôt l'autre a une influence prépondérante, mais il arrive aussi quelquefois qu'elles agissent toutes deux en même temps et avec la même force.

467. Travaux de défense. — Au point de vue des travaux de défense, il y a surtout deux cas à considérer :

Le premier et le plus simple se présente quand l'estran et la plage sous-marine ne subissent que de légères variations et offrent toujours un long plan incliné en avant du rivage à défendre, comme cela a souvent lieu sur les côtes de sable.

On s'en occupera tout d'abord.

Une plage meuble, dans ces conditions, n'est jamais fixe, malgré l'uniformité apparente d'état qu'elle semble offrir sur de grandes étendues.

On peut vivre sur le bord d'un pareil rivage sans se douter des variations incessantes auxquelles il est soumis, si l'on ne fait pas des observations attentives et suivies.

Quand, sur une plage de sable, par exemple, on relève chaque jour, sur le même emplacement et aux mêmes points, un profil transversal de l'estran, on constate des changements continuels.

Pendant une certaine période de temps, l'estran s'allonge et s'exhausse dans quelqu'une de ses parties, puis il se retrécit et s'abaisse, pour reprendre plus tard un mouvement d'accroissement.

Si, à un moment donné, on repère, au moyen de piquets, la position d'une courbe de niveau de l'estran sur une assez grande longueur (ce qui ne présente pas de difficulté par un temps calme, la laisse de la mer traçant elle-même cette courbe), on verra, dès le lendemain, à la même hauteur de la mer, quelques-uns des piquets déchaussés et quelques autres ensablés : la courbe de niveau s'est déplacée.

D'une manière générale, on peut dire que la laisse de la mer affecte une forme serpentante ou sinusoïdale, et que cette sinusoïde semble se déplacer et se déformer. Là où l'on avait une convexité de la mer, à une époque donnée, on trouvera plus tard une concavité.

L'amplitude normale et naturelle de ces oscillations de l'estran peut être considérable. Ainsi, sur le bord de la mer, le long d'un cordon littoral derrière lequel s'étendent des lagunes, on voit souvent apparaître, pendant un certain temps et sur une certaine longueur, la mince couche d'argile qui forme le fond des marécages situés en arrière des dunes du rivage, ce qui prouve que la mer a envahi ces lagunes. Puis ce banc d'argile disparaît plus tard sous le manteau d'une nouvelle couche formée par le sable que la mer a rejeté en se reculant; enfin, il réapparaît encore ultérieurement, et ainsi de suite.

Il résulte de ces faits un troisième enseignement : c'est que, lorsque l'on projette pour la première fois des digues de protection le long d'un rivage meuble, il convient de les établir, autant que possible, assez loin, en arrière de la limite extrême où, d'après les renseignements les plus dignes de foi, peuvent s'étendre vers la terre les plus grands empiètements de la mer.

S'il ne s'agit pas de faire de nouveaux travaux, mais de défendre des terrains déjà conquis sur la mer, la solution la plus économique pourra même consister quelquefois à reculer leur digue d'enclôture.

Quand, par des motifs quelconques, on ne peut reculer la digue, il faut chercher une autre solution.

Or, lorsque la rive se corrode, il arrive, en général, que l'estran, compris entre les plus hautes et les plus basses mers, diminue de largeur. Il semble donc naturel de chercher d'abord à rendre à l'estran toute sa largeur normale. Le but sera atteint si l'on éloigne le plus possible vers le large la laisse de basse mer.

Dans certains cas, on y parvient, sans trop de peine, au moyen d'épis.

Il en est ainsi, notamment, lorsque les alluvions marchent toujours à peu près dans le même sens et que les lames ne sont pas trop violentes.

Cependant, le plus souvent, la marche des alluvions, bien qu'ayant lieu dans le sens déterminé par les lames et les courants dominants, subit des alternatives considérables sous l'influence variable de vents de force à peu près égale, mais de direction opposée, et d'ailleurs les lames, surtout les lames de retour, peuvent avoir une grande puissance.

Alors, les matériaux compris entre deux épis n'acquièrent jamais de fixité; ils sont rejetés tantôt d'un côté, tantôt de l'autre des épis; l'accumulation formée pendant les temps maniables (durant lesquels les lames directes ramènent les alluvions vers le rivage) tend à disparaître pendant les tempêtes, c'est-à-dire quand les lames de retour prennent une action prépondérante et entraînent les alluvions vers la mer.

Le rivage se trouvera ainsi privé de la protection que lui procuraient les matériaux déposés à son pied ; l'enracinement des épis pourra être déchaussé et les lames viendront attaquer la côte de nouveau.

On est ainsi conduit, dans la plupart des cas, à défendre directement le rivage compris entre les enracinements des épis ; dans ce but, on le revêt d'un talus suffisamment résistant, qu'on appelle aussi estacade, digue, brise-mer, mur de mer, etc. (Exemples : Estacade de la baie de l'Eure, à l'embouchure de la Seine, croquis ci-dessous ; défense de Grandcamp (*Annales des ponts et chaussées*, 1871).

Port du Havre.
Baie de l'Eure : Profil d'estacade et élévation d'un épi exécutés en 1863.

Elévation d'estacade (1863). Plan d'estacade (1863). Coupe d'estacade (1857).

Dans quelques circonstances, on peut même se borner, sur d'assez grandes longueurs, à l'établissement de ces talus de protection, en supprimant les épis ; par exemple, lorsque le mouvement des alluvions n'a pas pour résultat de déchausser le pied du talus et qu'on doit surtout défendre le rivage contre l'action

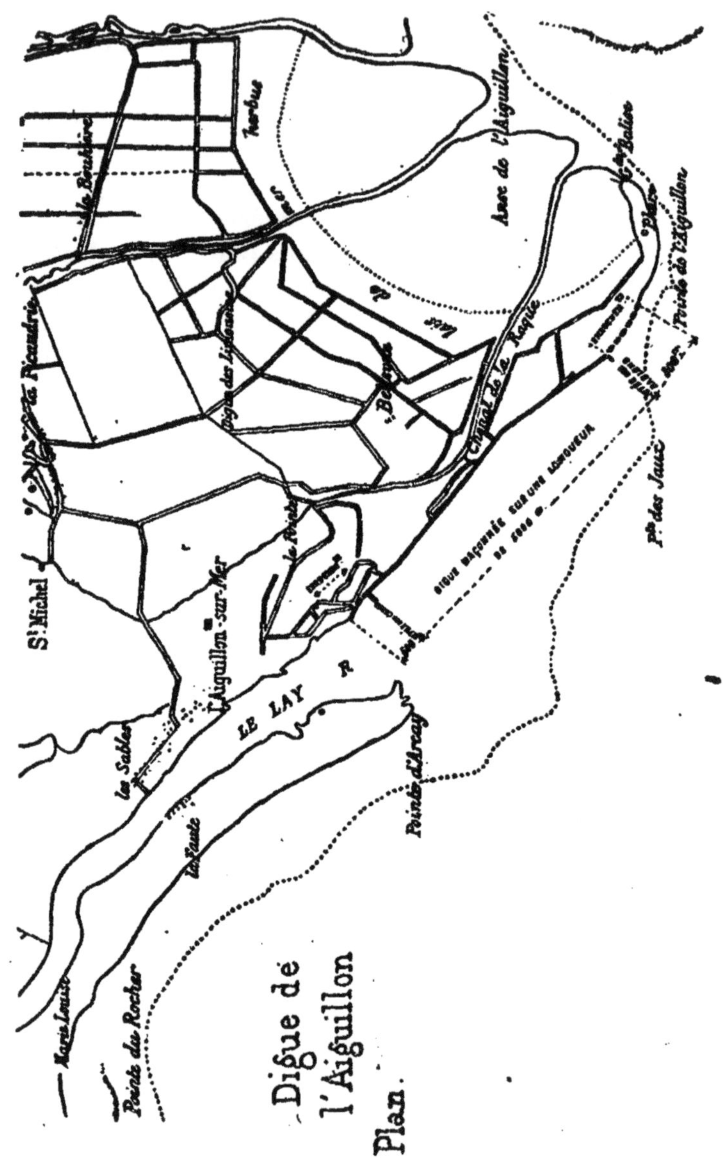

Digue de l'Aiguillon
Plan.

des lames (Exemples : *Digues de l'île de Ré*, *Annales des ponts et chaussées*, 1882, 1er semestre. — *Brise-mer de l'anse de la Hutte*, Pl. XII. — *Digue de l'Aiguillon*, voir les croquis p. 290 et 291).

Profil-type de la digue de l'Aiguillon.

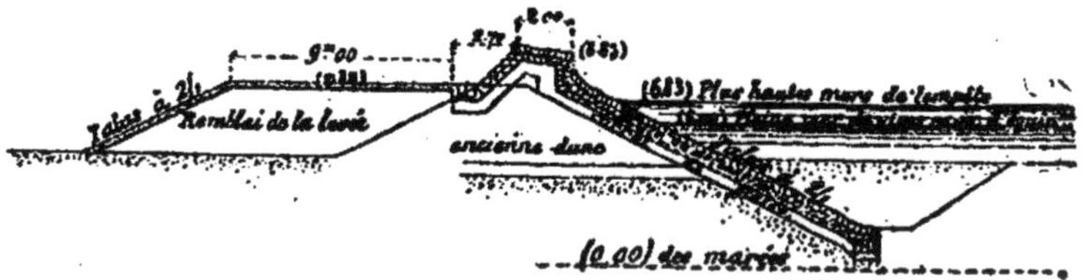

Jusqu'ici, on a admis, il faut se le rappeler, que l'estran et la plage sous-marine, sur une assez grande largeur, ne subissaient que des variations peu considérables.

Ceci suppose, ou que les courants littoraux ont peu de force près du rivage, ou encore que les lames ne tendent pas à affouiller la plage, soit par leur action seule, soit par leur action combinée avec celle des courants. C'est le premier cas examiné.

Le second cas se présente quand l'estran et la plage sous-marine sont rongés, lorsque, par suite, les profondeurs de la mer tendent à se rapprocher du rivage; les ouvrages de défense ne peuvent plus consister en de simples épis, ils prennent alors un caractère spécial d'importance et de difficulté, et coûtent toujours fort cher.

Ainsi, par exemple, la pointe de Grave, formant l'extrémité de la rive gauche de la Gironde, est un cap formé de sable, exposé au-dessus de l'eau au choc des lames violentes et corrodé sous l'eau par les courants de marée qui le rasent.

On craignait que l'état de la rade du Verdon, à l'embouchure de la Gironde, ne fût aggravé si la saillie de la pointe de Grave, qui l'abrite, venait à disparaître.

On voulut donc maintenir cette pointe et on ne trouva pas d'autre solution que d'y établir une véritable jetée en gros blocs artificiels.

En Hollande, la pointe du Helder [1] est aussi un cap de sable, qui forme l'extrémité de la rive Sud de la principale entrée du Zuiderzée ; on y a établi un fort qui protège l'arsenal maritime de Nieuwe-Diep. Cette pointe est exposée à l'action des lames et de forts courants de marée qui la rongent.

Il fallut la défendre, et, dans ce but, on dut recouvrir son talus sur une grande longueur et sur toute sa hauteur, depuis le niveau des plus hautes lames jusqu'à sa base, par des fonds de 20 mètres et plus, au moyen d'une épaisse couche de gros enrochements qu'on est obligé de recharger chaque année.

A Saint-Jean-de-Luz, le fond de la baie était fortement corrodé ; la partie de la ville bâtie près de la mer, sur le rivage sableux, fut en partie détruite.

Dans ce cas particulier, il n'y avait pas de doute que l'action la plus redoutable était celle des lames ; il existe bien des courants littoraux dans la baie, mais ils semblaient incapables de produire, à eux seuls, les effets constatés.

Il paraissait donc probable qu'une digue littorale, revêtue d'un talus résistant, offrirait une protection

1. *Des ports maritimes considérés au point de vue des conditions de leur établissement et de l'entretien des profondeurs*, par MM. Stoecklin et Laroche, ingénieurs des ponts et chaussées, page 50.

efficace. Cet ouvrage, qu'on appela le seuil de garantie, fut construit, mais il ne résista que pendant quelques années. On le rétablit un peu en arrière; il fut encore détruit. C'est que la plage sous-marine sur laquelle il s'appuyait était corrodée, et que les profondeurs de la baie se rapprochaient du rivage, sapant ainsi le seuil par sa base et le faisant écrouler.

Il fallait donc briser la violence des lames, pour assurer la conservation du seuil.

On n'y est parvenu qu'à une époque récente, par la construction d'un brise-lames qui ferme en partie l'entrée de la baie.

Cet ouvrage (digue de l'Artha, Pl. XXVIII de l'ouvrage *Travaux maritimes*), formé en entier d'énormes blocs artificiels, est connu par les difficultés exceptionnelles et les dépenses considérables de sa construction. Il n'eut certainement pas été motivé par la seule considération de la défense de Saint-Jean-de-Luz; mais on sait [1] que l'on a réalisé en même temps, dans la baie, un port de refuge, indispensable dans ces parages.

Les travaux de protection à exécuter dans ces conditions exceptionnelles ne peuvent faire l'objet d'aucune indication générale; il appartient aux ingénieurs de les projeter après une étude attentive des conditions particulières à chaque cas.

Et il arrive, non rarement, que des ingénieurs également expérimentés diffèrent d'avis sur la meilleure solution à adopter.

Le cas se présente aujourd'hui pour le bassin d'Arcachon [2].

1. *Travaux maritimes*, page 202.
2. Voir le croquis du bassin d'Arcachon, *Travaux maritimes*, page 201.

Là, on est d'accord sur ce point que l'action dominante de corrosion est celle des courants, courants de marée rapides, dans un chenal profond. Ce chenal tend à se rapprocher du rivage, bordé sur plusieurs kilomètres de maisons de campagne, dont la conservation se trouve ainsi compromise.

Les lames du large ne pénètrent dans le bassin qu'après avoir perdu la plus grande partie de leur force, en se brisant sur la barre à l'entrée de la baie.

Quelques ingénieurs pensent que l'on doit chercher surtout à éloigner le chenal du rivage, en le déviant par de longs épis ; d'autres croient qu'il faut se borner à l'empêcher de se rapprocher davantage de la terre, en fixant de ce côté son talus par des enrochements ; enfin, on a émis l'opinion qu'on devrait plutôt chercher à détourner les courants de leur direction actuelle par des ouvrages appropriés à créer dans l'intérieur même du bassin, à une assez grande distance du rivage attaqué.

Ces grands travaux sortent du cadre des ouvrages ordinaires de défense, mais ils donnent une idée des difficultés que l'on rencontre quelquefois dans de pareilles entreprises.

Il y a même des cas où la lutte contre la mer semble raisonnablement impossible.

Ainsi, à l'entrée de la Somme, le courant de jusant est dévié vers le Nord par la pointe du Hourdel et rejeté sur les dunes de Saint-Quentin [1].

Il paraîtrait téméraire d'essayer, dans de telles

1. Voir le croquis de la page 188, *Travaux maritimes.*

conditions, de défendre le territoire de Saint-Quentin, car on ne voit pas d'autre solution logique que celle qui consisterait à en détourner le courant, et il faudrait pour cela rescinder la pointe du Hourdel, ce qui serait économiquement impraticable.

La même observation peut être faite pour l'entrée de la baie d'Arcachon [1]; le cap Ferret s'avance constamment vers le Sud, en rejetant ainsi le courant de jusant vers la pointe Sud de l'entrée, qu'il semblerait dès lors chimérique de songer à défendre.

Il est donc sage de n'entreprendre, dans les circonstances ordinaires, des travaux de protection que lorsque l'on peut les exécuter dans des conditions suffisamment économiques, en recourant à des ouvrages relativement simples, tels que des épis ou des revêtements, dont on va examiner maintenant les conditions d'établissement.

§ 3

DES ÉPIS

468. Orientation. — On construit souvent les épis suivant la ligne de plus grande pente de l'estran pour atteindre à leur extrémité, vers la mer, le plus bas niveau possible en leur donnant la moindre longueur.

Cependant, lorsque la marche des alluvions se fait dans un sens dominant bien déterminé et à peu près constant sur la plage, on incline les épis du

1. Voir le croquis de la page 201, *Travaux maritimes*.

côté d'où arrivent les alluvions, afin de faciliter le remplissage des chambres formées par ces ouvrages (Exemples : Épis du bourg d'Ault, p. 282, et projet de la défense de la pointe de la Hève, p. 280).

469. Longueur. — Les épis ont, au plus, la longueur de l'estran à basse mer de vive eau, parce que leur construction serait généralement trop difficile et trop coûteuse si on voulait les prolonger au delà ; l'entretien des parties qui ne découvriraient jamais à basse mer présenterait aussi de grandes sujétions.

Mais, le plus souvent, les épis ne s'étendent que sur une partie de la largeur de l'estran. L'expérience seule enseigne dans chaque cas la longueur la plus convenable à leur donner, et on ne peut que bien rarement la fixer de premier abord.

470. Hauteur. — Les épis ont ordinairement une hauteur à peu près uniforme, de sorte que leur crête est sensiblement parallèle à la pente moyenne de l'estran.

On en rencontre cependant dont la hauteur décroît depuis l'enracinement jusqu'au musoir ; cette forme est rationnelle, car la partie de l'épi la plus exposée est celle qui se trouve le plus au large et il convient par suite d'en diminuer la saillie ; les musoirs d'épis forment, en effet, de petits caps avancés, battus par les lames et où, par conséquent, les affouillements, s'il doit s'en produire, seront le plus à craindre.

La hauteur d'un épi est presque toujours faible, parce que les difficultés et la dépense de construction augmentent très rapidement avec la hauteur, à cause du ressac qu'il produit à son pied et de la résistance qu'il doit offrir pour résister à la poussée des matériaux qu'il soutient.

Aussi y a-t-il généralement avantage à faire deux épis bas, plutôt qu'un seul d'une grande élévation.

La hauteur d'un épi varie habituellement, suivant la nature des plages, de $0^m,70$ à $1^m,50$ pour le sable, et de 1 mètre à 3 mètres pour le galet.

471. Enracinement et musoir. — Les épis doivent être fortement enracinés à la terre ferme, à la dune ou à la digue que l'on cherche à défendre, afin que la mer ne puisse, en déferlant par-dessus l'ouvrage, faire une brèche derrière l'enracinement et passer entre l'épi et le rivage.

Si les alluvions marchent toujours à peu près dans le même sens et si les lames ne sont pas trop violentes, il arrivera un moment où les dépôts auront à peu près rempli l'intervalle compris entre les épis ; cette accumulation de matériaux garantira désormais le rivage, et le but que l'on se proposait sera atteint.

Des variations de la plage pourront bien encore se produire, mais elles seront limitées à la ligne dessinée par les musoirs des épis, et, par suite, les corrosions ne se feront plus sentir qu'à une certaine distance du rivage à défendre.

Les corrosions, quand elles auront lieu, se manifesteront nécessairement avec leur plus grande intensité aux musoirs des épis, qui sont, comme on vient de le dire, rasés par les courants et battus par les lames.

Il en résulte l'obligation de renforcer tout spécialement les musoirs ; on pourra même être amené à terminer les épis par un retour d'équerre formant

T ou demi T, comme cela se pratique sur certaines rivières.

472. Écartement. — Au point de vue de la dépense, il y a évidemment avantage à écarter le plus possible les épis d'un profil déterminé ; mais d'autres considérations conduisent, au contraire, à les rapprocher.

En effet, un épi arrête la marche des alluvions ; la plage s'engraisse donc d'un côté et s'amaigrit de l'autre. Cet amaigrissement se manifeste, comme sur les rivières, par une courbe rentrante de la plage, et la flèche de cette concavité augmente avec la longueur de la corde de l'arc, longueur déterminée par la distance de deux épis voisins.

Or, il convient, pour la protection de la rive, d'éloigner, autant que possible, le fond de cette concavité du rivage, que l'on veut défendre, et, par suite, de rapprocher les épis.

Il y a donc là encore un élément que l'expérience seule permet de déterminer.

Toutefois, sur ce point spécial de l'écartement, la pratique semble avoir conduit, à peu près partout, à cette règle empirique, que la distance entre deux épis voisins ne doit pas différer notablement de leur longueur.

473. Ordre à suivre dans la construction. — On rappellera (voir p. 283) que, lorsque l'on doit construire une série d'épis pour défendre une côte, il convient de commencer par celui qui est situé le plus à l'aval (dans le sens de la marche des alluvions), c'est-à-dire par le n° 1 du croquis schématique ci-après; puis, quand la plage se sera suffisamment engraissée en amont du n° 1, d'entreprendre le n° 2, et ainsi de suite.

Souvent même, pour diminuer l'importance du démaigrissement qui se produit à l'aval d'un épi nouvellement établi, on ne donne à l'épi n° 1 que la moitié, par exemple, de sa hauteur définitive, puis l'on construit successivement les épis 2, 3, 4... dans les mêmes conditions.

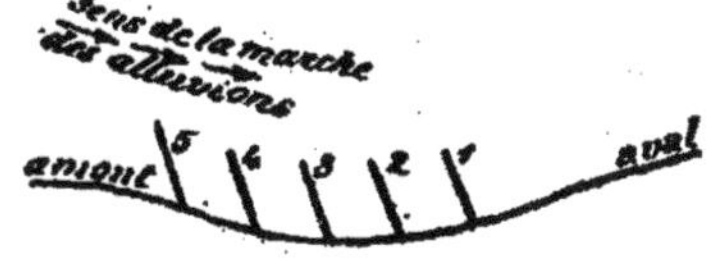

On n'élève ces épis à toute hauteur que lorsque les alluvions passent par-dessus les premières parties déjà construites.

474. Types principaux d'épis. — Au point de vue de la nature des matériaux employés dans leur construction, il y a lieu de distinguer :

Les épis en fascinages ;
Les épis en charpente ;
Les épis recouverts d'une défense perreyée ;
Les épis en maçonnerie.

475. Épis en fascinages[1]. — En Belgique et en Hollande, pour défendre les dunes qui protègent les terrains situés derrière elles, on a fait jadis exclusivement usage d'épis en fascinages ; on ne disposait pas d'autres matériaux abondants et à bon marché

1. Frissard, *Cours de ports de mer, professé à l'École des Ponts et Chaussées*, 1844-1845, page 121.
Chevallier, *Cours de travaux maritimes, professé à l'École des Ponts et Chaussées*, 1866-1867.

que des branches des arbrisseaux vivant dans les marais et de l'argile qu'on trouvait dans le fond de ces terrains bas.

Paillassonnages

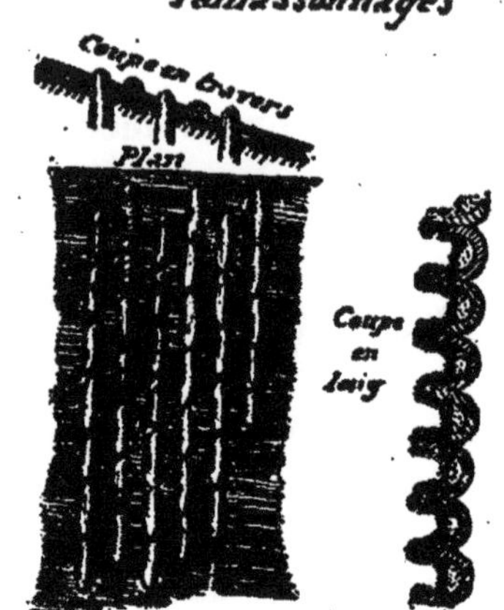

Epis d'ensablements sur les Côtes de Flandre et de Hollande

On y fait encore aujourd'hui un grand emploi des fascinages, et c'est dans ces pays qu'il faut aller apprendre la meilleure manière de les exécuter. Souvent même, il conviendra de faire venir de là des ouvriers habitués à ce genre de travail, pour former à leurs pratiques les hommes des localités où l'on

Coupe du fascinage avec le détail du tunage.

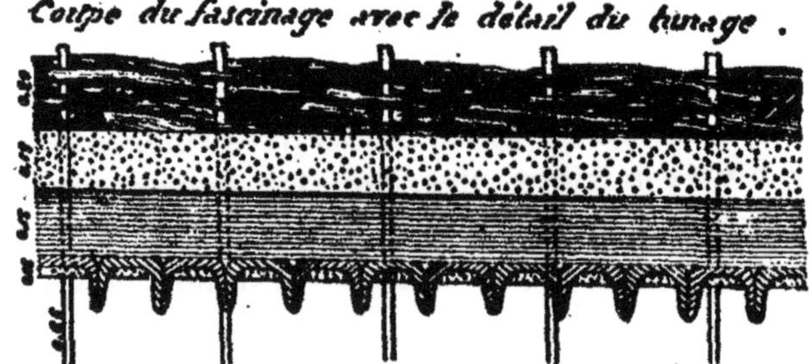

serait amené à employer ce système pour la première

fois. Les fascinages peuvent offrir, en effet, dans quelques circonstances, la solution la plus prompte et la plus économique pour une défense à exécuter d'urgence, ne fût-ce même qu'à titre d'essai provisoire.

Mais les fascinages ont le grave inconvénient d'être exposés à une destruction rapide, soit par la pourriture sèche, soit par l'attaque des vers marins ; leur entretien exige, d'ailleurs, beaucoup de soin et de vigilance.

Actuellement, grâce à la facilité des communications, on peut se procurer économiquement des matériaux plus durables, dont l'emploi a restreint de plus en plus, en France, celui des paillassonnages, fascinages, clayonnages, tunages, etc.

On se bornera à citer, comme exemples d'épis en fascinages, ceux de Petten et de Westkapellen, en Hollande, et ceux qui furent d'abord adoptés à la pointe de Grave (Pl. XII) ; enfin, quelques types anciens représentés par les croquis de la page 300, extraits du cours de Frissard.

476. Épis en charpente. — Les épis en charpente sont encore assez employés, bien que leur durée ne dépasse guère une vingtaine d'années, dans les circonstances les plus favorables.

Palhoofd ou têtes de mer sur les côtes de Flandre et de Hollande.

Ils se composent quelquefois d'un simple écran de pieux presque jointifs, enfoncés dans la plage, reliés à leur sommet par des moises et défendus de chaque côté, à leur pied, par un fascinage ; on rencontre ce genre d'épi en Hollande, où il est connu sous le nom de tête de mer (voir le croquis p. 301).

Mais, quand les pieux s'élèvent d'une hauteur notable au-dessus de l'estran, de 2 mètres par exemple, ils ne pourraient supporter, sans se rompre, la charge des alluvions qu'ils supportent à un moment donné, et alors il convient de les arc-bouter.

Dans d'autres cas, on constitue l'écran par des bordages longitudinaux, cloués sur les pieux; ceux-ci ne sont plus jointifs, mais notablement espacés, de 1 à 2 mètres par exemple.

Dieppe : Épi de la plage.

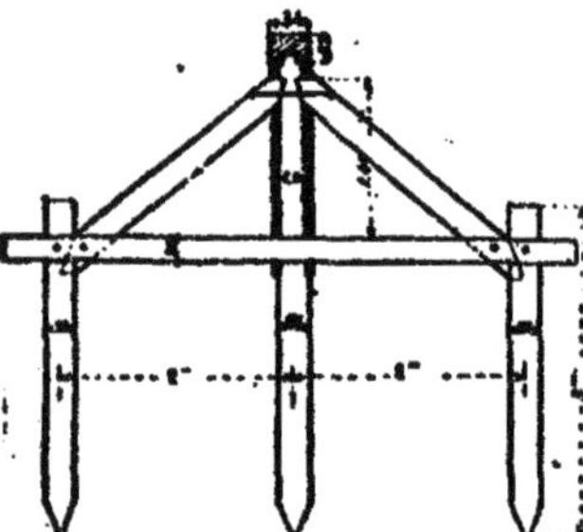

Si la marche des alluvions a une direction à peu près constante, il suffit d'arc-bouter les pieux par des contre-fiches placées à l'aval de l'épi (Exemples : Épis de l'anse de l'Eure, au Havre, p. 289; projet de défense de la Hève, p. 280).

Si la marche des alluvions est variable, on met des contre-fiches des deux côtés (Exemples : Fig. 5, p. 501, tome I. — Profil ci-dessus d'un épi de la plage de Dieppe. — Épis de Grandcamp, ci-après, p. 303).

En Hollande, on rencontre des épis composés d'un coffrage en charpente, dont l'intérieur est garni d'enrochements (croquis tome I, p. 501, Fig. 6).

L'avantage de cette disposition consiste en ce que les

enrochements peuvent descendre profondément, sans

Plage de Grandcamp.

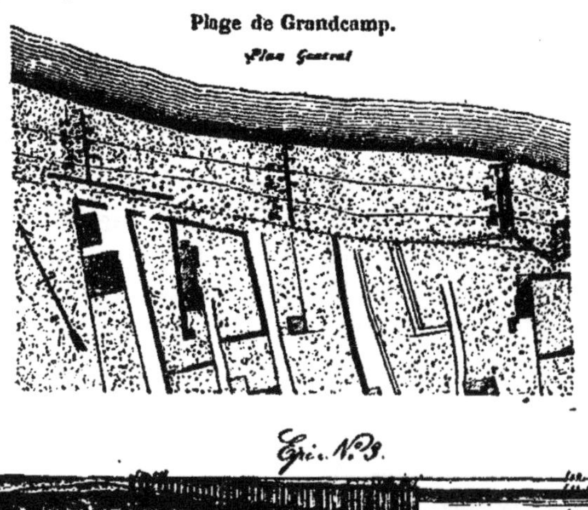

éparpillement des pierres, dans le sol meuble de la plage, quand des affouillements tendent à se produire.

Détail de l'épi n° 2.

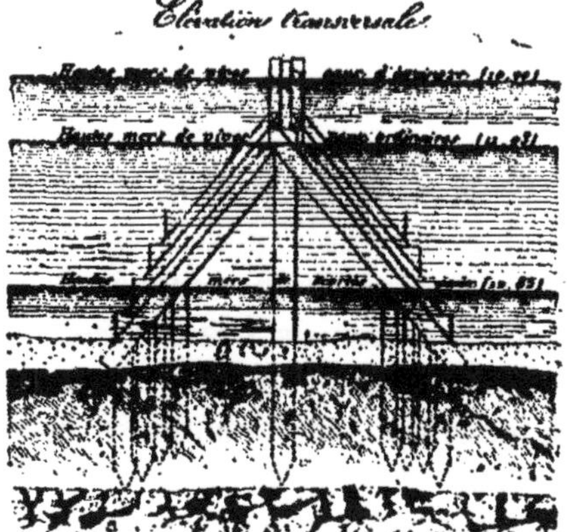

Dans certaines circonstances, pour éviter que la plage, en se dégarnissant à l'aval, ne déchausse les épis, on a dû renoncer à l'emploi d'un écran jointif.

Ainsi, près de la baie des Veys, à Grandcamp, à la suite d'insuccès dans l'emploi des épis pleins, on a recouru à des pieux laissant entre eux des vides à peu près égaux à leur diamètre[1].

Détail de l'épi n° 3.

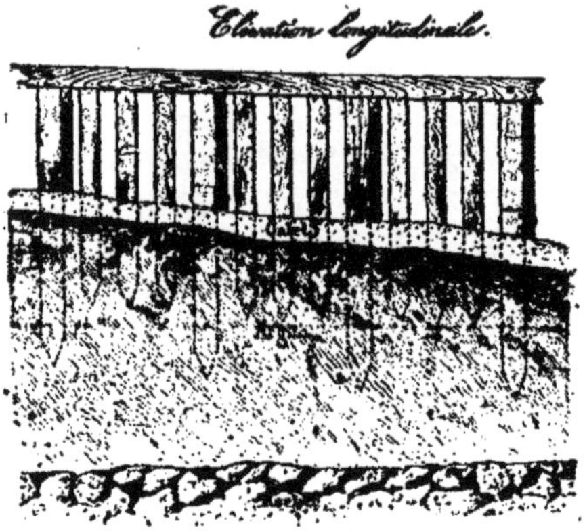

Élévation longitudinale.

De cette façon, la lame est assez brisée pour que son action sur le galet soit considérablement amoindrie ; les matériaux les plus ténus passent à travers la claire-voie et vont garnir le pied de la partie aval de l'épi ; les matériaux les plus gros s'arrêtent à l'amont.

On obtient, de plus, un exhaussement de la plage, sensiblement uniforme, des deux côtés de la claire-voie.

477. Épis en matériaux meubles, recouverts d'une défense perreyée. — Le profil d'un épi recouvert d'une défense perreyée ne diffère pas de celui d'une jetée basse (voir *Travaux maritimes*, p. 273, et les dessins des épis de la *pointe de Grave*, Pl. XII, Fig. 3). La construction de ces ouvrages se fait donc d'une façon analogue.

Il convient cependant de rappeler deux points spéciaux :

1° Le musoir étant exposé à des affouillements,

1. *Annales des ponts et chaussées*, 1871, 1er semestre : Note par M. l'ingénieur Le Moyne.

on le renforcera en y employant les plus gros matériaux dont on disposera; il faudra, en outre, l'envelopper, vers le large et sur ses côtés, par une risberme en gros enrochements, d'une largeur suffisante, que l'on rechargera à mesure que les pierres descendront dans le sol;

2° Il y a lieu de combattre les affouillements que peut produire le déferlement des lames par-dessus l'épi.

On y parvient souvent, sur les plages de sable, en protégeant le pied de l'ouvrage par des risbermes en fascinages, de plusieurs mètres de largeur, 5 à 6 mètres par exemple, ou encore au moyen d'enrochements qui suivent le tassement de la plage, et que l'on recharge au besoin.

Epi de la Boire.

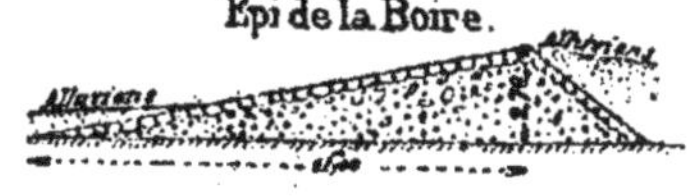

Lorsque la marche des alluvions a une direction à peu près constante, on peut quelquefois réaliser cette défense en donnant à l'épi, du côté aval, un talus doux. (Exemple : Épi de la Boire).

Cependant, les lames, en franchissant la crête des épis, peuvent, malgré la faible inclinaison des talus, continuer à déterminer des affouillements dangereux au pied de l'ouvrage. On atténue leur action en les brisant au moyen d'une ou de plusieurs lignes de pieux plus ou moins espacées et placées près du sommet de l'épi, ou bien encore en hérissant la surface du revêtement de pierres saillantes dont la longue queue est engagée dans le revêtement (voir croquis ci-dessus : Épi de la pointe de Grave).

Épi de la pointe de Grave.

Les épis formés d'un noyau de matériaux meubles, recouvert d'un parement perreyé à pierres sèches, subissent, assez souvent, des avaries du fait des lames qui bouleversent le revêtement et attaquent même le noyau; ils exigent donc un entretien incessant et coûteux; dans ces circonstances, on est conduit à faire le revêtement en maçonnerie et non à pierres sèches. (Exemple : Épi submersible prolongeant l'éperon des Sablons, sur la côte de l'Aiguillon [1]).

Lorsque les épis à noyau meuble et à parement à pierres sèches ou en maçonnerie ont une grande longueur, il convient, pour circonscrire les avaries que les lames pourraient y produire, de diviser le massif intérieur, de distance en distance, par des murs en maçonnerie, normaux à la longueur de l'épi.

478. Épis en blocs artificiels ou en maçonnerie. — Ces épis sont ceux qui ont la plus grande résistance et la plus longue durée; mais ils sont aussi de beaucoup les plus coûteux.

Épis en blocs artificiels. — Le profil de ces ouvrages et leur mode de construction sont semblables à ceux des jetées en blocs des ports.

Ainsi, la jetée de la pointe de Grave [2] n'est, en réalité, qu'un grand épi formé de blocs artificiels de 12 mètres cubes, qui sont descendus peu à peu dans

1. Exposition universelle à Paris en 1889 : *Notices sur les modèles, dessins, etc., relatifs au service des ponts et chaussées*, réunis par les soins du ministère des Travaux publics.

2. Chevallier, *Cours de Travaux maritimes*, professé à l'École des Ponts et Chaussées, 1866-1867, page 217.

le sol; elle présente 6 mètres en couronne, et son sommet est arasé à $7^m,50$ au-dessus des plus basses mers; ses talus sont à 45°.

A Folkestone, deux épis sont constitués au moyen de blocs naturels, grossièrement

Fig. 1.

équarris et disposés par assises inclinées à 60° vers la mer (voir croquis ci-dessus).

Épis en maçonnerie. — Comme exemple de grand épi en maçonnerie, on citera celui qui a été construit, en 1882, aux Petites-Dalles, sur le littoral du département de la Seine-Inférieure, entre Fécamp et Saint-Valery-en-Caux (Fig. 2 et 3 p. 307 et 308).

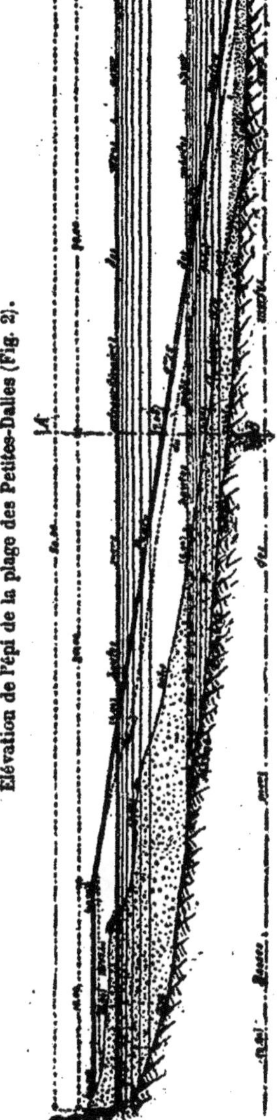
Élévation de l'épi de la plage des Petites-Dalles (Fig. 2).

479. Fondation des épis. — Quel que soit le type d'épi adopté, il convient, pour éviter les affouillements, que la fondation descende aussi profondément que possible et, si on le peut, jusqu'au terrain résistant (argile dure, rocher, etc.).

Pour un épi en palplanches, les madriers verticaux devront pénétrer dans le sol d'une profondeur au moins égale à leur hauteur; pour les épis formés de bordages horizontaux, le madrier du bas devra descendre de 0m,50 ou de 0m,60 au-dessous du niveau de l'estran.

Dans les épis à revêtement perreyé ou maçonné, le pied du talus devra être abaissé jusqu'au terrain inaffouillable, si on peut l'atteindre sans frais excessifs; sinon, on défendra la base de l'ouvrage par des lignes de pieux et palplanches.

La fondation, toutes choses égales d'ailleurs, de-

Coupe transversale suivant AB de l'épi des Petites-Dalles (Fig. 3).

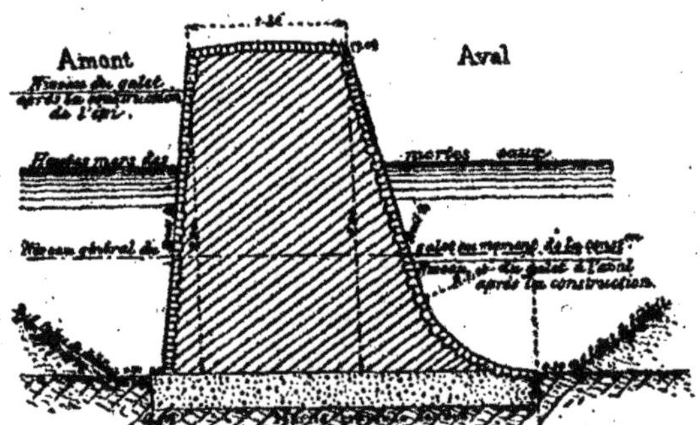

mande à être d'autant plus protégée que le relief de l'épi, par rapport à la plage, est plus considérable; c'est une raison, dans les cas ordinaires, pour ne pas exagérer la saillie de la défense. Les épis en maçonnerie exigent une fondation particulièrement solide; ainsi, celui des Petites-Dalles (croquis p. 308) est fondé à $0^m,40$ de profondeur dans la roche crayeuse.

Il convient de choisir, pour la construction des épis, l'époque de l'année où on a le moins à redouter l'action de tempêtes fréquentes, afin de ne pas être exposé à faire inutilement un cube considérable de déblais (la fouille pratiquée sur l'estran, pour la fondation, pouvant se trouver comblée en une seule marée, si la mer est violente), et aussi pour éviter des mécomptes dans l'édification de l'épi lui-même. Tandis que, si l'épi a été construit dans la belle saison, lorsque les mauvais temps arrivent, le pied, à l'aval, est déjà garni d'une certaine quantité d'alluvions qui ont pu passer en tête de l'ouvrage et qui atténuent les affouillements.

§ 4

DES REVÊTEMENTS DU RIVAGE ET DES DIGUES

480. Généralités. — Les épis sont toujours plus ou moins normaux à la côte à défendre, et l'on est souvent amené, comme on l'a dit, à protéger l'intervalle compris entre l'enracinement de deux épis voisins par des revêtements ou des digues.

Quelquefois même, on a reconnu que là où des épis n'avaient donné aucun résultat satisfaisant, des défenses longitudinales étaient parfaitement suffisantes.

Ainsi, une anse tend à se creuser dans un terrain de sable; on essaye d'y remédier au moyen d'épis; mais on constate que, loin de combler l'anse, on semble plutôt avoir hâté la corrosion de la côte. On est alors autorisé à conclure de pareils effets que, suivant toute vraisemblance, la résultante des actions affouillantes de la mer est sensiblement normale au rivage.

Dans ce cas, il paraît logique de protéger la côte par un revêtement longitudinal; mais l'expérience a fait reconnaître que, pour atteindre ce but, le revêtement doit présenter du côté du large une inclinaison convenable. En effet, si le parement était presque vertical, le ressac déterminerait un affouillement au pied de l'ouvrage et en compromettrait l'existence.

Si, au contraire, le talus est doux, la lame directe s'amortit sur le plan incliné, et la lame de retour, en redescendant vers la mer, rencontre, près de la

Ile de Ré.

Digue des Petits Prés

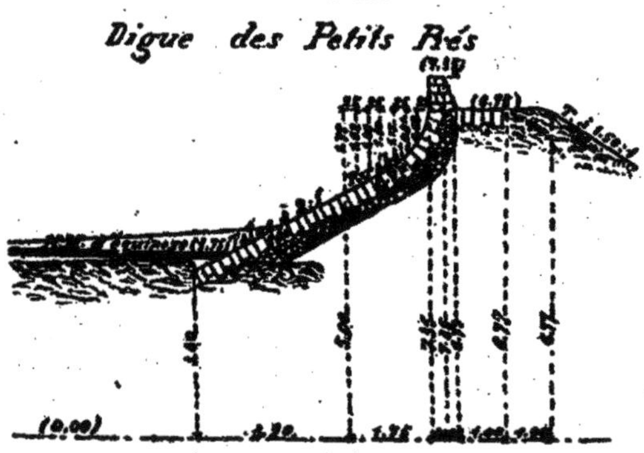

base de la défense, une lame directe, chargée de sable; le choc de ces deux lames détermine la précipitation des alluvions entraînées par chacune d'elles.

Il se formera donc, ou du moins il tendra à se former, vers le pied du talus, un dépôt d'alluvions qui en protégera la fondation et, de plus, s'étendra jusqu'à une certaine distance vers le large; de sorte que l'on utilise ainsi les forces naturelles, pour combattre les causes d'affouillement par un effet contraire de comblement (voir croquis p. 310 et 311 : Digues des Petits-Prés et de la Maison-Neuve, à l'île de Ré [1]).

Ile de Ré.

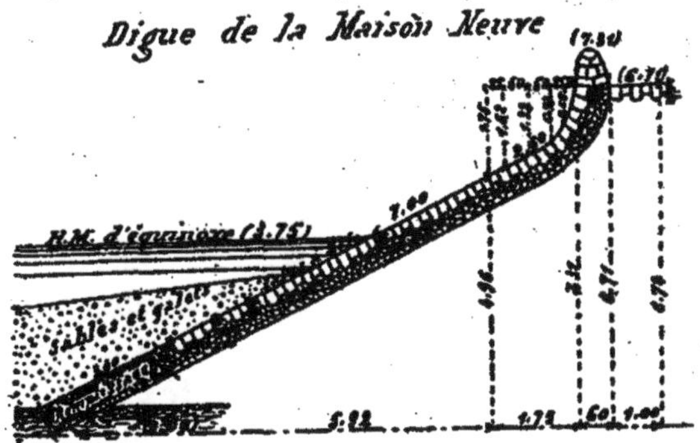

Il s'agit donc de déterminer, d'une part, la pente la plus convenable à donner au talus du large; et, d'autre part, le mode de construction qui assurera le mieux la solidité du revêtement.

481. Inclinaison du talus. — Il semble, *à priori*, que, plus le talus sera doux, mieux la défense sera assurée, et, jusqu'à un certain point, cela est exact.

Un exemple de talus très doux (de 5 1/2 de base

1. *Annales des ponts et chaussées*, 1882, 1er semestre.

pour 1 de hauteur) est fourni par la digue des Baleines, à l'île de Ré [1] (croquis ci-dessous).

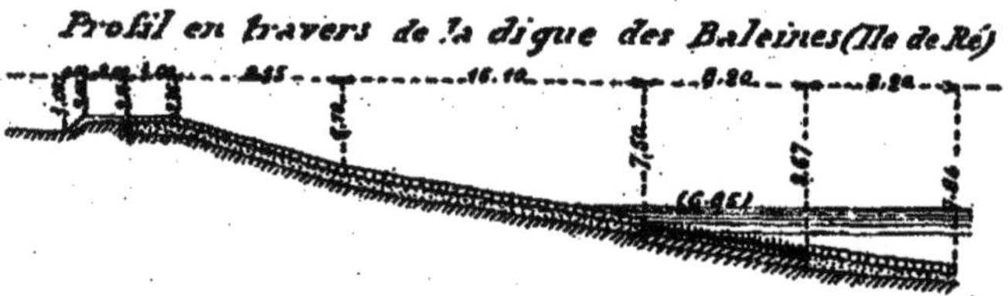

Mais ces talus ont deux inconvénients :

1° Par le fait même de leur grande longueur, ils coûtent assez cher ;

2° Ils subissent presque toujours des tassements ou des enfoncements.

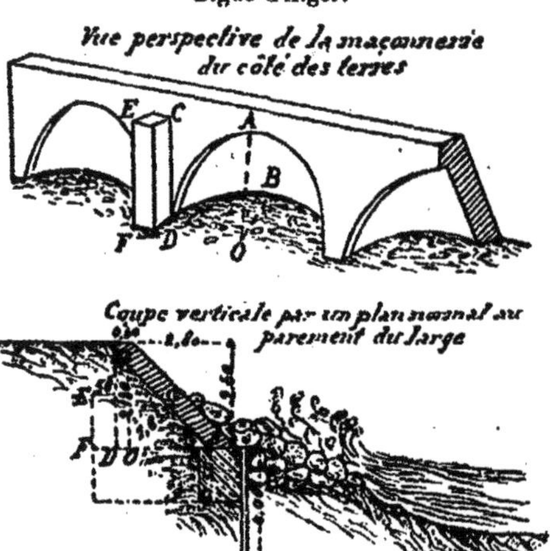

Les revêtements à talus raide, à 45° par exemple (voir les croquis ci-contre de la digue d'Alger[2]), ont aussi deux inconvénients :

1° Ils déterminent un fort ressac à leur pied, d'où résulte la nécessité d'une fondation très solide, protégée elle-même par une défense en enrochements, qu'il faut constamment recharger ;

1. *Annales des ponts et chaussées*, 1832, 2e semestre.
2. *Ibid.*, 1862, 1er semestre : Note de M. l'ingénieur Hardy.

2° Le parement a presque toujours une tendance à se renverser en avant par des bombements ou des gonflements. On ne peut souvent combattre ces effets qu'en constituant le revêtement par une maçonnerie assez épaisse, soutenue, au besoin, par de solides contreforts, comme l'indiquent les figures page 312.

Il résulte de l'examen des ouvrages exécutés à une époque récente, que la pratique conduit généralement à adopter pour le talus une inclinaison de 2 à 3 de base pour 1 de hauteur.

D'habitude, la pente n'est pas uniforme sur toute sa longueur; on la raidit vers le sommet à partir d'une certaine hauteur (1m,50 à 3 mètres, par exemple) au-dessus du niveau des plus hautes mers (Exemple : Calais, Pl. XII).

En tout cas, on peut terminer la défense par un parapet vertical, au-dessus du plus haut niveau à partir duquel l'action des lames cesse d'être dangereuse, et le parement vertical du parapet se raccorde alors par un arc de cercle avec celui du talus.

Cette disposition paraît, pour les plages de sable, parfaitement motivée; en effet, les lames ont été déjà brisées par leur déferlement sur une longue plage sous-marine, en pente douce, qui existe toujours, dans ce cas, en avant de l'ouvrage ; et elles usent presque toute leur puissance en remontant le plan incliné de la défense au-dessus des plus hautes mers. Enfin, par suite de la courbure du raccordement, les lames abordent le parapet sans choc, et elles perdent dans leur ascension verticale le peu de force qui leur reste.

482. Construction du revêtement du talus. — On a dit qu'il tend, en général, à se former une accumulation d'alluvions au pied du revêtement; cependant, il arrive que, à certains points, ce dépôt ne se forme pas ou se forme insuffisamment.

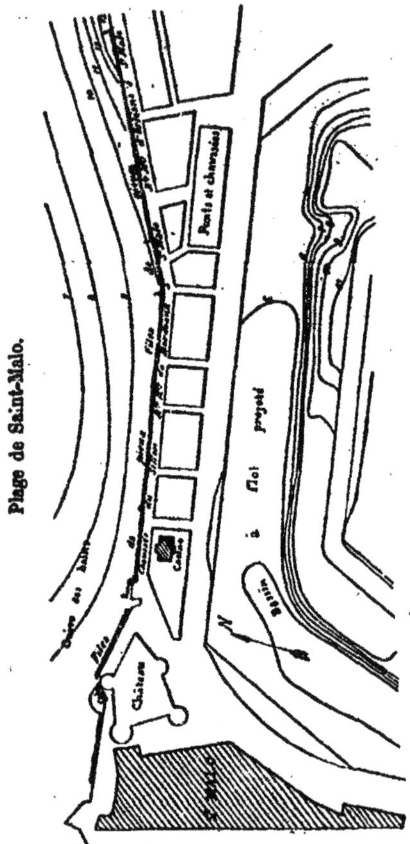

Quelquefois, pour faciliter l'engraissement de la plage, on bat, au pied et en avant de l'ouvrage, des files de pieux, afin de briser les lames directes et de déterminer le dépôt de leurs alluvions (voir croquis de Saint-Malo, ci-contre).

Il importe, en tout cas, que le pied du revêtement soit fondé solidement et descendu jusqu'aux profondeurs où l'expérience conduit à reconnaître que le déchaussement n'est plus à craindre.

Si cependant des affouillements ont lieu en quelques points, on devra protéger le pied de la défense par des enrochements, que l'on rechargera au besoin.

Lorsque l'expérience a fait reconnaître que le niveau de la plage tend à s'abaisser, il est prudent de faire buter la fondation le long d'une ligne de pieux et palplanches, ayant une fiche suffisante pour atteindre au moins le niveau des plus basses mers connues.

Plage d'Arcachon : Puits en béton.

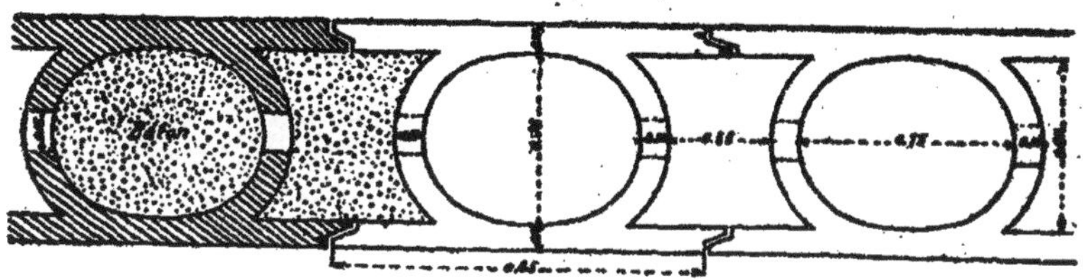

Les palplanches peuvent même, comme on l'a fait à Arcachon, être remplacées par une ligne de blocs havés (voir croquis ci-dessus). Ces blocs, de 2 mètres de hauteur, ont leur base à $0^m,65$ en contre-haut des basses mers de vive eau.

Le revêtement repose sur les matériaux du rivage qui ont été dressés suivant la pente du talus.

En terrain de sable, il comporte d'habitude :

1° Un corroi de glaise de $0^m,30$ à $0^m,50$ d'épaisseur ;

2° Un garni de pierrailles de $0^m,20$ à $0^m,30$;

3° Une couche de pierres ou moellons ébauchés, maçonnés à sec, de $0^m,25$ à $0^m,35$ de queue moyenne.

Sur un terrain de galet, le revêtement de moellons suffit.

Mais, dans certains cas, les perrés en pierres sèches résistent mal, et on est conduit alors à les remplacer par des parements maçonnés.

483. Digues. — Il n'est pas toujours possible d'établir la défense sur le talus même de la plage; on est quelquefois obligé de la construire en avant du rivage, et par suite de constituer une véritable digue.

Ces digues ont quelque analogie avec celles que comporte l'enclôture des terrains conquis sur la

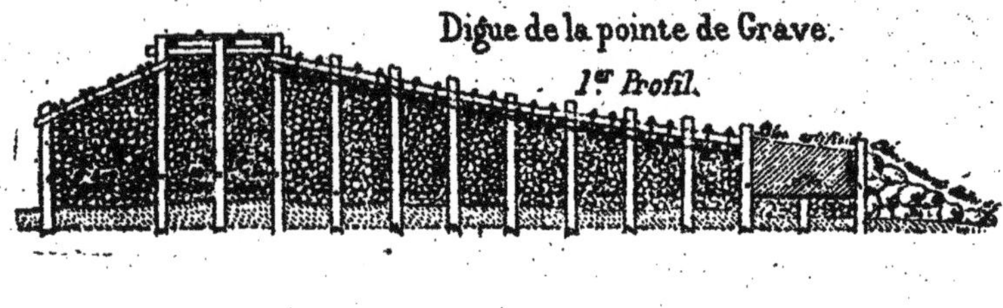

mer. On trouvera sur ces ouvrages spéciaux des indications précises dans l'ouvrage d'Alfred Durand-Claye : *Hydraulique agricole*, 2e partie : Polders.

Cependant, les digues de défense diffèrent sous certains rapports des digues d'enclôture. Ainsi, elles n'ont pas toujours besoin d'être étanches ; elles peuvent même, dans certains cas, être submersibles ; enfin, elles ne comportent pas d'ouvrages accessoires, tels que des aqueducs d'évacuation, etc.

Le massif des digues est habituellement formé avec les alluvions que l'on trouve sur le rivage.

Cependant, on peut être amené à le constituer par des matériaux différents; ainsi, le corps du brise-mer de la pointe de Grave[1] est composé d'enrochements.

1. Extrait du Cours de Travaux maritimes, professé à l'École des Ponts et Chaussées par Chevallier, 1866-1867 :

« *Pointe de Grave.* — Il y a un intérêt considérable à empêcher la mer de contourner la pointe de Grave et d'attaquer les riches vignobles du Médoc. On a fait des épis; ils ne réussirent qu'imparfaitement. Un perré fondé trop haut fut affouillé. On l'a défendu par une digue formée de pieux et de moellons, et dressée vers le large en plan incliné. Pour empêcher les moellons d'être entraînés par les lames, on les recouvrait de lits de fascines, qu'on maintenait en place au moyen de moises liées aux pieux par des boulons dans le bas; des blocs artificiels formaient risberme. Le ver taret a attaqué les pieux et les moises. Alors, on n'a laissé de pieux qu'une ligne battue à la base pour retenir les blocs artificiels, puis deux lignes à la plate-forme supérieure pour supporter un chemin de fer de service; et le plan incliné de la digue a été recouvert d'une couche épaisse de béton, sur laquelle glisse la lame. En avant de la ligne de pieux qui retient les blocs artificiels, on a jeté des enrochements.

CHAPITRE IX

ÉCLAIRAGE ET BALISAGE DES COTES

484. Généralités. — En France, l'éclairage et le balisage des côtes sont confiés au Service central des phares et balises et à la Commission des phares, qui relèvent tous deux du ministère des Travaux publics.

Les questions soulevées par cet important service sont ainsi centralisées sous une direction unique, seule apte à les résoudre d'après des principes généraux et d'ensemble, applicables non seulement à nos côtes, mais encore à celles des pays voisins.

Certains de ces principes sont bien loin de présenter une fixité telle qu'on puisse les offrir aujourd'hui comme des règles absolues ; beaucoup de problèmes, notamment des problèmes nouveaux, n'ont pas encore reçu de solution que l'on doive considérer comme définitive (Exemples : éclairage électrique, signaux sonores, etc.).

Par suite de cette organisation, les ingénieurs n'ont donc à fournir au service central que les études et renseignements locaux qui leur sont demandés, et à se conformer aux décisions qu'ils en reçoivent.

Pour leur instruction générale personnelle, ils doivent consulter les ouvrages spéciaux sur ces matières.

Parmi ces ouvrages, ceux qui jouissent de la plus grande autorité, en France, sont les suivants :

1° *Mémoire sur l'éclairage et le balisage des côtes de France.* Paris, Imprimerie Impériale, 1864, par L. Raynaud, inspecteur général des ponts et chaussées, directeur du Service central des phares;

2° *Les Phares : histoire, construction et éclairage.* Paris, Rothschild, éditeur, 1889, par M. Allard, inspecteur général des ponts et chaussées, ancien directeur du Service central des phares.

On trouvera, en outre, un certain nombre de renseignements intéressants dans les notices publiées par le ministère des Travaux publics, à l'occasion des Expositions universelles de Paris, 1867; de Vienne, 1873; de Melbourne, 1880; de Paris, 1889.

L'ouvrage de Raynaud a été analysé avec une grande précision par M. Voisin-Bey, inspecteur général des ponts et chaussées, dans le chapitre VIII (*Éclairage et balisage des côtes*) de son Cours de Travaux maritimes, professé à l'École des Ponts et Chaussées, en 1873-1874.

485. Fondation en mer des phares et balises. — Quand les ingénieurs reçoivent les projets approuvés, ils ont à en assurer l'exécution.

Or, au point de vue spécial des travaux maritimes, la fondation des phares et balises au large, hors de tout abri, sur des roches presque toujours couvertes par la mer, offre certainement un exemple des travaux les plus difficiles, les plus dangereux et les plus coûteux qu'un ingénieur puisse avoir à entreprendre.

Ce point particulier n'a pas été traité, dans les ouvrages que l'on vient de citer, à un point de vue d'ensemble, et l'on croit rendre service aux ingénieurs en publiant la note ci-après, de M. Ribière, ingénieur des ponts et chaussées, adjoint à M. l'ingénieur en chef du Service central des phares et balises.

SUR LES FONDATIONS DES PHARES OU BALISES SITUÉS EN MER

Note de M. Ribière, *ingénieur des ponts et chaussées. Janvier* 1892.

Les fondations des phares établis sur des rochers exposés aux fortes lames sont, avec raison, réputées comme présentant de grandes difficultés d'exécution.

On en trouve des exemples remarquables dans les notices publiées au sujet d'un certain nombre de phares importants, tels que ceux des Héaux de Bréhat[1], d'Armen, Le Four[2], Les Grands-Cardinaux[3], en France; Eddystone[4], en Angleterre; Bell Rock[5], Sker-

1. Héaux de Bréhat : *Mémoire sur l'éclairage et le balisage des côtes de France*, par L. Reynaud, page 173.

2. Le Four et Armen : *Notices sur l'exposition du ministère des Travaux publics à l'Exposition universelle de Melbourne en* 1880.

3. Les Grands-Cardinaux : *Notices sur l'exposition du ministère des Travaux publics à l'Exposition universelle de Paris en* 1889.

4. Eddystone : *The New Eddystone Lighthouse*; Douglass, London, 1883.

5. Bell Rock : *Stevenson's account of the Bell Rock Lighthouse* ; Edimburg, 1884.

6. Skerryvore : *Account of Skerryvore Lighthouse*, by Allan Stevenson ; Edimburg, 1847.

ryvore[6], en Écosse; Minot's Ledge, aux États-Unis[1].

On ne saurait trop recommander la lecture de ces notices à tout ingénieur ayant à projeter ou à exécuter des travaux de cette espèce.

Toutefois, il en ressort, qu'en raison de la diversité des circonstances locales, ces travaux sont de ceux pour lesquels il est le plus difficile d'indiquer des types ou des procédés d'une application générale.

En cette matière, il ne saurait y avoir de règles, et on ne peut tirer de l'expérience acquise que des vues pratiques indiquant la direction des études à faire dans chaque cas particulier.

Ce sont seulement des aperçus de ce genre que nous nous proposons de donner. Nous suivrons l'ordre des questions qu'il faut examiner successivement dans un projet de phare ou de balise en mer, à savoir :

Le régime de la mer à l'endroit considéré ;

L'accostage de la roche ; les débarquements du personnel et du matériel, et l'organisation du chantier;

Le choix des matériaux et la résistance de l'ouvrage.

Régime de la mer. — Il importe de comparer, au point de vue de la puissance des lames, l'emplacement considéré avec ceux des constructions existantes.

Les indications fournies au sujet de cette puissance manquent généralement de précision. Le seul

1. Minot's Ledge : *Ancient and modern Lightho uses*, by Major D. P. Heap ; Boston (États-Unis), 1889, page 63.

moyen de l'apprécier avec quelque exactitude paraît être de se rendre compte de la force vive contenue dans les ondulations liquides à une certaine distance au large de l'écueil, à la condition expresse de faire les corrections que comporte la forme des fonds en avant de l'écueil, sur lesquels la force vive des lames se détruit en notable partie avant le choc contre l'ouvrage.

Sous cette réserve, les éléments à mesurer sont la longueur et la hauteur des fortes lames et leur durée d'oscillation. On les obtient par des procédés simples que donnent les divers manuels de marine.

L'observateur doit être placé sur un bateau mouillé au point voulu. Pour avoir la hauteur des lames, il se met au-dessus du pont, dans les haubans si c'est nécessaire, et il suit les lames de l'œil, de manière à ramener la lame voisine à la ligne de l'horizon. Lorsque le bateau est droit et dans le creux de la lame, la hauteur de l'œil au-dessus de l'eau donne la hauteur de la lame.

La longueur des lames s'obtient au moyen du loch, par la quantité de ligne qui est dehors, quand il y a deux ou trois lames entre le bateau et le loch.

La durée d'oscillation, ou intervalle qui s'écoule entre le passage de deux lames consécutives au même point, s'obtient en mesurant, avec une montre à secondes, le temps que dix, vingt, trente lames mettent à passer sur un point du bateau, et divisant l'intervalle de temps écoulé par le nombre des lames.

La force vive contenue dans une ondulation est proportionnelle à sa longueur et au carré de sa hauteur. Cette quantité peut varier, suivant les mers et suivant les emplacements, dans des proportions considérables. On peut en juger par les chiffres d'observation contenus dans le tableau ci-après :

EMPLACEMENTS	Ruytingen	Nouveau Dyck	Rochebonne	Grand-Banc (Gironde)
Profondeur d'eau à basse mer...	20m	18m	48m	15m
Longueur des fortes lames......	50m	35m	100m	120m
Hauteur des fortes lames........	3m	2m80	4m50	5m
Durée d'oscillation des fortes lames (en secondes)	5sec3	5sec	9sec	10sec
Vitesse de propagation..........	9m	7m	11m	12m

Dans chaque cas particulier, l'altitude de la fondation, la forme du rocher autour de l'ouvrage et la configuration des fonds voisins auront sur l'action des lames une influence perturbatrice dont l'effet sera considérable. Il appartiendra donc à l'ingénieur de juger quelles conséquences pourront être tirées des observations de lames régulières, faites à une certaine distance de la roche. Il pourra, le plus souvent, en déduire des conclusions intéressantes.

Accostage de la roche. Débarquement. Organisation du chantier. — Lorsqu'un écueil se trouve entouré de grands fonds, qui permettent à la houle d'y arriver sans être brisée, il devient le siège de mouvements d'eau, dont l'état de la mer, dans les grandes profondeurs, ne donne généralement qu'une idée fort inexacte.

Une ondulation qui est d'une très faible hauteur lorsqu'elle se développe librement se transforme souvent en un flot énorme par le choc contre un obstacle.

Il se forme, du côté du large, un ressac qui rend presque toujours impossible le stationnement d'aucune embarcation contre la roche. Sous le vent de l'écueil, on risque souvent de recevoir d'énormes paquets de mer passés par-dessus la roche, et qui pourraient remplir ou chavirer les canots ; on y risque aussi d'être pris de flanc par des lames contournant le haut-fond.

Aussi presque toujours l'opération qui consiste à faire approcher une embarcation du rocher, pour débarquer du personnel et du matériel, est-elle difficile et dangereuse. Elle exige, surtout dans les premières reconnaissances, des marins hardis et adroits.

Aussitôt qu'on a débarqué sur l'écueil, une des premières choses à faire est d'y établir un point d'appui pour les hommes. Sans cela, ils pourraient se trouver, même à une altitude assez élevée et par une marée très basse, en danger d'être emportés par des lames, ou groupes de lames, particulièrement fortes, qu'on appelle quelquefois des lames sourdes.

Un des procédés les plus simples consiste à sceller dans la roche trois ou quatre pitons en fer, et à dresser un mât tenu par trois ou quatre haubans, fixés par le bas à ces pitons et convenablement raidis. Les hommes ont alors la faculté, lorsque passent les lames, de s'accrocher soit au mât, soit aux haubans, soit à des amarres réunissant les haubans.

Le sommet du mât peut, d'ailleurs, porter une poulie de renvoi sur laquelle passe un cordage manœuvré de la roche, par les ouvriers débarqués, et chargé à l'autre extrémité des matériaux ou outils pris sur le bateau de service et dirigés à l'aide d'une amarre de retenue.

Grâce à cette installation, on n'a à faire approcher une embarcation de la roche qu'au moment d'une embellie et seulement pendant le temps nécessaire pour permettre aux ouvriers d'y sauter rapidement. Tous les autres débarquements s'opèrent au moyen du mât de charge, le bateau étant à distance, amarré à une bouée placée dans un calme relatif.

Lorsque la partie de la roche sur laquelle on doit implanter la fondation se trouve notablement au-dessus des plus hautes mers, on peut parfois employer, dès le début, des appareils plus perfectionnés. Mais il est bien rare que, pour tout ou partie des travaux préliminaires, on n'ait pas avantage à se servir de l'outillage sommaire que nous venons d'indiquer.

Un peu plus tard, on peut, au contraire, adopter presque toujours avec avantage des appareils se prêtant mieux à des manœuvres diverses. A cet égard, il est d'ailleurs impossible d'indiquer aucun genre d'installation comme convenant à tous les cas. Nous devons nous borner à faire connaître les dispositions adoptées dans un certain nombre de circonstances.

Le mémoire de L. Raynaud sur l'éclairage et le balisage des côtes de France contient la représentation du chantier des Héaux de Bréhat (p. 176) et celle du chantier du phare de Triagoz (p. 187). Nous ne pouvons, pour ces deux ouvrages, que renvoyer à ce mémoire.

Le chantier du phare des Grands-Cardinaux (Morbihan), construit en 1877 et 1878, a présenté plusieurs innovations importantes. Il est représenté par les croquis ci-dessous et page suivante.

Après avoir élevé les premières maçonneries à 6 mètres environ au-dessus des hautes mers, avec les pro-

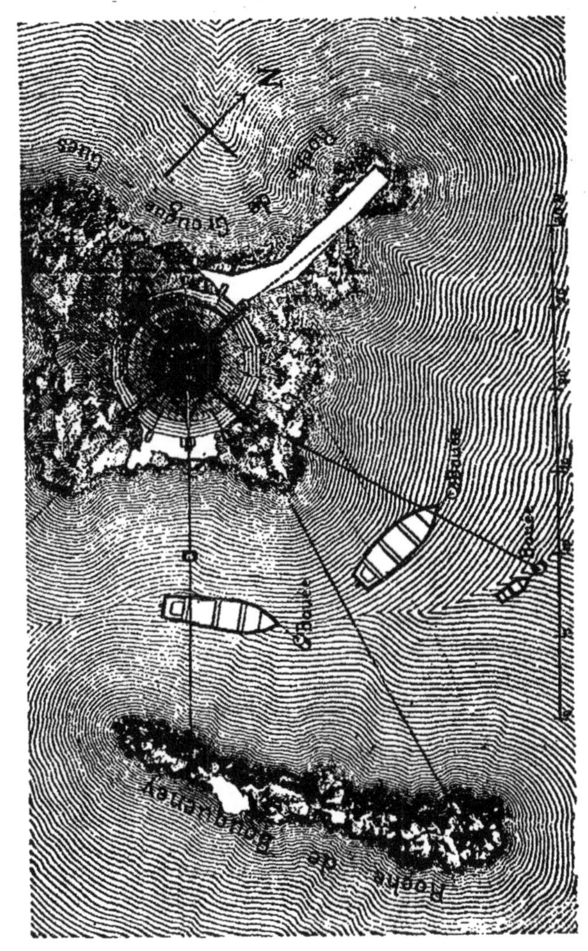

Plan du chantier des Grands-Cardinaux.

cédés ordinaires, on installa dans l'intérieur de la tour, déjà commencée, un échafaudage en charpente dont le sommet dépassait la hauteur assignée au phare, et qui était disposé de manière à loger les ouvriers et les approvisionnements dans des chambres, fermées

Phare des Grands-Cardinaux pendant la construction.

par des clôtures en planches avec carton bitumé.

L'échafaudage fonctionnait d'ailleurs comme mât de charge, et, grâce à sa hauteur, on pouvait hisser directement les matériaux pris dans les embarcations et les débarquer à un étage quelconque. Les débarquements de matériaux, et d'hommes au besoin, s'opéraient ainsi sans accoster la roche et, par suite, avec une continuité aussi parfaite que possible. Le caractère simple et pratique de cette organisation a permis une exécution très rapide et très économique.

Pour le phare d'Eddystone, construit de 1878 à 1881, on s'est servi d'une importante machinerie flottante dont on trouvera les détails dans une note précitée relative à ce phare.

Un bateau à vapeur était amarré sur des bouées, à une certaine distance de la roche. Des pompes mues mécaniquement, à bord de ce bateau, épuisaient l'enceinte d'un batardeau qui entourait les fondations.

Les décapages et extractions de roc étaient faits au moyen de forets manœuvrés par l'air comprimé qui était envoyé du bateau. Les pierres de taille et autres matériaux étaient élevés jusqu'au sommet de la tour à l'aide de manœuvres faites avec la force motrice du bateau.

Au phare de Minot's Ledge, construit de 1855 à 1860, dans la baie de Boston (États-Unis), on avait employé, dans la période préliminaire, comme appui pour les ouvriers et les appareils, un échafaudage métallique comprenant huit montants de 6 mètres de haut, réunis, à leur partie supérieure, par une solide charpente en fer.

Cet échafaudage ayant été démoli au bout d'une campagne par le choc d'un navire, on se borna à implanter au centre de la construction un mât métallique sur lequel on fixait, au commencement de chaque journée, un mât incliné servant au hissage des matériaux.

Les particularités d'organisation qu'ont présentées les chantiers des autres phares très connus ont été commandées plutôt par les nécessités locales, que déduites de procédés nouveaux de construction. Elles résultaient de la proximité plus ou moins grande des ports d'attache, des conditions de transport des hommes et des matériaux, de la solution adoptée pour loger les ouvriers, qui tantôt étaient conduits chaque jour du port au chantier, tantôt logeaient dans des baraquements établis sur la roche, au sommet de charpentes à claire-voie, en bois ou en fer, tantôt logeaient dans des bateaux mouillés en permanence, pendant la belle saison, à une certaine distance du phare.

Ordinairement, la situation des lieux et les ressources locales imposent, dans chaque cas, une solution déterminée pour ces diverses questions, auxquelles il nous paraît, conséquemment, peu utile de nous arrêter davantage.

Choix des matériaux. — Résistance. — Nous nous occuperons d'abord des constructions en maçonnerie, qui, nous le verrons, sont les seules qu'on puisse appliquer dans les parages où la mer est très forte.

En France, on s'attachait autrefois à composer les maçonneries des phares en mer de pierres de taille soigneusement appareillées.

A l'étranger, jusqu'aux dernières constructions inclusivement, on a mis un soin particulier à relier les pierres les unes aux autres, par lits et par joints, au moyen de queues d'aronde ou de goujons en pierre ou en métal.

Au contraire, dans les dernières constructions françaises, on a employé de petits matériaux posés à bain de mortier de ciment Portland, en faisant les parements, tantôt avec des moellons smillés de petites dimensions, comme à Armen, tantôt avec un enduit de ciment Portland, posé sur maçonnerie de moellons bruts, comme aux Grands-Cardinaux.

On a même été, dans la construction de certaines tours-balises, jusqu'à l'emploi du béton seul.

Ces simplifications sont très profitables au point de vue de l'économie et de la rapidité des travaux. Mais ce n'est pas là leur seul avantage. Contrairement aux idées anciennes, parfois encore admises aujourd'hui, elles accroissent la résistance des phares en mer aux efforts principaux qu'ils ont à subir.

On constate que les tours très exposées aux lames, tout en manifestant des oscillations sensibles sous l'effet des vents violents, éprouvent des secousses encore plus nettes sous l'action des fortes lames. On y perçoit alors des vibrations et des bruits, comme en produisent les chocs brusques.

Il est d'ailleurs rationnel de rattacher à ce phénomène l'effet produit par l'arrivée d'une lame sur le phare, attendu qu'il y a à ce moment destruction en un temps très court et transformation en travail moléculaire de la tour d'une quantité notable de la force vive contenue dans la lame.

Or, la théorie du choc démontre et l'expérience a prouvé qu'un corps résiste à l'effet d'un choc principalement par sa masse totale, et qu'il y résiste d'autant mieux que sa constitution est plus homogène. C'est un fait connu qu'un massif en pierres de taille est plus facilement désagrégé par des chocs qu'un massif en maçonnerie de petits moellons, et surtout qu'un massif en béton.

Autrefois, les doutes qu'on devait avoir sur la conservation des mortiers à la mer motivaient l'emploi d'appareils en pierres de taille à petits joints, offrant aussi peu de prise que possible à l'action décomposante de l'eau de mer. Aujourd'hui, l'on dispose de ciments Portland qui, sans être invulnérables, donnent des garanties à peu près complètes, même dans les maçonneries de blocage ou de béton, si l'on a bien soin de vérifier leur qualité et de doser les mortiers de façon à constituer à la surface de l'édifice une couche imperméable. D'ailleurs, toutes les parties des tours sont, en général, visitables et, par suite, réparables.

L'emploi des pierres de taille minutieusement assemblées a été aussi indiqué comme moyen de prévenir les démolitions partielles des maçonneries en cours de travail. Mais on peut obtenir les mêmes résultats en recouvrant les maçonneries fraîches, à la fin de chaque séance de travail, par un masque de ciment à prise très rapide, que l'on enlève au commencement de la séance suivante.

La manière ci-dessus d'envisager la résistance des tours de phare, faisant intervenir comme élément essentiel la masse de la tour, ne laisse pas la même importance que les calculs usuels à l'empatement du pied de la tour.

Il est incontestablement nécessaire que la tour ait avec le rocher une surface de contact suffisante, autant pour une adhérence équivalant à une sorte d'encastrement, que pour compenser les imperfections qui existent parfois dans le travail fait aux basses cotes, au milieu des plus grandes difficultés.

Il faut aussi que la base soit très largement suffisante pour la stabilité statique, sous les efforts transversaux de toute nature.

Mais ces conditions sont ordinairement remplies même avec des sections de base relativement faibles, et c'est la considération de la masse qui permet, dans certains cas spéciaux, par exemple sur des rochers très peu étendus, de se contenter de sections aussi restreintes.

Ainsi, au phare d'Armen, les dimensions de la roche n'ont permis de donner au soubassement du phare qu'une largeur de 7m,20, qu'on a conservée jusqu'au niveau des pleines mers. Au-dessus de ce niveau, le massif se continue sur 3 mètres de hauteur, avec 6m,90 de largeur. A partir de ce point commence la tour proprement dite, dont le diamètre extérieur est de 6m,40 dans le bas et de 5 mètres au-dessous de la corniche, à 20 mètres environ plus haut.

Ces dimensions paraissent très hardies si on les compare à celles de la plupart des autres phares situés dans des conditions analogues.

L'ancien phare d'Eddystone, construit par Smeaton de 1756 à 1759 et qui a bien résisté jusqu'en 1881, date à laquelle il a été remplacé par un phare plus élevé, n'avait, au niveau des pleines mers, qu'un diamètre de 8^{m},25 pour une hauteur du plan focal de 22 mètres au-dessus du même niveau.

Le nouveau phare d'Eddystone présente un diamètre de soubassement de 13 mètres et un diamètre de 11 mètres environ à la naissance de la tour, à 1 mètre au-dessus des hautes mers. Le plan focal est à 40^{m},50 au-dessus du même niveau.

La largeur à la base de la tour de Skerryvore est de 13 mètres pour une hauteur de plan focal de 45^{m},70.

Celle du phare de Minot's Ledge est de 9^{m},15 pour une hauteur de plan focal de 27^{m},90.

Il faut remarquer que la grande hauteur du phare n'est pas un motif d'exagérer la section de base au delà de ce qu'exige l'accroissement de l'action du vent.

L'expérience des tours balises montre, d'ailleurs, jusqu'où il serait, à la rigueur, possible d'aller dans la voie de la réduction des fondations.

Un grand nombre de ces ouvrages sont situés sur les côtes françaises, dans les positions les plus exposées. Leur hauteur au-dessus des plus hautes mers, bien que ne dépassant que rarement 6 mètres, et étant, en général, de 3 à 4 mètres, est néanmoins suffisante pour qu'elles reçoivent le principal effort des lames.

L'action de la mer sur elles est donc généralement aussi intense que sur les tours des phares, et elles ont toujours pour y résister des dimensions et une masse beaucoup moindres. Cependant, la plupart d'entre elles subissent, sans rupture, les efforts considérables auxquels elles sont soumises.

Les accidents arrivés à quelques-unes n'ont porté que sur de petites tourelles auxquelles, d'après des considérations inexactes de similitude, on avait appliqué une formule qui conduit à des dimensions insuffisantes dans le cas de faibles hauteurs.

On a, en effet, longtemps recommandé des proportions consistant à donner aux tourelles un diamètre à la base égal à la moitié de leur hauteur et un fruit latéral de 1/10e. Dans cette hypothèse, toutes les tourelles seraient semblables et leur volume total varierait comme le cube de leur hauteur.

Le volume total, ou le poids, étant l'élément principal de la résistance des tourelles, la règle ci-dessus ne serait bonne que si la force vive détruite sur la tourelle variait elle-même à peu près comme le cube de la hauteur. Or, il n'en est rien parce que la puissance vive des lames est, en quelque sorte, condensée dans la zone voisine de la surface de l'eau.

En fait, la formule donne des dimensions trop faibles pour les petites tourelles d'une hauteur inférieure à 10 mètres, et des dimensions trop grandes pour les tourelles dont la hauteur dépasse notablement 10 mètres.

Pour la hauteur de 10 mètres, elle conduit à une section de base ayant 5 mètres de diamètre et à un volume total d'environ 125 mètres cubes, au-dessous duquel était, à part quelques cas absolument spéciaux, le volume de toutes les tourelles que la mer a renversées.

On peut donc considérer cette masse de 125 mètres cubes de maçonnerie environ, reposant sur une base de 5 mètres de diamètre, comme une limite inférieure de la masse, fortement adhérente à un rocher, qu'il est nécessaire d'opposer aux plus fortes lames.

Il n'y a pas d'inconvénient à descendre jusqu'à cette limite pour un ouvrage n'intéressant que le balisage de jour, d'autant moins qu'en pareil cas l'expérience a démontré qu'on obtenait ainsi une sécurité à peu près complète.

On n'oserait évidemment pas le faire dans le cas d'un édifice contenant des hommes et des appareils d'éclairage ; mais on a pu, tout au moins, élever des phares sur d'anciennes tourelles, d'assez grandes dimensions, il est vrai, notamment sur celle du Sénéquet (Manche), dont le diamètre à la base est de 7 mètres.

Nous ne saurions tirer des chiffres qui précèdent des conclusions absolues. Nous croyons seulement utile d'insister sur ce point : que la manière ancienne de calculer la stabilité des tours de phares, consistant à leur donner un moment de stabilité de poids cinq ou six fois supérieur au moment de renversement dû à l'action du vent et de la lame, ne correspond pas à la nature réelle des phénomènes, au moins en ce qui concerne l'action des lames, qui est prépondérante.

Les conditions ordinaires de stabilité statique sous l'action du vent doivent toujours être largement remplies, comme on le fait pour les phares à terre.

La flexibilité, par l'effet du vent, qu'on observe

dans certaines cheminées d'usine serait, en effet, incompatible avec le bon fonctionnement des mécanismes d'un phare.

Mais, au point de vue des lames, c'est plutôt la résistance à des chocs qu'il faut avoir en vue. On est conduit, par là, à chercher un système de construction qui fasse du phare une sorte de monolithe, et l'expérience démontre que, sous réserve de la qualité des ciments, de la bonne confection des maçonneries et d'une adhérence sûre au rocher, on peut aborder, lorsque les circonstances locales l'exigent, des diamètres à la base relativement faible.

Nous n'avons parlé, jusqu'ici, que des fondations en maçonnerie. Le métal peut s'employer sous diverses formes, mais toujours à la condition qu'on se trouve dans des parages où la mer soit relativement peu agitée.

Une première forme est celle des fondations tubulaires, dans lesquelles une enveloppe métallique, simplement posée sur le rocher, ou enfoncée dans un sol meuble par dragage à l'intérieur, est ensuite remplie de béton.

Le fonçage peut également être pratiqué à l'air comprimé, ainsi qu'on l'a fait, en 1885, pour le phare de Rothersand, à l'embouchure du Weser, dans la mer du Nord, et en 1887, pour le phare de Fourteen Foot Banck, dans la baie de la Delaware (États-Unis).

Dans ce système, le caisson destiné à former enceinte du béton présente, pendant le temps qu'on met à le remplir, une grande surface exposée au choc des lames. Une condition du succès est donc

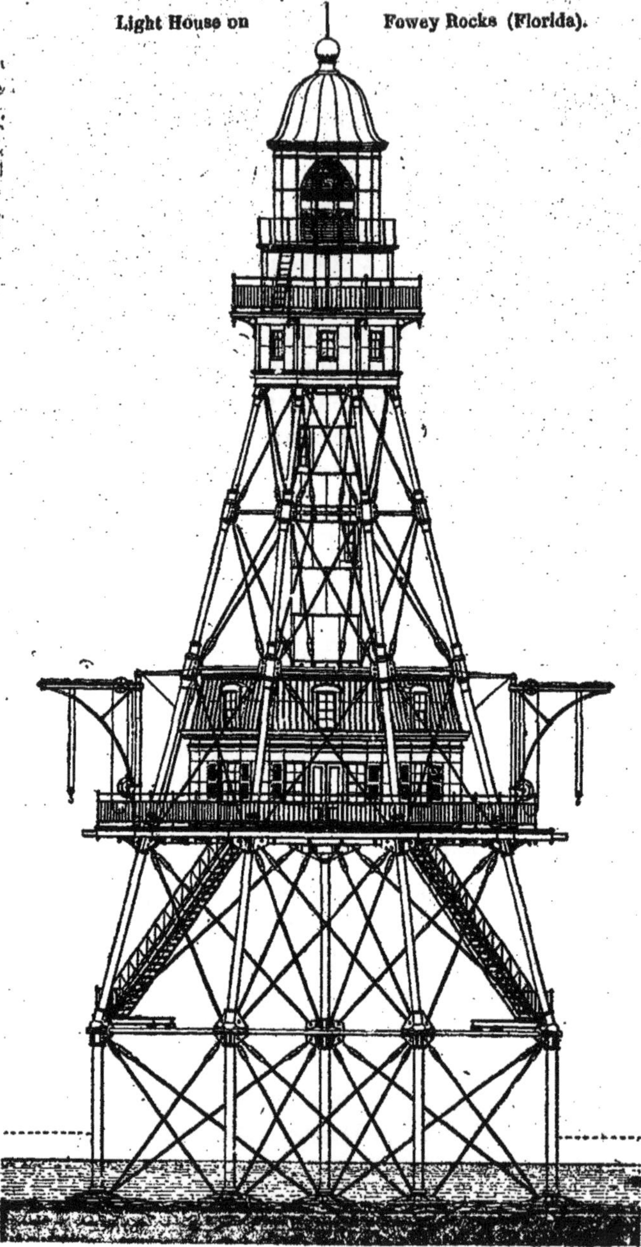

Light House on Fowey Rocks (Florida).

qu'on dispose de périodes de calme assez longues.

La forme de fondation métallique la plus répandue est celle de charpentes établies sur des pieux en fer enfoncés dans des fonds peu résistants. On en trouve un exemple au phare de Walde, construit en 1859, et dont le mémoire sur l'*Éclairage et le balisage des côtes de France* de L. Reynaud donne les dessins et une description complète.

Depuis cette époque, des fondations métalliques de ce type ont été assez fréquemment employées, notamment aux États-Unis, où l'on en a même fait usage pour plusieurs phares de premier ordre.

Le croquis ci-contre page 338 représente le mode de construction de l'un d'eux, établi, en 1878, à Fowey Rocks (Floride) sur un banc de corail.

Le défaut commun de ces charpentes est que leurs triangulations et entretoisements sont disposés en vue d'efforts statiques entièrement différents des efforts de choc exercés par les lames. D'ailleurs, les tirants, tendus par des vis qui sont destinées à donner de la rigidité à l'ensemble, se détendent par l'effet des secousses et des vibrations, et cessent de s'opposer efficacement aux déformations. Les pièces multiples entrant dans la composition de l'ouvrage retiennent les herbes marines et offrent une très grande surface oxydable, d'où résulte une détérioration rapide.

A ces divers points de vue, il convient de citer un type récent de construction métallique exécuté, en 1884, à Port-Vendres et combiné pour remédier à ces inconvénients.

Cet ouvrage, représenté par les croquis ci-après, est établi sur le musoir d'une jetée susceptible de tasser et souvent couverte par de fortes lames qui

Phare de Port-Vendres : Élévation du côté de la jetée.

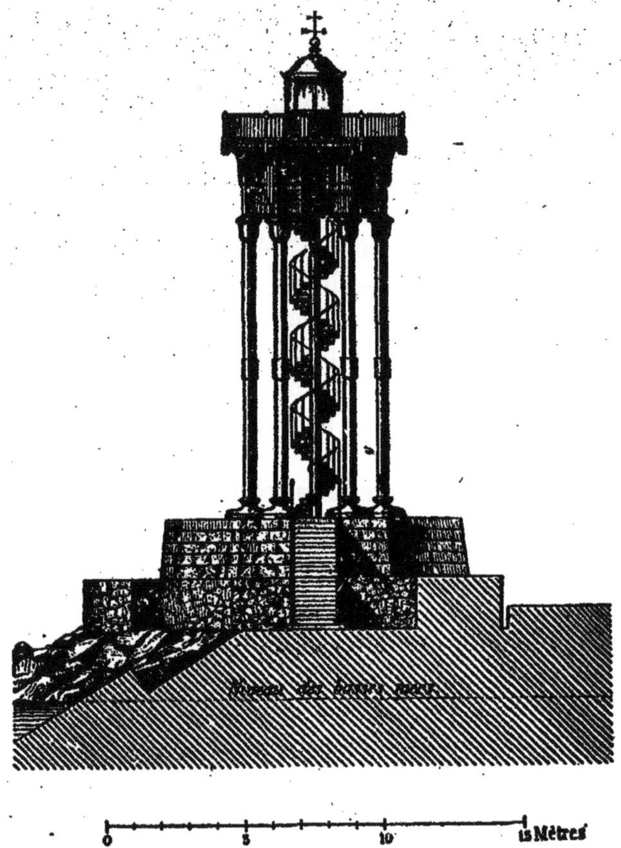

rendent le phare inaccessible pendant la durée des tempêtes. L'édifice repose sur six montants tubulaires en fer, de $0^m,30$ de diamètre extérieur et $0^m,03$ d'épaisseur. Ces montants, encastrés à leur pied

Phare de Port-Vendres.

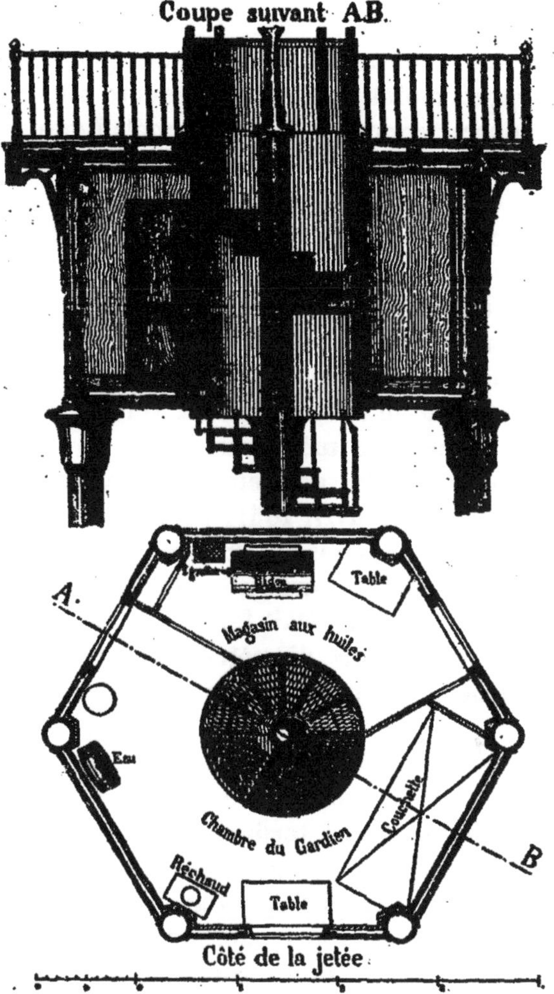

dans la maçonnerie, ne sont reliés les uns aux autres qu'à leur sommet. Les pièces sont, de la sorte, isolément, plus robustes et elles offrent le moins de prise possible à la mer.

C'est sous une forme de ce genre, peut-être avec des supports moins nombreux et encore plus lourds, qu'on pourrait concevoir un phare métallique, exposé à la grosse mer. Mais on ne pourrait jamais, avec ce système de construction, obtenir des garanties de sécurité comparables à celles que donnent les tours en maçonnerie.

Entre autres hypothèses menaçantes pour un ouvrage métallique, on peut faire celle du choc de l'épave d'un navire qui n'est pas très redoutable pour un phare en maçonnerie et qui pourrait être fatale à un ouvrage métallique.

Certains accidents, notamment la destruction par une tempête, le 17 avril 1851, du premier phare de Minot's Ledge, qui était entièrement métallique, ont montré quels effets destructeurs la mer est capable de produire. Ce phare était fondé sur neuf pieux en fer plein, de $0^{m},20$ de diamètre, dont huit au sommet d'un octogone de $7^{m},65$ de diamètre et un au centre.

L'établissement fut perdu corps et biens, et on ne retrouva sur la roche que les parties inférieures des pieux de fondation, tordues et brisées au-dessus des scellements, qui étaient en place.

Il fut établi que ce phare, qui avait résisté pendant plus de deux ans à la mer, comprenait des entretoisements horizontaux offrant trop de prise aux lames. Néanmoins, on n'a point cherché à le remplacer par un phare mieux conçu de ce système. On l'a, avec raison, remplacé par un phare en maçonnerie.

Ce que nous avons dit sur la nécessité d'opposer aux fortes lames une très grande masse fait concevoir l'infériorité que présentent sous cette action les ouvrages métalliques. Ainsi s'explique la limitation de leur emploi aux lacs intérieurs, aux baies fluviales, aux feux de jetées, ou à des parages maritimes peu exposés.

On ajoutera, à la note précédente de M. Ribière, à titre de renseignements :

1° Les croquis relatifs à la construction d'une tour en maçonnerie sur l'écueil de Campanina, à l'entrée du golfe de Chiavari (Corse) ;

2° Une note sur la construction d'une tour-balise sur l'écueil de la Petite-Barge (Vendée) ;

3° Quelques indications sur un système particulier de mouillage des bouées sur les fonds de roche ;

4° Une observation sur le décapage des rochers pour l'établissement des fondations.

1° TOUR EN MAÇONNERIE SUR L'ÉCUEIL DE CAMPANINA

Tour en maçonnerie sur l'écueil de Campanina.

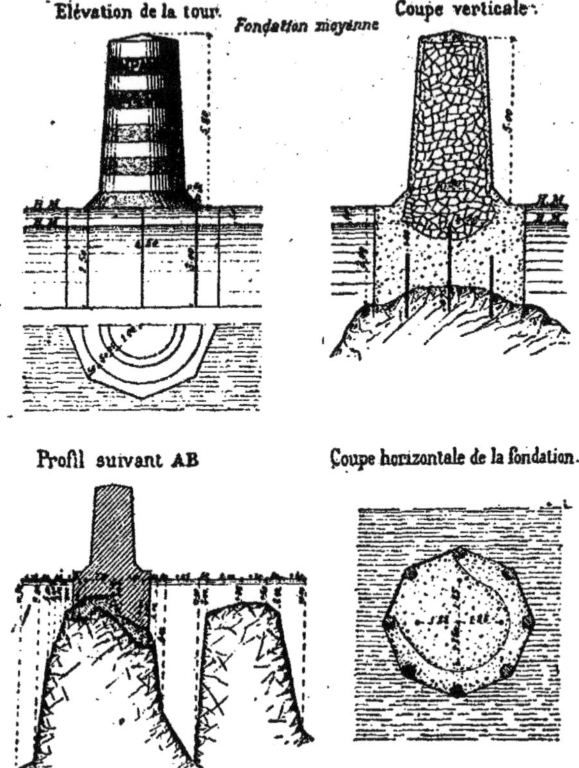

2° NOTE SUR LA CONSTRUCTION D'UNE TOUR-BALISE SUR L'ÉCUEIL DE LA PETITE-BARGE

Par M. Proszynski, *ingénieur en chef*, et M. Charron, *ingénieur des ponts et chaussées* (mai 1885).

Exposé. — De tous les écueils qu'on rencontre dans les parages des Sables-d'Olonne, le plus redouté des navigateurs est celui de la Petite-Barge.

Description de la roche. — La tête sud du rocher dépasse de $2^m,90$ le niveau des plus basses mers

Vue d'ensemble du chantier de construction de la Petite-Barge.

connues et de 2 mètres environ celui des basses mers de vives eaux ordinaires.

La grande houle du large, que rien ne brise avant

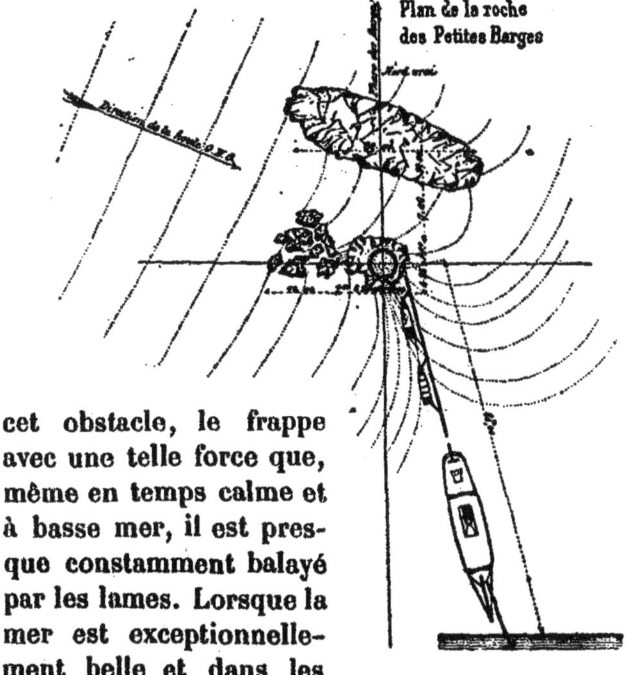

cet obstacle, le frappe avec une telle force que, même en temps calme et à basse mer, il est presque constamment balayé par les lames. Lorsque la mer est exceptionnellement belle et dans les grandes vives eaux, le premier flot s'y fait encore sentir par une série d'embardées qui couvrent toute la roche. Aussi est-il impossible de maintenir les embarcations accostées à la roche pendant la durée du travail. On a donc eu recours à un autre procédé qui avait donné de bons résultats pour la construction des tours de Martroger et des Corbeaux.

Installation du chantier. — On commença par per-

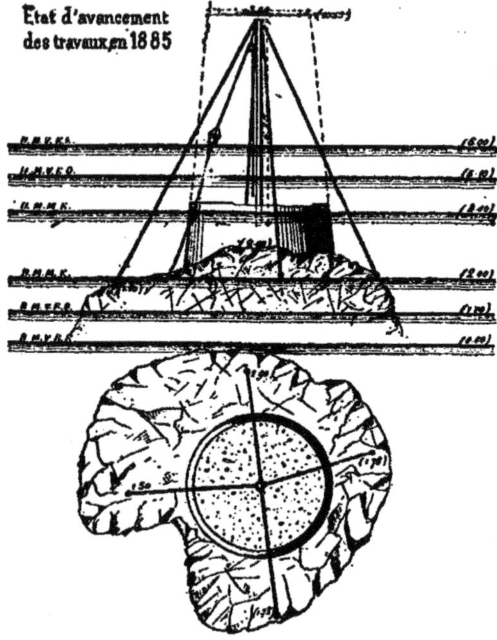

cer dans la roche quatre trous de scellement, dans lesquels ont été fixés au ciment quatre pitons en fer.

Puis on installa un mât de charge, formé d'une tige en fer, de 8 à 9 centimètres de diamètre, maintenue verticale par quatre haubans en chaîne de fer, fortement tendus par des raidisseurs à vis.

Quelques jours après, une tempête avait ployé la tige en fer, cassé les chaînes et tout renversé. Les ingénieurs renoncèrent alors à cette installation, qu'ils avaient crue tout d'abord capable de traverser au moins la belle saison, et se décidèrent à employer un mât de charge en bois (croquis p. 346), maintenu par quatre haubans en cordages que l'on mettait en place au commencement de chaque période de travail.

Si, à la fin d'une marée, on supposait pouvoir travailler encore à la suivante, on laissait le mât de charge en place, sauf, en cas d'accident, à le remplacer par un mât de rechange que l'on tenait toujours prêt. Lorsqu'on abandonnait le travail pour plusieurs jours, on remportait le système si la mer ne l'avait pas déjà démoli.

Le mode de construction par emploi de béton de Portland, dans un encaissement en planches, indiqué au projet, n'était pas applicable au début, tant à cause de l'irrégularité de la roche que par suite de la courte durée du travail, qui ne permettait pas de couvrir pendant une marée la superficie de la fondation sur une hauteur suffisante. Il a fallu diviser le cercle de base en parties plus ou moins étendues, qui ont été faites, une à une, à l'abri d'enceintes en béton de ciment à prise rapide de 0m,20 à 0m,25 d'épaisseur, que l'on faisait au commencement de la marée et qu'on remplissait de béton de ciment Portland, recouvert, au dernier moment, d'un épais enduit de ciment à prise rapide (voir croquis ci-dessus).

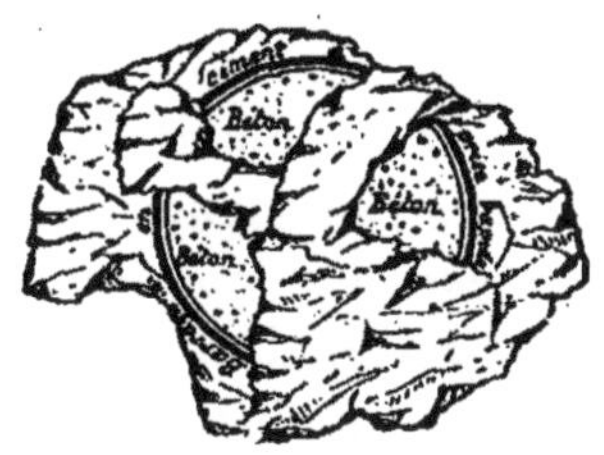

L'organisation adoptée pour le chantier est la suivante (croquis p. 345). :

On mouille sous le vent de l'écueil une bouée à laquelle on fixe une aussière amarrée sur la roche à son autre extrémité. Cette aussière sert de moyen de touage entre la roche et les eaux relativement calmes où les bateaux peuvent stationner sans danger. Une embarcation légère sert à faire passer les hommes des bateaux sur la roche, en profitant des embellies.

On fait passer les matériaux des bateaux sur la roche à l'aide d'une benne, suspendue à une aussière passant dans une poulie attachée au sommet du mât de charge, ce qui permet de placer les bateaux à une distance telle qu'ils ne courent pas de risque d'être coulés ou brisés dans les ressacs.

Tout a bien marché de cette façon, sauf à la dernière marée de travail de la campagne 1882, dans laquelle le chaland a été coulé en rade du port des Sables, par suite d'un changement de temps subit survenu pendant la basse mer.

Les campagnes de 1883 et 1884 ont été peu fructueuses et n'ont présenté aucune particularité digne d'être signalée.

Le nombre des marées consacrées jusqu'ici (mai 1885) au travail a été de 30 et se décompose comme il suit :

Campagne de 1882	10
— 1883	5
— 1884	15
Total égal	30

La maçonnerie est montée jusqu'à une cote que nous n'avons pas pu déterminer exactement lors de la dernière descente sur la roche, mais qui est comprise entre $4^m,50$ et 5 mètres au-dessus des plus basses mers.

Le cube exécuté est de 20 à 25 mètres.

La dépense s'est élevée à 9.065 fr. 45, ce qui fait ressortir le mètre cube à 400 francs environ.

D'après le projet, la dépense devait être de 175 francs par mètre cube.

Cette différence n'a rien qui doive étonner si l'on remarque que la partie réellement difficile de l'ouvrage est actuellement terminée. A mesure que la tour s'élève, le travail devient plus facile, le temps que l'on peut utiliser par marée allant en croissant.

Aussi, peut-on espérer terminer le travail sans dépasser les crédits alloués.

Le projet de construction de la tour-balise a été dressé par MM. Proszynski, ingénieur en chef, et Ribière, ingénieur ordinaire. Les travaux ont été exécutés sous la direction de MM. Proszynski, ingénieur en chef, et successivement Ribière, Bergès et Charron, ingénieurs ordinaires.

3° MOUILLAGE DES BOUÉES SUR FOND DE ROCHE

Une des difficultés que l'on rencontre dans le balisage au moyen de bouées, sur fond de roche, tient à ce que la chaîne de mouillage, toujours fort longue (d'une fois et demie à trois fois la plus grande hauteur de l'eau au-dessus du fond), traîne à basse mer sur le rocher, où elle s'use rapidement et où même elle est exposée à s'engager dans les têtes saillantes du rocher.

On y a remédié, dans certains cas, en imitant une pratique suivie par les pêcheurs, lorsqu'ils mouillent des casiers à homards sur de pareils fonds.

La chaîne est attachée à un corps mort qui, dans

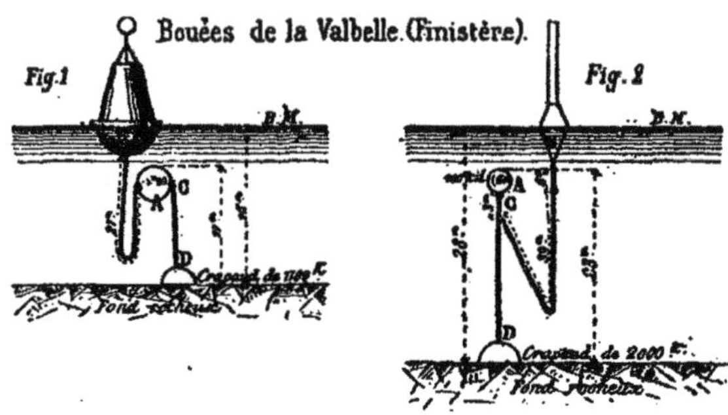

ce cas, n'est pas une ancre, mais simplement un lourd crapaud en fonte; elle porte sur sa longueur, environ au tiers à partir du corps mort, un flotteur immergé, à une distance suffisante au-dessus du fond, pour qu'à mer basse la partie de la chaîne qui a pris du mou ne puisse venir frotter sur le rocher.

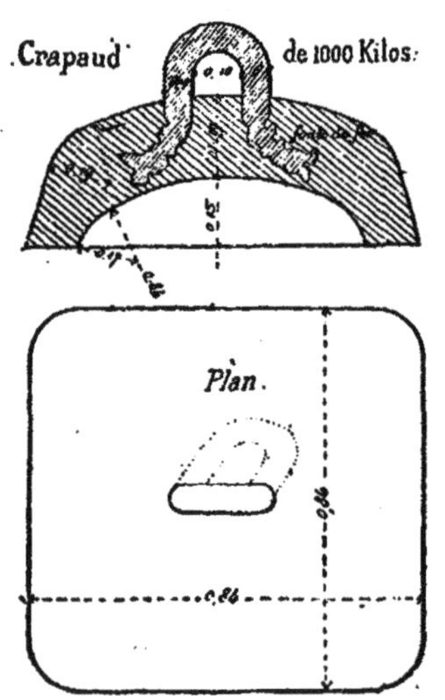

La condition à remplir est qu'à basse mer le flotteur A (voir croquis n° 1 ci-joint) demeure à une profondeur telle, au-dessous de la surface de l'eau, que, d'une part, la bouée B ne vienne pas le choquer, et, d'autre part, que les lames n'aient pas d'action trop sensible sur ce flotteur, afin d'éviter la rupture de la chaîne CD, qui n'a pas de mou.

Il est aussi commode, pour le facile relevage du corps mort, d'attacher le flotteur non directement à la chaîne CD, mais à un brin relié à un des maillons de cette chaîne (croquis n° 2, p. 350). De cette façon, l'enroulement de CD sur le treuil de relevage se fait sans autre démaillage que celui, toujours relativement facile, de la chaîne auxiliaire du flotteur.

4° DÉCAPAGE DES ROCHERS POUR L'ÉTABLISSEMENT DES FONDATIONS [1].

Lorsque l'on doit établir une maçonnerie ou du béton sur une roche ne découvrant qu'à de rares intervalles à basse mer, on rencontre une difficulté spéciale pour bien souder la maçonnerie à la roche.

Cette difficulté tient à ce que le rocher est presque toujours recouvert d'une abondante végétation d'algues et de varechs. On peut, il est vrai, la faire disparaître par un piquage de la roche. Mais, dans l'intervalle de quelques marées, la roche se recouvre à nouveau d'un enduit gluant, qui suffit pour empêcher la soudure de la maçonnerie.

On fait disparaître rapidement cette végétation au moyen d'un balayage à l'acide chlorhydrique, qui dissout les sels calcaires de la surface du rocher et par cela même détruit l'adhérence des algues.

1. Tours-balises en béton : Exposition universelle à Paris, en 1889 : *Notices sur les modèles, dessins, etc., relatifs aux travaux des ponts et chaussées*, réunis par les soins du ministère des Travaux publics.

CHAPITRE X

EXPLOITATION DES PORTS

§ 1er. *Des voies d'accès.* — § 2. *Dispositions des mouillages, darses et bassins.* § 3. *Outillage des ports.* — § 4. *Taxes des ports.*

486. Généralités. — Un port est essentiellement une gare de transbordement; il doit être aménagé de façon à permettre, dans les meilleures conditions de sécurité, de rapidité et d'économie, l'arrivage, la manutention, le stationnement et l'expédition de tout ce qui constitue son trafic à l'entrée et à la sortie.

La réalisation de ce programme s'impose d'autant plus aujourd'hui que la concurrence, entre les ports voisins des différents pays, est plus active, pour attirer à eux le mouvement maritime.

Or, la navigation à vapeur prend chaque jour une prépondérance croissante sur la navigation à voile ; c'est donc à ses convenances qu'il faut surtout s'efforcer de satisfaire.

Mais la navigation à vapeur n'est rémunératrice qu'à certaines conditions :

1° Elle est d'autant plus économique que les navires ont de plus grandes dimensions; elle réclame, par suite, des entrées profondes et sûres pour les ports. Ce point a été traité dans les chapitres précédents.

2° Elle a besoin de trouver, dans ses différentes escales, un fret abondant; un port doit donc être relié, à la contrée qu'il dessert, par des voies d'accès nombreuses, faciles et économiques.

3° Le capital représenté par un grand bateau à vapeur (un transatlantique, par exemple) est si élevé, les frais d'armement, de combustible, d'assurance, etc., sont si considérables, que chaque heure d'immobilisation inutile entraîne une perte sèche d'argent souvent ford lourde; par conséquent, il faut activer les mouvements et les opérations de ces navires.

§ 1er

DES VOIES D'ACCÈS

487. Par terre. — Aujourd'hui, la plupart des ports sont desservis par des réseaux convenables de routes et de chemins de fer; mais la partie de ces voies qui aboutit aux quais comporte quelques indications spéciales qui seront données plus loin.

488. Par eau. — Par contre, tous les ports ne sont pas également favorisés au point de vue des communications par eau, qui ont pourtant une grande importance pour le commerce maritime.

Les fleuves, les rivières, canalisées ou non, et les canaux permettent le transport des matières encombrantes et de peu de valeur, à des prix moindres que ceux des chemins de fer; ils contribuent ainsi à procurer aux navires un fret qui, sans cela, leur échapperait.

Ils permettent également le transport de masses indivisibles de grands poids et de grandes dimensions, que des wagons seraient incapables de recevoir.

Le matériel flottant (bateaux, péniches, allèges, chalands, mahonnes, etc.) amène ou prend directement le long du bord les marchandises, qui n'ont à subir ainsi qu'une seule manutention et ne viennent pas encombrer les quais.

Si le réseau des canaux sillonne la ville, comme à Venise, Amsterdam, Hambourg, etc., le chargement ou le déchargement des barques se fait immédiatement au pied des magasins.

En cas d'arrivages exceptionnellement abondants, les allèges peuvent servir de magasins flottants temporaires.

Le charbon, par exemple, sera débarqué du navire qui l'apporte, dans un chaland qui le livrera plus tard, avec le minimum de manutention, de bris et de perte, au vapeur qui doit le recevoir, etc.

Toutefois, la présence d'un très grand nombre d'allèges dans les bassins et les darses devient quelquefois une cause d'encombrement; il est donc à propos de ménager, pour le stationnement de longue durée de ce matériel, des bassins spéciaux ou des surfaces d'eau de faible profondeur, bien abrités et en facile communication avec le mouillage des navires.

Dans les ports à marée, le passage des allèges par

les écluses marines peut devenir aussi une sujétion embarrassante, à cause des manœuvres répétées, des pertes d'eau de sassement qu'il entraîne, etc. Aussi convient-il, quand on le peut, de prévoir de petites écluses pour ces mouvements, ou de partager les grands sas en deux parties, et, en tout cas, de réglementer le passage de ces allèges de façon à en écluser le plus grand nombre possible à la fois.

Quoi qu'il en soit, les voies d'accès par eau sont d'un intérêt indiscutable pour un port, et on ne saurait trop les développer.

Depuis longtemps, on se préoccupe de la création d'un canal du Rhône à Marseille, malgré le chiffre élevé de la dépense qu'elle doit entraîner.

§ 2

DISPOSITIONS DES MOUILLAGES, DARSES ET BASSINS

489. Des mouillages. — La plupart des ports ont été d'abord de simples mouillages, et les plus importants, les plus perfectionnés de l'époque actuelle conservent encore presque tous ce caractère dans quelques-unes de leurs parties.

Un mouillage présente, dans les mers ou les fleuves à marée, cet avantage que les navires y ont une certaine liberté de mouvement. Au mouillage, les navires ne sont pas exposés à subir les lenteurs et les risques du passage dans les écluses ou du séjour dans les bassins à flot. Dès qu'ils sont amarrés à leur poste, ils peuvent commencer leurs opérations, et, dès qu'ils les ont terminées, ils peuvent se remettre en route. Ce sont là des conditions favorables pour un grand vapeur faisant un service régulier et desservant, comme c'est presque toujours le cas, de nombreuses escales au cours de sa traversée.

Dans les mouillages, à marée ou sans marée, des allèges en nombre suffisant viennent accoster le long du bateau, qui peut délivrer ou recevoir, par tous les panneaux de son pont, les colis qu'il apporte ou qu'il doit emporter.

Les allèges prennent ou conduisent aux magasins situés sur le bord du mouillage les marchandises de chaque expéditeur ou destinataire.

Les choses se passent, en effet, quelquefois ainsi, et l'on doit reconnaître qu'on y trouve alors de sérieux avantages, qui font passer par-dessus quelques inconvénients.

Toutefois, ces inconvénients deviennent souvent fort graves.

Ainsi, lorsque le mouillage n'est pas toujours assuré d'un calme suffisant, les navires y courent des dangers. Dans les mouillages extérieurs, appelés aussi rades foraines, les bateaux sont quelquefois forcés, par le mauvais temps, de lever l'ancre avant d'avoir pu livrer ou recevoir leur cargaison.

Le navire peut être en sécurité par une mer qui ne permet cependant pas le mouvement des allèges ou qui rend dangereux leur accostage le long du bord.

Même dans les circonstances les plus favorables, l'activité des opérations du navire dépend du service des allèges, sur lequel le capitaine n'a aucune action directe et qui, malheureusement, laisse trop souvent à désirer.

Les marchandises embarquées sur les allèges sont exposées à la mouille, et par la mer et par la pluie; elles sont exposées aussi à des fraudes et à des vols, surtout quand elles y restent pendant la nuit.

Il faut remarquer, en outre, qu'un navire occupe un espace considérable dans un mouillage s'il doit évoluer autour de son ancre.

Si l'on veut diminuer la place qu'il occupe en l'empêchant d'évoluer, on peut le mouiller à quatre amarres sur des corps morts; mais alors ses mouvements deviennent moins libres, par suite du voisinage des autres navires au milieu desquels il se trouve.

Quelquefois, comme à Hambourg par exemple, on amarre le bateau à des groupes de pieux appelés « ducs d'albe »[1].

Dans des eaux habituellement calmes, on évite la plupart des inconvénients des mouillages en construisant sur la rive des appontements ou des quais, auxquels les navires peuvent venir s'amarrer et d'où ils ont cependant toute facilité de se dégager.

En Amérique, on adopte à peu près exclusivement les appontements ou piers (Pl. XV).

A Anvers, on a établi, à une époque récente, des quais en eau profonde sur la rive concave de l'Escaut.

490. Des darses. — Dans les ports sans marée, de

1. Voir Plocq et Laroche, *Ports de l'Europe septentrionale*, page 116.

la Méditerranée par exemple, les rives du mouillage primitif ont été successivement bordées de quais de plus en plus profonds.

Mais le développement de quais ainsi obtenu a été quelquefois insuffisant, et, pour l'augmenter, on a créé, perpendiculairement aux quais de rive, des terre-pleins bordés eux-mêmes de quais. On donne habituellement à ces terre-pleins le nom de traverses, en France.

Les traverses partagent le port en bassins, appelés *darses*, dans la Méditerranée.

Les darses se trouvent abritées par les traverses contre l'agitation qui peut régner ou se propager dans le port, et offrent ainsi aux navires amarrés à quai tout le calme désirable.

La distance entre deux traverses, ou largeur de la darse, est, d'habitude, notablement plus grande que la largeur des bassins à flot dont il va être parlé. Elle atteint et dépasse souvent 200 mètres.

Cela tient à ce que, le plus souvent, les navires pénètrent dans la darse librement, soit sous voiles, soit avec leurs machines, et doivent pouvoir y opérer les évolutions que comportent leurs manœuvres d'accostage ou de démarrage, ce qui n'a pas généralement lieu dans un bassin à flot.

De plus, il se fait dans les darses un mouvement assez actif de petits caboteurs, qui jouent, pour les grands ports de la Méditerranée, ordinairement privés de voies de navigation intérieure, le rôle réservé ailleurs aux bateaux de rivières et de canaux pour les communications entre le port principal et les petits ports voisins de la contrée.

491. Des bassins à flot. — La création des bassins à flot ne remonte qu'à une époque relativement très récente de l'histoire du commerce maritime. Elle a été déterminée par la nécessité de donner satisfaction aux besoins croissants des armateurs et des négociants.

Beaucoup de bassins à flot ont été construits par l'industrie privée, surtout en Angleterre, où on les appelle des *docks ;* comme ces établissements coûtent très cher, on s'est efforcé de leur faire rendre le plus possible de services rémunérateurs. Il n'est que juste de reconnaître que les progrès réalisés dans l'utilisation, ou, comme on le dit, dans l'exploitation des ports, sont dus presque exclusivement à l'initiative des propriétaires de docks.

En principe, on doit, autant que le permettent les dispositions locales, exclure d'un bassin à flot les navires qui n'ont pas à y faire d'opérations commerciales ; on peut, par suite, avec avantage, diminuer sa surface d'eau et augmenter proportionnellement le développement et la surface de ses quais.

Pour augmenter la longueur des quais accostables, on a divisé les bassins à flot en sections formant de véritables darses (Victoria docks, à Londres ; bassin Freycinet, à Dunkerque), mais en darses très étroites, parce que, contrairement à ce qui a lieu d'habitude dans les ports sans marée, le mouvement du matériel naval doit s'y faire avec beaucoup de prudence, et, le plus souvent, à l'aide du halage ou du remorquage.

A Dunkerque [1], par exemple, dans le bassin Freycinet, la largeur libre entre les quais parallèles des darses n'est pas de plus de 90 à 100 mètres.

Il est toutefois désirable que les navires trouvent dans un bassin à flot un espace libre assez grand où ils puissent tourner bout pour bout, parce qu'un bateau se dirige mieux par l'avant que par l'arrière. Mais, dans certaines circonstances, on n'hésite pas cependant à faire sortir d'une écluse un navire par l'arrière.

En fait, la largeur d'un bassin à flot dépend d'un grand nombre de conditions locales, notamment de l'activité de la navigation intérieure qui accède à ce bassin.

Un inconvénient déjà signalé des bassins à flot tient à la lenteur et aux risques du passage des navires dans les écluses ; on s'est efforcé de l'atténuer en rendant plus rapide et plus sûre la manœuvre des portes, des ponts mobiles, etc., en activant le halage des navires au moyen de puissants cabestans, etc. (voir tome I, chapitres II à IV).

C'est aussi dans les bassins à flot que la question de la bonne utilisation des quais a pris d'abord toute son importance, car l'entreprise d'établissements aussi coûteux ne peut être rémunératrice qu'à la condition que le trafic y soit très actif, et, pour

1. Voir Ministère des Travaux publics, École nationale des Ponts et Chaussées (service des cartes et plans) : *Atlas des ports étrangers*, 2e livraison ; Paris, Imprimerie Nationale, 1886.

cela, il faut que le commerce y trouve toutes les facilités désirables.

On a donc été conduit à aménager les quais de façon à leur faire rendre le maximum possible de services, en y établissant tout un ensemble d'installations et d'engins qui constituent ce qu'on appelle l'outillage d'un port.

§ 3

OUTILLAGE DES PORTS

492. Définition. — L'outillage d'un port a été défini de la manière suivante [1] :

« L'ensemble des organes et engins qui, n'étant « pas absolument nécessaires à l'existence du trafic « maritime, facilitent néanmoins les opérations, les « rendent plus rapides ou moins onéreuses, qui « améliorent, en un mot, les conditions de l'exploi- « tation.

« Les cabestans qui, placés sur les musoirs des « écluses, facilitent et accélèrent le passage des « navires, les appareils mécaniques qui rendent plus « rapides les manœuvres des ponts et des portes, les « engins qui opèrent le déchargement des marchan- « dises, les quais où on les dépose, les hangars qui « les abritent pendant leur manutention, les maga- « sins qui les conservent, les voies ferrées et autres

1. Exposition universelle à Paris, en 1889, Congrès international des travaux maritimes : *Rôle et importance de l'outillage des ports*, par M. Desprez, ingénieur des ponts et chaussées.

« qui les transportent, les agencements spéciaux
« nécessaires à certains commerces particuliers,
« sont autant d'organes aujourd'hui nécessaires à la
« vie d'un grand port de commerce et qui constituent
« son outillage commercial. »

493. Des voies ferrées [1]. — Les quais d'un port doivent être reliés par des rails aux chemins de fer qui desservent la localité. Mais cette condition n'a pas partout la même importance.

Ainsi, l'on est tout étonné, en visitant Liverpool, de voir que la plupart des quais de ce port, un des plus vastes et des plus actifs qui existent, sont presque absolument démunis de voies ferrées [2]. Cela tient à différentes causes locales qu'il serait sans intérêt d'examiner ici ; il suffira de citer celle qui résulte de ce qu'un grand nombre de marchandises débarquées restent déposées, plus ou moins longtemps, dans des magasins particuliers, avant d'être réexpédiées.

Lorsque les quais sont garnis de voies ferrées, il importe que l'on puisse y conduire, à la machine, des trains entiers ou, tout au moins, un assez grand nombre de wagons à la fois. Il convient donc que les diverses voies soient raccordées entre elles par des courbes, des aiguilles, et non par des plaques tournantes.

Dans ce but, on est souvent conduit à adopter des

1. Voir *Quelques mots sur les dispositions des voies ferrées dans les ports de mer*, par M. A. Sartiaux, ingénieur des ponts et chaussées, sous-chef de l'exploitation de la Cie des chemins de fer du Nord (*Revue générale des Chemins de fer*, juillet 1882).

2. Plocq et Laroche, *Étude sur les principaux ports de commerce de l'Europe septentrionale*. Paris ; Imprimerie Nationale, 1882, page 153.

courbes de petit rayon, de 100 mètres par exemple, malgré les inconvénients qu'elles présentent pour la traction, même à la marche très lente qu'on est obligé d'observer sur ces voies, car ces inconvénients sont encore moindres que ceux qu'entraînent des manœuvres de wagons isolés par plaques tournantes ou par chariots roulants.

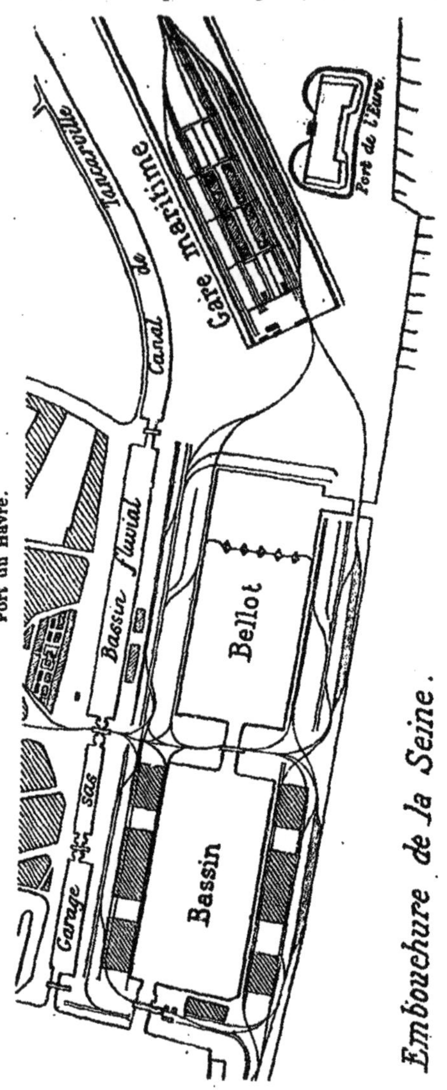

Port du Havre.

Les avantages du raccordement par courbes ont conduit à modifier la disposition primitivement adoptée pour les traverses. Autrefois, les traverses (comme on l'a dit p. 359) étaient normales aux quais de rive, et cet arrangement n'avait pas d'inconvénient pour les transports par voitures ; mais, quand on a dû établir des voies ferrées sur ces traverses, il a fallu recourir aux plaques tournantes pour y amener les wagons.

Aujourd'hui, dans les ports récemment aménagés, les traverses sont généralement obliques par rapport aux quais de rive, ce qui permet le raccordement de leurs voies au moyen de courbes à grand rayon (Exemple : Dunkerque).

Cependant, les plaques tournantes sont toujours nécessaires de distance en distance, pour relier entre elles un certain nombre de voies parallèles et voisines.

Les wagons doivent être triés de telle façon que l'on puisse grouper ensemble ceux qui sont destinés au même quai ou ceux qui, provenant de différents quais, sont à expédier dans la même direction.

Il en résulte qu'une gare de triage spéciale est toujours utile et souvent indispensable pour les ports où le mouvement des marchandises par chemin de fer est important (Exemples : Le Havre, voir croquis p. 364 ; New-York, Pl. XV).

L'expérience a montré qu'on ne fait presque jamais la part assez large aux extensions à prévoir pour l'avenir, lorsque l'on projette de semblables gares de triage ; aussi, convient-il de les établir là où leur développement sera le plus facile à réaliser économiquement, même au prix d'un allongement notable des parcours à opérer à la machine pour la manutention des wagons.

Le nombre et l'arrangement des voies desservant un quai en particulier seront examinés un peu plus loin.

494. Manutention des marchandises sur les quais. — Avant d'expliquer les aménagements qu'on a été conduit à adopter pour le terre-plein des quais, il est bon de faire connaître quelques-unes des conditions habituellement observées dans le commerce maritime.

Le transport des marchandises par navire fait l'objet d'un contrat appelé « charte-partie ».

Parmi les stipulations que contient la charte-partie se trouvent généralement les suivantes :

Le capitaine prend ou livre les colis sous palan, le long du bord. Il lui est accordé pour ces opérations un certain nombre de jours, dits jours de planche.

D'un autre côté, l'engagement des marins porte ordinairement que l'équipage doit, pendant son séjour à bord, être à la disposition du capitaine, non seulement pour les manœuvres du navire, mais encore pour les opérations de chargement et de déchargement.

Supposons qu'un navire à voile arrive dans un port où il doit débarquer sa cargaison et où il se propose de stationner jusqu'à ce qu'il ait trouvé un fret de sortie.

Le capitaine, par raison d'économie, fera faire le déchargement par l'équipage, en profitant de tous ses jours de planche. L'opération pourra donc durer assez longtemps, et le navire occupera, pendant tout ce délai, une place à quai, au détriment des autres navires qui attendent leur tour d'accostage.

Des abus de ce genre, très communs autrefois, ne sont pas rares encore aujourd'hui.

Pour y remédier, on a édicté dans chaque port des règlements de police n'accordant au navire qu'un délai raisonnable pour ses opérations, quel que soit le temps stipulé dans sa charte-partie.

La fixation de ces délais est une question des plus délicates ; on doit tenir compte d'une foule de considérations spéciales, d'habitudes locales, etc., et notamment des facilités que le port offre au commerce, soit pour le déchargement, soit pour le dépôt des marchandises, par le fait de l'existence d'engins de manutention, de la grande superficie des terre-pleins des quais, etc.

L'intérêt public exige évidemment que ces délais soient aussi courts que possible, mais l'équité commande d'aménager et d'outiller le port en conséquence.

Ainsi, grâce aux améliorations apportées au port du Havre, le règlement actuel (12 novembre 1879) n'accorde plus à un navire à voile de 1.250 à 1.500 tonneaux de jauge que quinze jours pour décharger et vingt jours pour charger ; tandis que l'ancien règlement du 26 juillet 1828 concédait douze jours et vingt-cinq jours aux navires de 200 tonneaux, pour les mêmes opérations.

Ces délais sont encore assez longs pour que beaucoup de capitaines continuent à opérer le déchargement de leur bateau par leurs propres moyens, d'autant mieux qu'aujourd'hui tous les bateaux à vapeur et un certain nombre de bateaux à voile sont munis de grues et de treuils à vapeur.

Aussi, assiste-t-on souvent à ce spectacle, inexplicable tout d'abord, que, dans certains ports, un outillage très perfectionné reste longtemps inoccupé, et que le commerce ne consent à s'en servir qu'à la condition qu'on le mette à peu près gratuitement à sa disposition.

Les observations qui précèdent s'appliquent aux quais publics ; il n'en est pas de même pour les docks privés. Là, les délais accordés sont beaucoup plus courts ; il en résulte que, même lorsque le capitaine conserve la faculté d'y faire ses opérations, il est souvent obligé de recourir à l'outillage des quais, pour ne pas dépasser le temps réglementaire.

Mais il y a plus : dans certains docks, le capitaine est tenu de faire faire tout ou partie de ses opérations par les soins de l'administration du dock.

Quelquefois même, comme à Hambourg[1], la taxe que l'on paie pour entrer dans un bassin comporte le prix du déchargement, de sorte que le capitaine n'a aucun intérêt à intervenir, et le travail s'exécute, sans dépendre du bon vouloir d'un tiers, dans les conditions les plus satisfaisantes de rapidité et de bonne utilisation des quais et de leur outillage.

L'aménagement des ports ne prend réellement toute son importance que lorsqu'on envisage les besoins des grands navires à vapeur faisant des services réguliers à jours fixes, avec de nombreuses escales en cours de route.

Or, comme on l'a déjà dit, c'est surtout à ces navires que semble réservée la plus grande part du trafic maritime ; ce sont eux que toute place commerciale doit s'efforcer d'attirer à elle.

Les grandes lignes de navigation ont besoin,

1. Voir Plocq et Laroche, *Étude sur les principaux ports de commerce de l'Europe septentrionale.* Paris, Imprimerie Nationale, 1878, page 264.

dans les ports que leurs navires desservent, de places réservées à quai, afin de n'avoir jamais à attendre leur tour d'accostage.

La partie de l'équipage disponible pour la manutention des marchandises est toujours trop peu nombreuse pour qu'on puisse la charger de toutes les opérations pendant la courte durée de l'escale.

Il faut donc que les navires trouvent sur les quais des engins de chargement et de déchargement manœuvrés par des équipes étrangères au bord.

Le mouvement des marchandises se fait par les panneaux du pont, de sorte que ces engins doivent être situés sur le quai, à proximité de ces ouvertures; et, comme la position des panneaux varie d'un navire à l'autre, les grues, treuils, etc., doivent être mobiles pour être amenés, dans chaque cas, à la place la plus convenable. (On donnera plus loin quelques indications relatives aux grues et autres engins de manutention.)

Il faut observer qu'un navire élongé à quai peut prendre ou décharger d'un côté à terre, et de l'autre dans des allèges, ce qui augmente la rapidité de ses opérations.

495. Préservation de la marchandise sur les quais. — Voyons maintenant ce que va devenir la marchandise mise à quai.

Elle est d'abord reconnue par le destinataire, puis examinée par les agents de la douane.

Cette reconnaissance et cet examen exigent un

certain temps, pendant lequel les colis doivent rester sur le terre-plein.

Si le navire profite de tous les délais qui lui sont accordés, soit par la charte-partie, soit par le règlement de police du port, il pourra généralement se borner à décharger chaque jour une petite quantité de tonnes; il semble donc que le destinataire pourra les enlever du quai presque au fur et à mesure de leur débarquement ou, en tout cas, peu de temps après.

Or, en réalité, il n'en est rien. Les négociants profitent de toutes les circonstances, de tous les prétextes pour transformer les quais en lieux de dépôts à leur usage personnel.

Ces errements abusifs de l'intérêt privé ont existé de tout temps et se continuent encore de nos jours; on a toutes les peines imaginables à réagir contre eux; une foule de considérations obligent d'ailleurs à une certaine tolérance, les unes dans l'intérêt même de la fréquentation du port, les autres par égard pour le commerce dont vit la population, etc.

On a donc été obligé partout d'édicter des règlements qui prescrivent l'enlèvement des marchandises dans un délai déterminé après leur reconnaissance par la douane.

Il faut, pour cela, que les quais soient desservis par des routes, par des voies ferrées, permettant de les débarrasser rapidement.

En tous cas, les marchandises doivent rester sur le terre-plein jusqu'à ce que la douane en ait achevé l'examen ; elles sont donc exposées, pendant ce temps, à toutes les intempéries et même à des vols.

De là résulte la nécessité de les garantir contre ces chances d'avaries.

Cette protection se faisait autrefois d'une manière générale, et se fait bien souvent encore aujourd'hui, au moyen de toiles goudronnées (bâches, prélarts, etc.), fournies en location par des industriels spéciaux. Mais le bâchage a le double inconvénient de coûter assez cher et de n'offrir qu'une sécurité souvent insuffisante.

Dans les climats très pluvieux, comme en Angleterre, on a depuis longtemps remplacé, autant que possible, les bâches par des hangars, et on y trouve de sérieux avantages.

Malgré cet exemple que nous offrait un pays voisin, ce n'est que depuis une époque récente que l'on a construit, en France, de semblables abris, et cela seulement dans quelques-uns de nos ports les plus importants.

Il n'y a pas lieu cependant de trop s'en étonner; l'ajournement de certaines améliorations, le refus même de les accepter tient, bien souvent, à des préoccupations autres que celles de l'intérêt général.

Les loueurs de bâches voient avec déplaisir l'établissement de hangars ; les camionneurs cherchent à ajourner l'exécution des voies ferrées sur les quais ; les entrepositaires s'opposent aux mesures qui peuvent favoriser le transit direct ; en un mot, tous les intermédiaires, qui voient leurs intérêts personnels froissés par une transformation du port, devant rendre leurs services moins nécessaires et moins rémunérateurs, luttent contre cette amélioration pour leur propre existence.

Or, dans les ports publics, comme le sont ceux d'un grand nombre de pays et notamment de la France, on ne peut rien faire sans tenir grand compte de toutes ces considérations.

On a dit que la marchandise doit rester sur le terre-plein du quai jusqu'après l'examen de la douane. Or, dans tous les ports, le service de la douane commence assez tard le matin, finit assez tôt le soir et ne fonctionne pas à certains jours.

D'ailleurs, ses opérations, souvent délicates et minutieuses, comportent certains délais.

Dans ces conditions, il ne servirait à rien d'activer le déchargement des navires, si la douane voulait examiner les marchandises au fur et à mesure de leur débarquement.

On a tourné cette difficulté en créant sur les quais des hangars clos, qui sont considérés comme entrepôts temporaires, sous la garde de la douane.

De cette façon, un grand vapeur, à service régulier, peut faire ses opérations avec toute la rapidité désirable, travailler chaque jour à telles heures qui lui conviennent et repartir dès qu'il a reçu son chargement.

Pour qu'il en puisse être ainsi, il faut nécessairement que le hangar soit capable de recevoir non seulement tous les colis débarqués, mais encore ceux qui doivent être embarqués, et même ceux qui, pour une cause quelconque (avarie, litige, etc.), sont obligés de stationner un temps plus ou moins long sur les quais. Cette condition va intervenir dans la détermination de la largeur des quais.

L'aménagement d'un port comporte encore d'autres installations d'un caractère plus spécial, dont on dira plus loin quelques mots ; pour le moment, on traitera d'abord la question des quais en se plaçant au point de vue des exigences du commerce maritime par grands navires à vapeur faisant un service régulier d'escales.

496. Largeur des quais. — *Zone libre près de la rive.* — On a expliqué précédemment l'utilité des grues mobiles le long des quais. Elles circulent ordinairement sur une voie ferrée ; l'écartement des rails de cette voie doit être assez grand pour assurer la stabilité de la grue sur une large base d'appui ; cet écartement est habituellement de 4 mètres environ. On en profite pour installer entre ces rails une voie ferrée ordinaire de la largeur réglementaire.

Quelquefois, une seconde voie, au gabarit normal, est jugée nécessaire au delà de la première. Dans ce cas, il est bon que l'entre-voie soit plus large que sur les lignes de circulation, pour la sécurité des agents préposés aux manœuvres ; cette entre-voie sera, par exemple, portée à 3 mètres.

Il convient donc de réserver sur le bord du quai une zone dont la largeur variera de 4 à 10 mètres.

Au delà de cette zone s'élèvent les hangars.

Hangars. — La largeur des hangars dépend de la quantité maximum de marchandises qu'ils peuvent être appelés à contenir à un moment donné, sur une longueur à peu près égale à celle d'un navire.

Supposons qu'un bateau à vapeur, de 150 mètres de long, doive débarquer 3.000 tonnes, puis embarquer immédiatement après 3.000 autres tonnes de marchandises; le hangar devra être capable de contenir 6.000 tonnes à la fois, soit 40 tonnes environ par mètre courant de la longueur du navire.

Or, l'expérience a fait reconnaître que, malgré l'empilement des marchandises, il ne convient pas de compter plus d'une tonne par mètre carré, par suite des espaces libres qu'il faut réserver pour la séparation des tas, pour le roulage des colis, etc.

Le hangar devra donc avoir, dans les hypothèses adoptées, environ 40 mètres de large; en fait, cette largeur varie habituellement de 20 à 60 mètres (voir Pl. I du tome I, Pl. XV du tome II, et les croquis p. 375 et 376).

D'ailleurs, la longueur disponible du hangar est quelquefois plus petite que celle du navire, et, d'un autre côté, il est matériellement impossible d'empêcher que certaines marchandises ne séjournent, comme on l'a dit, un temps plus ou moins long sous le hangar.

L'avis des négociants est, en somme, le meilleur guide à suivre dans de pareilles études, car il y a un grand nombre de questions de convenances, d'habitudes et autres que les intéressés sont seuls aptes à élucider.

Toutefois, pour les hangars, comme pour tant d'autres installations, on a regretté bien souvent de n'avoir pas fait tout d'abord une assez large appréciation des besoins de l'avenir.

Voies ferrées de service. — Au delà des hangars

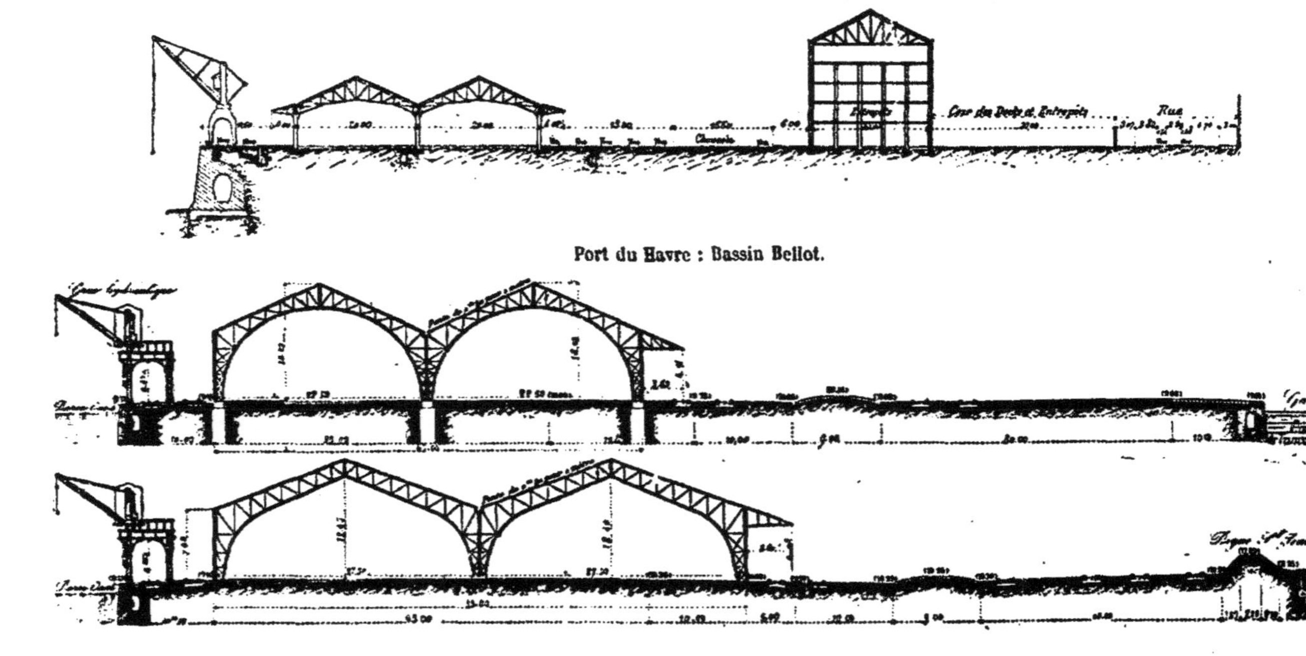

Port de Calais : Quai Ouest du bassin à flot. — Coupe transversale.

Port du Havre : Bassin Bellot.

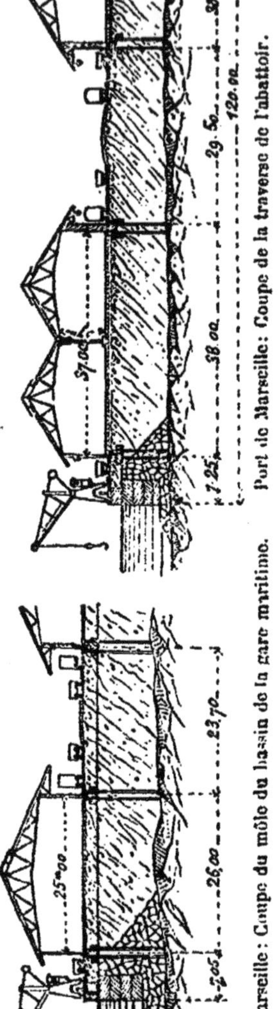
Port de Marseille : Coupe de la traverse de l'abattoir.

Port de Marseille : Coupe du môle du bassin de la gare maritime.

s'étendent les voies ferrées de service.

Il faut, autant que possible :

Une voie, le long du hangar, pour les wagons en chargement ou en déchargement ;

Une voie pour les wagons chargés ou déchargés ;

Une voie pour les trains à l'arrivée ;

Une voie pour les trains au départ ;

Enfin, une voie de débord pour le dégagement et la circulation des machines ;

Soit cinq voies (à larges entre-voies, pour la sécurité des manœuvres), occupant chacune environ 4 à 5 mètres de largeur, soit ensemble 20 à 25 mètres.

Cependant, deux ou trois voies peuvent suffire dans certains cas.

En arrière des voies ferrées se trouve la voie charretière.

Voie charretière. — La largeur de la route dépend de plusieurs considérations :

1° Les camions en stationnement occupent une bande de 2 mètres environ quand ils sont sur un seul rang, et ils sont quelquefois sur deux ou trois rangs ;

2° Ils ont souvent une grande longueur et ils ont besoin d'une place suffisante pour pouvoir tourner ;

3° La bande réservée à la circulation doit être assez large pour permettre le mouvement des camions et des voitures ordinaires ; souvent ces routes sont desservies par une ligne de tramways ;

4° L'entretien de la chaussée, les fouilles que nécessite le service des conduites d'eau, de gaz, d'électricité, etc., paralysent plus ou moins l'usage d'une partie de la route.

Pour tous ces motifs, la voie charretière peut exiger une largeur de 12 à 20 mètres.

Enfin, en arrière de la voie charretière et le long des maisons règne un trottoir de 3 à 5 mètres.

En résumé, la largeur d'un quai peut difficilement être, aujourd'hui, de moins de 50 mètres, et il n'est pas exagéré de la porter à 100 mètres dans les ports où le commerce est important.

Par suite, la largeur d'une traverse peut varier de 75 à 150 mètres [1].

Les indications qui précèdent s'appliquent, bien entendu, à un quai neuf, pour l'établissement duquel on a une certaine latitude.

Sur les anciens quais, généralement très étroits,

1. *Annales des ponts et chaussées*, septembre 1880. — *Notice sur l'exploitation des ports maritimes*, par M. Le Rond, ingénieur des ponts et chaussées.

le problème de l'aménagement devient une question d'espèce dans chaque cas.

Ainsi, on peut, comme on vient de le faire à Liverpool [1], réduire de 1 mètre à 2 mètres environ la bande le long du quai, en faisant circuler les grues sur le toit du hangar.

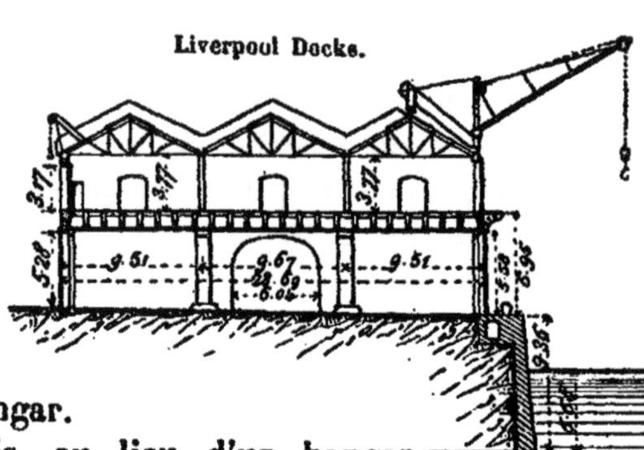

Quelquefois, au lieu d'un hangar fermé, on pourra se contenter d'un simple abri ouvert, de peu de largeur; si cela est nécessaire, on surmontera cet abri d'un étage, dont le plancher représentera un véritable élargissement du quai. Enfin, on se bornera à une seule voie ferrée, établie sur la route elle-même, etc.

497. Des hangars. — On vient de déterminer la largeur des hangars; leur longueur dépend de diverses conditions.

Longueur. — En tout cas, cette longueur ne paraît pas devoir excéder celle des plus grands navires, soit, aujourd'hui, 150 mètres environ. Mais une grande longueur a deux inconvénients :

1° A cause des chances d'incendie, il convient

1. Excerpt, *Minutes of proceedings of the Institution of Civil Engineers* (London), vol. C, session 1889-90, part. *ii*.
Recent docks extension at Liverpool, par M. Georges Fosbery Lyster.

qu'on puisse isoler et concentrer le foyer dans la plus petite étendue possible ;

2° Il est nécessaire d'établir des communications transversales, au moins par plaques tournantes, entre les voies situées de chaque côté du hangar, pour le prompt dégagement du matériel roulant ; ces communications doivent être assez rapprochées.

Pour ces divers motifs, la longueur des hangars varie habituellement de 50 à 100 mètres, et l'on ménage entre eux un intervalle de 10 à 20 mètres au minimum.

Hauteur. — La hauteur des hangars semblerait pouvoir être assez faible, car il convient de ne pas empiler les marchandises sur une trop grande épaisseur ; les piles ont rarement plus de 2 à 3 mètres ; aussi les étages des magasins n'ont-ils guère que cette hauteur.

Mais un hangar n'est pas un magasin ; il s'y fait un mouvement incessant de marchandises qui dégagent une poussière abondante, souvent mal odorante, et il faut que l'éclairage soit bien assuré sur toute l'étendue de l'aire où s'opère la manutention.

Par suite, la hauteur des hangars, sous l'entrait des fermes, qui est toujours supérieure à 4 mètres, atteint souvent et même dépasse 6 mètres (croquis p. 375 et 376).

Niveau du plancher. — Le niveau du plancher du hangar est généralement celui du terre-plein du quai, car il est presque toujours nécessaire que les camions puissent y avoir accès ; le mouvement des camions s'oppose, d'ailleurs, à l'établissement de piliers ou de supports dans l'intérieur du hangar ; il exige tout au moins que ces piliers, s'il en existe, soient en petit nombre et très espacés, de 12 à 25 mètres par exemple.

Lorsque les camions ne doivent jamais entrer, dans le cas, par exemple, où le hangar n'est desservi que par des voies ferrées, la plate-forme est relevée au niveau de celles des halles à marchandises dans les gares (Fig. 1, Pl. I du tome I).

Les côtés longitudinaux du hangar seront percés de portes à coulisse, larges et nombreuses, de façon qu'une grue trouve toujours une de ces ouvertures à la portée de sa volée.

Dans la construction des hangars, on évite, autant que possible, l'emploi du bois, non pas tant pour assurer leur conservation en cas d'incendie, comme on pourrait le croire, que pour diminuer les éléments combustibles pouvant alimenter le feu.

L'expérience a montré, en effet, que les piliers métalliques, les fermes en fer, etc., dans un foyer violent, rougissent, se tordent et se brisent.

On voit, en tout cas, la nécessité de munir les hangars de nombreuses prises d'eau ou bouches d'incendie.

498. Grues mobiles des quais. — Le déchargement d'un navire consiste surtout à élever verticalement un poids du fond de la cale jusqu'au niveau des quais. Ce travail est un de ceux pour lesquels l'emploi des engins mécaniques est le mieux justifié.

Les engins que l'on applique sont de formes et de puissances très diverses ; il n'entre pas dans le cadre de cette étude d'en donner ni la nomenclature, ni la description ; d'ailleurs, on invente chaque jour des dispositions nouvelles.

On se bornera donc à quelques indications sur les grues mobiles des quais, qui sont de beaucoup les appareils les plus employés aujourd'hui.

L'expérience a conduit à admettre que ce genre de grue, pour les opérations courantes, doit être capable d'élever un poids utile de 800 à 1.000 kilogrammes environ, et, pour tenir compte des chaînes, des bennes, etc., on porte la force de 1.000 à 1.500 kilogrammes à peu près.

La vitesse d'ascension doit pouvoir atteindre de $0^m,50$ à 1 mètre par seconde. Le travail utile à produire varie donc de 500 kilogrammètres à 1.500 kilogrammètres par seconde.

Dans ces conditions, on ne peut songer à actionner la grue à bras d'homme, et l'on recourt à l'emploi des machines à vapeur.

499. Machines motrices des grues. — La puissance de la vapeur est appliquée aujourd'hui soit directement dans les cylindres de la grue, soit indirectement par l'intermédiaire de l'eau sous pression, et il n'est pas improbable que, dans un avenir plus ou moins prochain, on l'appliquera aussi par l'intermédiaire de l'électricité. Les machines à vapeur pourraient, d'ailleurs, être remplacées, dans certains cas, par des machines à gaz, à air chaud, etc.

On ne parlera ici que des grues mobiles tournantes, à vapeur ou hydrauliques.

500. Portée des grues. — La chaîne de la grue doit passer librement par le centre des panneaux des plus larges navires accostés à quai, soit à 6 ou 8 mètres de l'arête du quai ; il faut ajouter à cette portée la distance de l'axe de rotation à cette même arête, soit de 1 à 2 mètres, par exemple, suivant les innombrables variétés adoptées dans les dispositions de détail de ces appareils [1].

La portée des grues varie donc habituellement de 7 à 10 mètres.

501. Hauteur des grues. — La longueur de la chaîne doit être telle que l'on puisse prendre un colis à fond de cale, le navire étant supposé à son maximum d'immersion, ou le faire passer librement par-dessus les bastingages, le bateau étant à son maximum d'émersion. Cette longueur est d'ordinaire de 12 à 20 mètres, et le sommet de la volée se trouve à 8 ou 12 mètres environ au-dessus du quai.

502. Des grues à vapeur. — Les grues à vapeur sont d'une construction simple, robuste, d'un facile entretien ; elles peuvent être installées sans grands frais dans un port quelconque ; elles ne dépensent rien quand elles ne fonctionnent pas ; leur consommation en combustible n'est pas exagérée quand elles travaillent un temps suffisant dans une journée ; en résumé, elles paraissent convenables et suffisantes sur les quais à trafic peu actif ; elles ont même été adoptées à Hambourg, qui est un port de premier ordre [2].

1. Voir à ce sujet : *Journal des Travaux publics*.
Nouvelles Annales de la Construction (*Oppermann*).
Le Génie civil des Ingénieurs français.

2. Voir Plocq et Laroche, *Ports de l'Europe septentrionale*. Voir aussi Pl. XIV, Fig. 6, un type de grue de Bordeaux.

Mais les grues à vapeur présentent un certain nombre d'inconvénients :

Elles sont lourdes et encombrantes, et leur force est cependant, malgré cela, souvent insuffisante pour une manutention rapide. On a vu qu'il est désirable qu'une grue puisse fournir jusqu'à 1.500 kilogrammètres utiles par seconde ; eu égard au rendement moyen de pareils engins, il faudrait une puissance presque double sur le piston, soit de 3.000 kilogrammètres ou environ 40 chevaux de 75 kilogrammètres, ce qui serait exagéré.

Chaque grue exige au moins un mécanicien et quelquefois un mécanicien et un chauffeur, dont les salaires sont élevés et que l'on ne peut pas toujours économiquement employer à d'autres travaux quand la grue chôme.

Les frais d'allumage ne sont pas une quantité négligeable dans les dépenses, et la consommation du combustible est beaucoup plus grande dans les chaudières de ces appareils mobiles, à fonctionnement discontinu, que dans les chaudières fixes à travail à peu près continu.

Les grues établies sur des plates-formes peu élevées au-dessus du sol empêchent la libre circulation des wagons sur le bord du quai, etc.

503. Des grues hydrauliques. — L'emploi de grues hydrauliques est tout indiqué dans un port où il existe déjà un établissement central fournissant de l'eau sous pression pour la manœuvre des portes, des ponts, des cabestans, etc.

Il est également justifié dans un port à grand

trafic, car le prix d'une semblable grue, en tenant compte des frais de la canalisation et de la construction d'une machinerie centrale, ne dépasse pas, pour une installation d'une certaine importance, celui d'une grue à vapeur.

Les grues hydrauliques présentent un certain nombre d'avantages :

Établies, comme les grues à vapeur, sur la rive du quai (voir croquis relatif au port de Marseille, p. 376), elles sont, à puissance égale, plus légères et moins encombrantes que ces premières [1].

Elles permettent, en donnant au bâti une forme convenable, de satisfaire aux exigences de la circulation par wagons sur le bord du quai, sans que leur poids devienne assez considérable pour cesser d'être maniable. C'est ainsi qu'au Havre (voir croquis p. 385) les grues sont mobiles sur une voie comprenant entre ses rails la voie ferrée établie le long du quai.

A Brême[2], deux voies ferrées, à espacement normal, laissent passer les wagons sous la plate-forme de la grue (voir croquis p. 386), etc.

Il est possible d'obtenir par des dispositions mécaniques, mais au prix de quelques complications, des grues à double et même à triple pouvoir, qui permettent de proportionner la puissance de l'appareil à l'effort à vaincre.

Les grues hydrauliques n'exigent pas, pour leur conduite, un personnel ayant des connaissances spéciales, et un seul homme suffit toujours pour les manœuvrer.

1. Voir, Fig. 1, Pl. XIV, un des types de Rotterdam.

2. *Nouvelles Annales de la Construction* (*Oppermann*), octobre, novembre, décembre 1891.

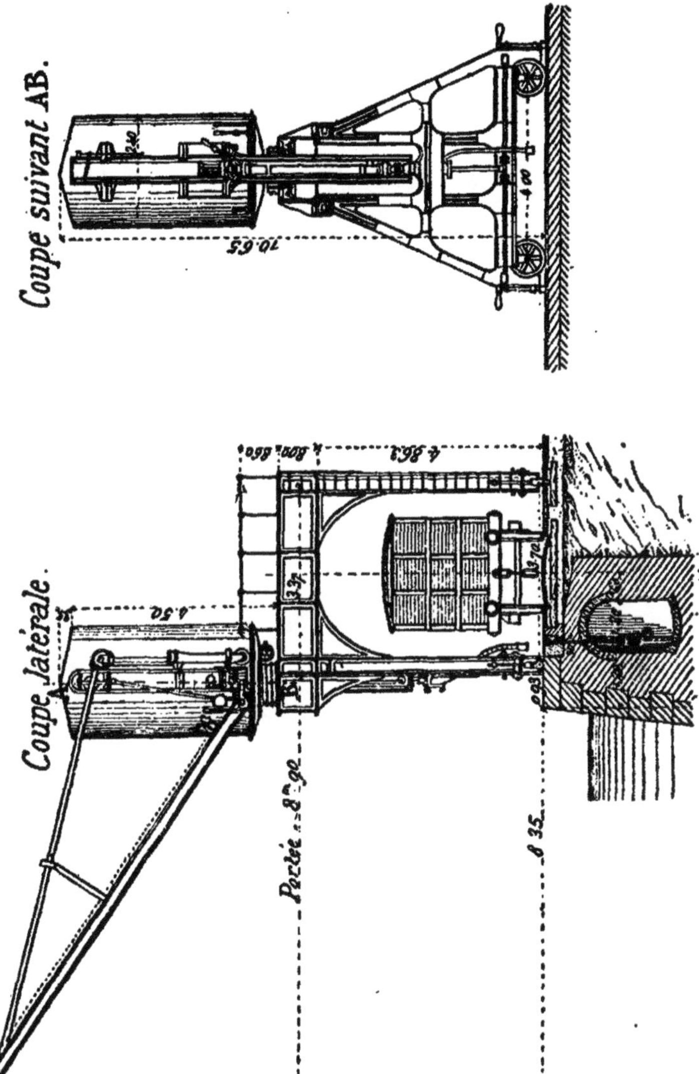

Port du Havre.
Bassin Bellot : Grue hydraulique.

Elles peuvent être mises en marche à un moment quelconque de la journée, sans que, comme dans

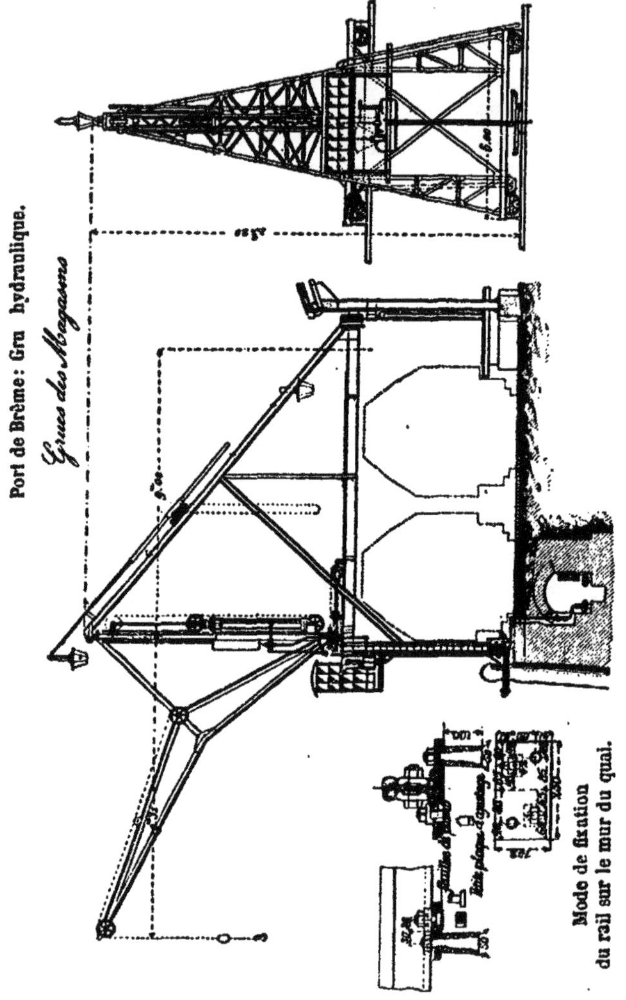

Port de Brême : Gru hydraulique.

les grues à vapeur, on soit obligé d'attendre au moins une heure pour la mise en pression de la chaudière.

Elles écartent tout danger d'incendie.

Enfin, la dépense de combustible, dans les chaudières fixes des machines fonctionnant d'une manière à peu près continue pour comprimer l'eau, est moins grande que dans les grues mobiles à vapeur, dont le travail est intermittent.

504. Des grues flottantes. — Les grues mobiles

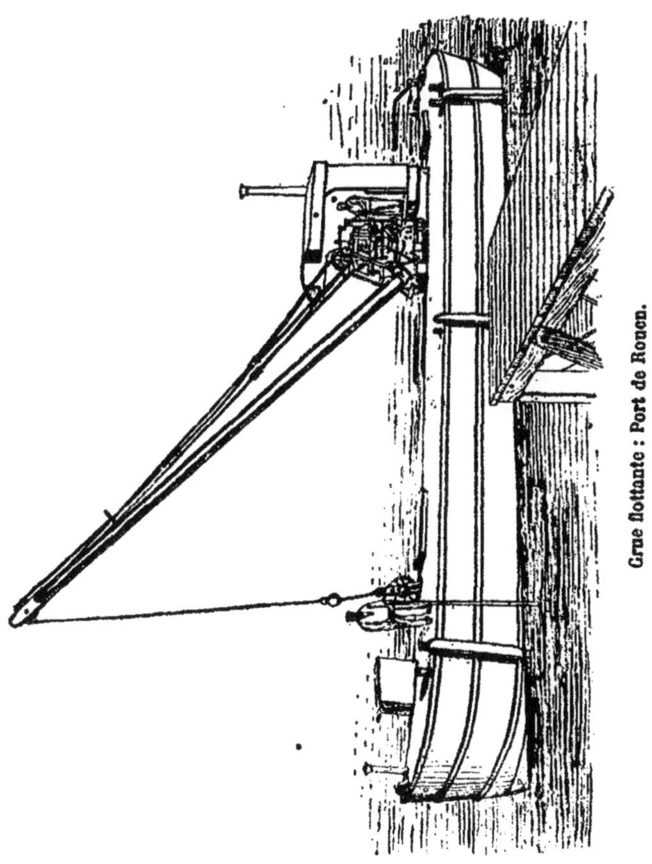

Grue flottante : Port de Rouen.

circulent généralement sur les quais ; on a vu cependant, page 378, que l'on peut quelquefois être amené, comme à Liverpool, à les installer au sommet des hangars.

Il se présente d'autres circonstances où l'on trouve, comme à Rouen (voir croquis p. 387), avantage à les rendre flottantes. Si, par exemple, un quai en maçonnerie, fondé peu profondément, n'est pas directement accostable aux navires, par suite du talus qui s'étend devant son pied, on pourra installer la grue sur un ponton calant peu d'eau, dont un des flancs viendra longer le quai ou un appontement, tandis que le navire se rangera le long de l'autre bord du chaland.

La grue, d'une volée convenable, pourra ainsi prendre les colis dans la cale du navire, et les déposer directement sur le quai, après avoir opéré une demi-rotation (voir aussi tome I, Pl. I, Fig. 4).

505. Des grues de grande puissance. — Les grues mobiles de manutention courante dont il a été question jusqu'ici sont d'une puissance modérée, qui ne leur permet pas de lever des colis de plus de 1.000 à 1.500 kilogrammes. Mais on a souvent besoin de grues plus fortes pour la manœuvre des poids lourds, par exemple de 5 à 10 tonnes.

Habituellement, ces grues spéciales sont fixes ; cependant, on peut les rendre mobiles, sur quai, tant que leur force ne dépasse pas 5.000 kilogrammes environ ; mais, même dans ces limites, des grues hydrauliques deviennent alors lourdes et peu maniables.

Les grues fixes de 10 à 30 tonnes sont souvent

mues à bras ; mais on leur applique la vapeur ou l'eau sous pression lorsque les besoins du port exigent que les manœuvres se fassent avec une assez grande rapidité.

Indépendamment de ces appareils de levage, les établissements maritimes importants en exigent d'autres d'une force exceptionnelle, pouvant atteindre de 100 à 120 tonnes, soit pour mâter ou démâter les navires, soit pour l'enlèvement et la mise en place des chaudières, soit pour l'embarquement et le débarquement des gros canons dont se sert aujourd'hui la marine militaire, etc.

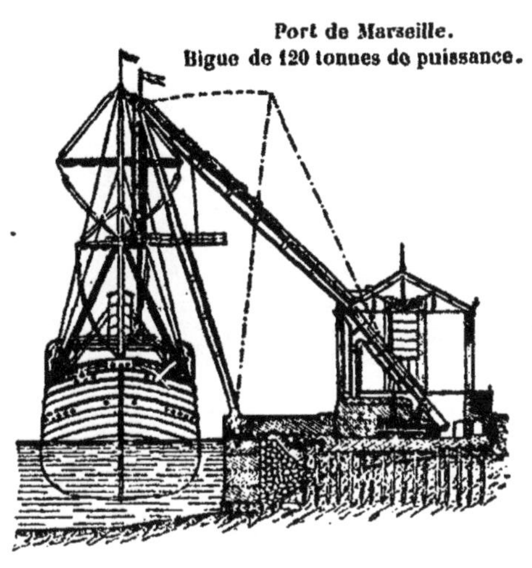
Port de Marseille.
Bigue de 120 tonnes de puissance.

Ces appareils de très grande puissance sont, ou fixes (Exemple : bigue de Marseille, voir croquis ci-dessus), ou flottants (grue flottante des docks de la Mersey, grue flottante du port de Brême, voir croquis p. 390).

Les appareils flottants présentent cet avantage que les navires n'ont pas à se déplacer pour en faire usage et qu'une seule machine peut desservir un grand nombre de bassins répartis sur une vaste étendue ; mais ils ont l'inconvénient de coûter

Grue flottante de la Mersey de 100 tonnes de puissance.

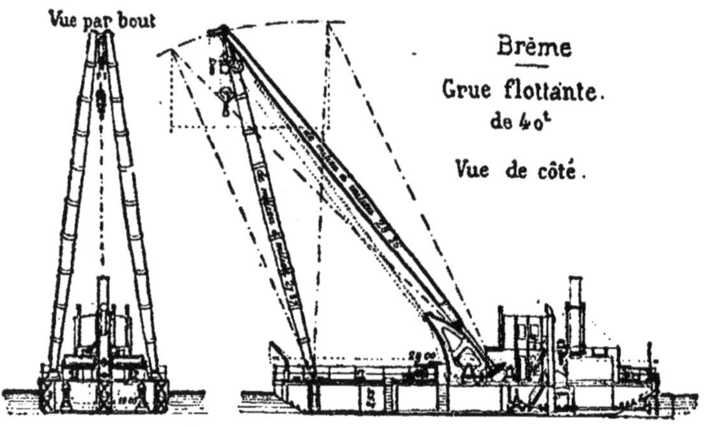

Plan

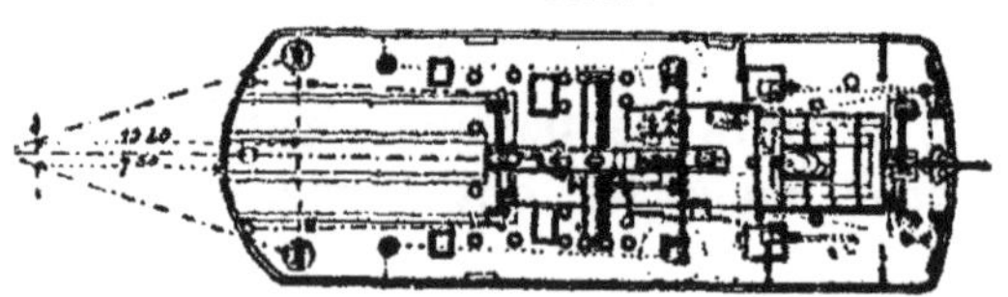

plus cher que les appareils fixes, à force égale.

La construction de cette catégorie d'engins présente un des problèmes les plus intéressants de mécanique appliquée, et les solutions adoptées varient, pour ainsi dire, avec chaque nouvelle machine que l'on établit [1].

506. Docks-entrepôts. — Pour beaucoup de marchandises, un port est un marché régulateur qui emmagasine les produits à mesure qu'ils arrivent, pour les vendre ou les expédier plus tard.

Afin de faciliter les opérations commerciales, certaines marchandises ne paient les droits de douane, souvent élevés, qu'au moment où elles sont livrées à la consommation.

En France, les marchandises qui ont acquitté les droits de douane appartiennent au commerce dit spécial; celles qui ne les ont pas encore payés sont classées sous la rubrique du commerce général, elles sont mises en entrepôt.

Il y a deux genres d'entrepôts : l'entrepôt libre et l'entrepôt réel.

Les magasins d'entrepôt libre reçoivent les marchandises sur lesquelles la douane ne perçoit que de faibles droits, certaines matières premières par exemple. Les clefs de ces magasins restent entre les mains des seuls entrepositaires, et la surveillance par la douane n'en est qu'intermittente.

Les marchandises en entrepôt réel sont gardées dans des magasins spéciaux. Les portes donnant

1. Voir, dans la bibliographie, les articles relatifs à quelques-uns de ces puissants engins.

accès à ces magasins sont munies de serrures à deux clefs, dont l'une reste aux mains d'un agent des douanes.

Les magasins d'entrepôt réel pour le commerce maritime sont le plus souvent concédés à des compagnies qui sont chargées d'effectuer, pour le compte des négociants, moyennant une rétribution fixée par des tarifs homologués, les opérations de vérification, de réception, de douane, de magasinage et d'expédition.

Ces compagnies procurent ainsi une représentation authentique au commerce, pour la vente au moyen d'échantillons, et permettent de mettre la valeur des marchandises emmagasinées en circulation, sans déplacement, au moyen de titres (appelés warrants) délivrés aux réceptionnaires.

Ces magasins sont généralement à plusieurs étages, chacun de hauteur restreinte ($2^m,50$ à 3 mètres environ) et seulement suffisante pour effectuer le facile empilage des marchandises.

Il convient qu'ils soient le moins loin possible des quais, pour éviter des transports onéreux (Exemples : Calais, croquis p. 375 ; Brême, croquis p. 393).

Dans certains ports, des bassins spéciaux leur sont réservés, et alors les magasins s'élèvent près du bord même du quai (Exemples : Rotterdam, Pl. XIV, Londres[1], le Havre, Marseille[2]).

Les entrepôts sont desservis par des voies ferrées

1. *Atlas des ports maritimes:* Paris, Imprimerie nationale.
2. Voir les planches de l'ouvrage : *Ports maritimes de la France;* Paris, Imprimerie nationale.

et charretières qui permettent de livrer, d'expédier ou de recevoir la marchandise par wagon ou par camion.

Entrepôts de Brême : Bassin du port.

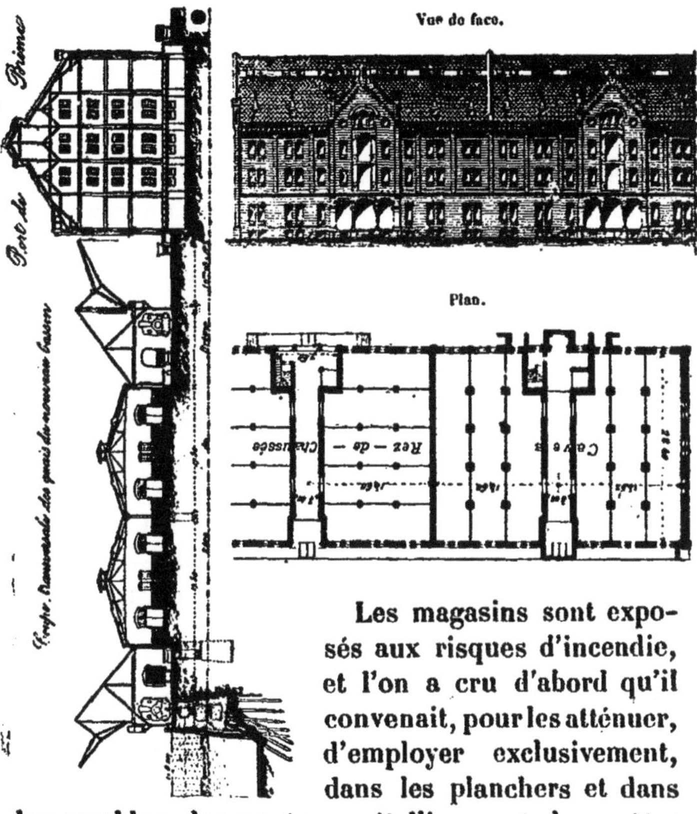

Les magasins sont exposés aux risques d'incendie, et l'on a cru d'abord qu'il convenait, pour les atténuer, d'employer exclusivement, dans les planchers et dans les combles, des poutres métalliques et des voûtes en maçonnerie.

Mais on a constaté que le véritable foyer dangereux réside dans la masse des marchandises combustibles, et que, sous l'action du feu, les poutres métalliques rougissent, fléchissent, se tordent et se brisent, de sorte que les conséquences de l'incendie sont tout aussi graves que dans le cas de l'emploi du bois.

Aussi, aujourd'hui, se sert-on généralement pour les planchers de poutres en bois, dont la portée n'excède pas d'ailleurs, en général, 5 mètres environ ; seuls, les piliers sont faits en fonte ou en maçonnerie.

Mais, pour concentrer, autant que possible, les foyers d'incendie, on divise la longueur des magasins au moyen de murs pleins, épais, en maçonnerie, percés de portes munies de vantaux en fer ; ou même, on sectionne la longueur des constructions de façon à en former des bâtiments séparés.

En tout cas, il vaut mieux ne pas exagérer la longueur des magasins et la restreindre à une trentaine de mètres.

Les caves servant à l'entrepôt des spiritueux comportent notamment des précautions toutes spéciales pour localiser le feu dans les plus petits espaces possibles.

De toute façon, on voit combien il est nécessaire que ces entrepôts soient munis d'un système très complet de distribution d'eau à forte pression et de nombreuses bouches d'incendie disséminées dans toutes les parties de la construction.

Il est, en effet, relativement facile de combattre un commencement d'incendie, tandis qu'il est presque toujours impossible de l'arrêter dès que le foyer a acquis une certaine intensité ; il ne reste plus, dans ces conditions, qu'à faire la part du feu.

507. Aménagements relatifs à certains trafics spéciaux.

A. *Marchandises brutes de peu de valeur, encombrantes, non susceptibles d'avaries : minerais, matériaux de construction.* — Ces catégories de marchandises n'exigent naturellement pas de hangars, mais les lieux de dépôt doivent offrir une grande surface (de 60 à 100 mètres de largeur) et être desservis par des voies ferrées et des voies de terre.

Ces marchandises sont souvent mises directement du navire dans les wagons. Il y a alors un mouvement très actif de trains sur les bords des quais, et le dégagement des voies devient, dans ce cas, un problème assez délicat.

Les manœuvres par plaques tournantes sont à peu près inadmissibles et il faut que les voies offrent un grand nombre de raccordements par aiguilles, ce qui entraîne pour le tracé une forme spéciale par courbes d'apparence sinusoïdale (voir, à titre d'exemple : *Annales des ponts et chaussées*, septembre 1886. — Notice sur l'exploitation des ports maritimes, par M. Le Rond : le quai de l'usine du Boucau).

B. *Charbon.* — Pour la houille, les installations sont différentes, suivant qu'il s'agit d'un port exportateur ou d'un port importateur.

Cependant, on considère comme désirable, dans les deux cas, de diminuer autant que possible le bris du charbon.

Toutefois, cette condition n'a pas la même importance pour toutes les natures de charbons et pour tous les emplois auxquels ils sont destinés. Ainsi, l'anthracite se brise moins facilement que les charbons gras ; et le bris des houilles, lorsqu'elles sont employées à la fabrication du gaz, n'a pas les mêmes inconvénients que lorsqu'elles sont appliquées au chauffage domestique, par exemple.

En France, on n'exporte pour ainsi dire pas de charbon, et c'est en Angleterre qu'il faut aller étudier les installations pour l'embarquement de ce combustible.

Le système employé sur la Tyne[1] paraît être un des mieux appropriés à la nature du trafic qui se fait sur cette rivière.

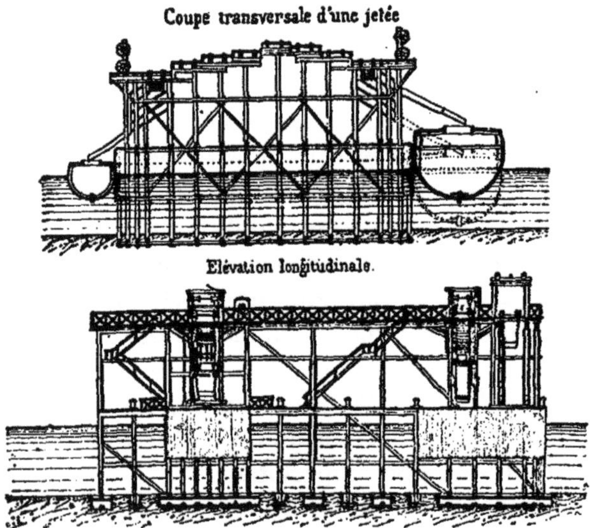

Les trains de wagons chargés à la mine sont amenés, par des voies établies à flanc de coteau, à une

1. *Mémoires et compte rendu des travaux de la Société des Ingénieurs civils de France*, 1867. — *Notice sur l'embarquement des charbons dans les ports anglais*, par M. E. Moreau.

assez grande hauteur au-dessus du niveau des bassins à flot. Des appontements en bois, appelés spouts, s'avancent du flanc du coteau jusque dans l'intérieur des bassins. Les navires accostent ces appontements de chaque côté ; les wagons se vident, à la partie supérieure, sur des couloirs ou trémies en plans inclinés, dont la partie inférieure descend dans la cale du navire en chargement (voir croquis p. 396).

Les wagons en usage ont des portes en dessous, placées entre les deux essieux, et qui permettent de décharger le charbon dans la trémie.

Une condition à observer pour diminuer le bris du charbon, est de tenir la trémie toujours pleine. On voit que, de cette façon, toute la manutention se réduit à étendre le charbon dans la cale lorsque le chargement est presque achevé.

Cette solution offre des avantages évidents de rapidité et d'économie qui l'ont fait adopter là même où la disposition des lieux est moins favorable qu'elle ne l'est sur les rives de la Tyne.

Toutefois, il se présente de nombreuses circonstances où elle devient impraticable. Dans des cas semblables, les wagons sont amenés sur les quais, où des grues puissantes les saisissent et les descendent jusque dans la cale du navire, à travers les larges panneaux du pont. La grue fait basculer doucement le wagon lorsqu'il est aussi rapproché que possible du charbon déjà embarqué.

L'avantage de ce système est de réduire au minimum le bris du charbon.

Les dispositions spéciales qu'on peut donner aux

grues puissantes qui servent à ces opérations, celles de la plate-forme sur laquelle on hisse et bascule parfois le wagon, celles des panneaux mobiles de ces wagons, etc., ont exercé et exercent l'ingéniosité des constructeurs. Aussi peut-on dire que ces engins offrent, pour ainsi dire, autant de types différents qu'il y a de ports ou de grues nouvellement construites.

On a adopté, dans certains cas, une disposition qui tient à la fois du déversement du haut d'un appontement et du système d'élévation mécanique. Ainsi, le wagon arrivant par voie ferrée sur le quai est amené sur la plate-forme d'un ascenseur hydraulique qui le hisse un peu au-dessus du niveau de la trémie de déversement. On fait alors opérer au wagon un mouvement de bascule, de telle sorte que le charbon glisse du plancher du wagon sur la trémie.

En résumé, le problème consiste à déverser aussi doucement que possible dans la cale d'un navire le chargement d'un wagon de charbon, et l'on conçoit qu'il puisse être résolue de bien des façons différentes.

Dans les ports qui reçoivent des charbons, le déchargement s'opère généralement au moyen de bennes à fond mobile, d'une capacité de 600 à 1.000 kilogrammes, manœuvrées par des grues, soit à bras, soit à vapeur, soit à eau sous pression.

C. *Grains.* — Le commerce des grains, à l'entrée, n'a pas, en France, l'importance qu'il présente ailleurs, notamment en Angleterre, en Belgique, en Allemagne, etc.

Dans ces pays, on s'efforce d'opérer la manutention par des procédés ingénieux, à la fois rapides et économiques.

Le but que l'on cherche à atteindre consiste à faire faire mécaniquement, et avec la moindre main-d'œuvre possible, toutes les opérations, depuis la prise de la marchandise dans la cale du navire jusqu'à sa livraison au commerce, hors des magasins.

Le principe de la solution qui paraît jusqu'ici la plus satisfaisante est basé sur l'emploi de larges bandes ou courroies continues, animées d'une grande vitesse. Les bandes verticales destinées à l'élévation sont munies de godets ; les bandes horizontales reçoivent directement sur leur face supérieure le grain qui y est déversé et le transportent aux différents points des magasins.

Ainsi, par exemple, une première bande à godets, formant drague, puise le blé chargé en vrac dans la cale du navire ; elle le verse sur une bande horizontale, traversant le quai, qui l'amène dans le sous-sol des magasins, où le reçoivent des appareils qui le pèsent automatiquement.

De là, le blé est élevé, au moyen de bandes à godets, à la partie supérieure de magasins à cinq ou six étages, au sommet desquels il est nettoyé et ventilé.

Après ces opérations, il retombe sur des bandes horizontales qui le transportent jusqu'à des orifices pratiqués dans les planchers. Au-dessous de ces orifices courent d'autres bandes parallèles ou perpendiculaires entre elles qui, finalement, amènent le grain au lieu de dépôt qui lui est assigné.

Là, le grain est ensaché pour être délivré soit aux wagons, soit aux voitures, soit à la batellerie[1].

D. *Bois*. — Les quais affectés spécialement au commerce des gros bois doivent offrir des dispositions particulières.

En général, les navires apportent à la fois des bois débités (planches, madriers, etc.) et de grosses pièces de charpente équarries. Celles-ci se chargent par des sabords percés à l'avant de la carène, un peu au-dessous de la flottaison à pleine charge, du bateau. Le chargement n'a lieu naturellement ainsi que tant que les sabords sont encore émergés.

Le débarquement des bois débités n'offre, le plus souvent, aucune sujétion particulière. Il n'en est pas de même pour les grosses pièces. On les retire de la cale en les faisant passer par les sabords qui ont servi à leur embarquement, dès que ces ouvertures, qui ont été fermées et soigneusement calfatées, sont complètement émergées.

Les gros bois sortent en long ; le navire doit donc être accosté en pointe sur le quai ; ceci conduit à donner une grande largeur au bassin [2], ou à placer les quais aux bois à l'extrémité de la longueur des darses, lorsque celles-ci sont étroites.

Les pièces sont halées par des chevaux sur un plan incliné dit *cale aux bois*. L'arête de la cale, du côté de l'eau, doit être à $0^m,50$ environ en contre-haut

1. Voir, au sujet de l'installation pour les grains : Plocq et Laroche, *Ports de l'Europe septentrionale*. — Liverpool, Birkenhead.
Voir également les divers ouvrages cités dans la bibliographie.

2. Voir *Canada Dock*. — Liverpool. — *Atlas des Ports étrangers*, 2e livraison.

du niveau moyen de la mer dans les ports sans marée ou des plus basses retenues des bassins à flot dans les ports à marée.

Pour le halage, il convient que la cale soit pavée et que sa pente soit assez douce, par exemple de 10 p. 100 environ.

Au delà du sommet du plan incliné doivent exister de vastes surfaces pour le dépôt des gros bois, de telle façon que l'on ne soit pas obligé de les superposer sur plus de deux ou trois rangs.

Cependant, lorsque la place manque, on doit recourir à l'empilage, et, à titre d'exemple, on citera le procédé employé à Surrey et Commercial Docks [1] (Londres).

Dans certains ports, où le taret n'existe pas et où les dispositions locales s'y prêtent (dans les eaux douces de l'Y, à Amsterdam, par exemple), des dépôts de gros bois se font dans des darses très peu profondes, aménagées *ad hoc* [2].

E. *Pétrole*. — Le pétrole, surtout le pétrole non raffiné, est une matière très inflammable, dont la manutention exige des précautions minutieuses pour prévenir les incendies ou en atténuer les dangers.

Dans les ports qui font un grand commerce d'importation de cette matière, l'expérience a conduit aux règles suivantes :

1° Un bassin à pétrole doit être aussi éloigné que possible des lieux habités et des autres bassins ;

2° Il est désirable qu'il ait deux entrées, afin de favoriser, en cas d'incendie d'un navire, la sortie des autres bateaux en leur facilitant l'accès d'un

1. Plocq et Laroche, *Ports de l'Europe septentrionale*, page 131.
2. *Ibid.*, page 107.

pertuis permettant d'éviter les abords de la coque enflammée ;

3° Les pertuis doivent être munis d'isolateurs flottants pour empêcher l'écoulement, hors du bassin, du pétrole qui a pu se répandre sur les eaux ;

4° Les réservoirs en tôle (appelés tanks) sont établis sur les quais pour recevoir les pétroles qui arrivent en vrac ; ils doivent être entourés, chacun, d'une enceinte maçonnée, telle que la capacité limitée par cette enceinte soit supérieure au cube maximum que peut renfermer un réservoir, afin d'éviter l'écoulement du pétrole sur les quais, en cas de rupture de celui-ci ;

5° Les pétroles non raffinés émettant facilement des vapeurs dont la combustibilité peut produire des mélanges détonants, il faut éloigner le plus possible (150 mètres, par exemple) des tanks et des navires les générateurs de vapeur qui actionnent les pompes puisant le pétrole dans le navire pour le déverser dans le réservoir ;

6° Pour obtenir un bon rendement des pompes, il convient d'opérer l'épuisement par refoulement, ce qui conduit à les installer sur le navire en déchargement. Cette pratique est justifiée par ce fait que les vapeurs de pétrole peuvent atteindre, dans une longue conduite d'aspiration, une tension assez notable pour paralyser le jeu des soupapes d'aspiration ;

7° Les hangars recevant des dépôts de barils pleins, sont généralement en bois peints en blanc, à doubles cloisons et à double couverture, pour que le bâtiment intérieur où s'effectue le dépôt soit soustrait aux variations brusques de la température, et surtout à l'action des fortes chaleurs de l'été ;

8° Il faut éviter l'emploi de lumière pendant la manipulation ; si l'on est obligé d'y recourir, l'éclairage électrique par lampes incandescentes est seul admissible ; toutefois, il n'est pas exempt de danger[1].

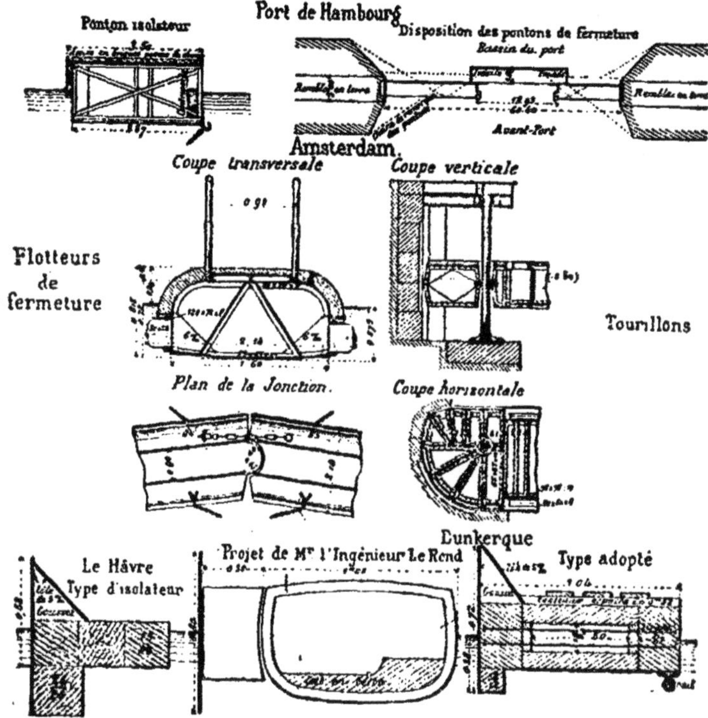

En dehors de ces prescriptions générales, auxquelles on doit s'efforcer de satisfaire, il est encore indispensable d'étudier avec beaucoup de soins tous les détails d'une pareille installation.

1. A Rouen, en décembre 1889, une explosion s'est produite dans la cale d'un bateau renfermant du pétrole en vrac, qu'on venait de décharger, par suite de la rupture d'une lampe électrique que portait un ouvrier ; le navire a coulé très rapidement.

Par exemple, le choix du type d'isolateur, ainsi que le mode de liaison des éléments qui le constituent pour obtenir un rideau de protection continu étanche, ayant une stabilité suffisante, et pour que le flotteur qui supporte ce rideau ne puisse être détérioré par l'action des flammes, etc., constitue un problème des plus intéressants.

Les croquis page 403 donnent quelques indications sur les solutions adoptées à Hambourg, Amsterdam[1], Le Havre, Dunkerque.

F. *Bestiaux*. — Le commerce d'importation des bestiaux joue, dans certains ports, un rôle important et comporte quelques installations particulières.

1° A une certaine distance du quai de débarquement, il existera des étables, qui doivent offrir des conditions toutes spéciales de salubrité et de confortable, vu l'état de fatigue où se trouvent souvent les bestiaux quand ils débarquent.

La construction peut en être très légère, en planches par exemple, mais il faut que toutes les parois en soient soigneusement blanchies à la chaux et, autant que possible, au moment de chaque arrivage important.

Les étables seront parfaitement aérées et munies d'auges à eau courante, ainsi que de mangeoires pour le fourrage.

Le sol de l'écurie sera en pente et pavé; le pavage sera maçonné pour que les déjections des animaux ne s'y infiltrent pas.

1. *Les Ports maritimes de la Hollande : Rotterdam, Amsterdam*, par M. Quinette de Rochemont, ingénieur en chef des ponts et chaussées. — *Annales des ponts et chaussées*, 1890, 1er semestre.

2° Quelques étables doivent être particulièrement isolées, pour les bestiaux suspects de maladies contagieuses.

3° Il est également utile d'avoir, à proximité, un abattoir pour les bêtes blessées ou malades.

4° Afin que les animaux ne puissent divaguer, un couloir les dirige du quai de débarquement jusqu'aux étables; un autre couloir les conduit des étables aux quais d'embarquement du chemin de fer qui doit les transporter.

5° Le débarquement des bestiaux s'opère soit au moyen de larges sous-ventrières passées sous le corps des animaux, et que l'on soulève à l'aide de grues, par les panneaux du pont, soit par de larges sabords percés au niveau du pont-écurie. Dans ce dernier cas, les bestiaux descendent à terre sur un débarcadère mobile ou un appontement en plan incliné qui réunit le pont au quai[1].

G. *Lazarets.* — Les navires qui arrivent des contrées où règnent des maladies épidémiques doivent, avant d'être admis en libre pratique, subir une quarantaine d'observation de vingt-quatre à quarante-huit heures.

La durée de cette quarantaine est notablement augmentée si, pendant la traversée, il est survenu des décès parmi les passagers ou l'équipage.

Le service sanitaire peut alors ordonner au navire d'aller purger sa quarantaine dans un lieu affecté à cet usage (un lazaret), où les passagers seront débar-

1. *Les Ports maritimes de la Hollande*, par M. Quinette de Rochemont, ingénieur en chef des ponts et chaussées. — *Annales des ponts et chaussées*, février 1890, page 94.

qués, tout en restant isolés, et où les bagages, ainsi que les marchandises, seront désinfectés.

Pour un grand port, il est important que le lazaret qui le dessert ne soit pas trop éloigné de lui.

L'organisation d'un lazaret est une question d'un caractère absolument spécial et de technique médicale.

En France, le service des lazarets dépend du ministère du Commerce, et les ingénieurs n'ont, le plus souvent, à y intervenir que pour l'exécution, dans certains cas, des travaux décidés par les autorités compétentes.

La seule observation générale que l'on puisse faire à ce sujet, c'est que ces établissements manquent trop souvent du confortable nécessaire à une vie hygiénique, de sorte qu'ils sont quelquefois d'un séjour dangereux pour les personnes, même bien portantes, obligées d'y demeurer.

508. — Installations spéciales au service des voyageurs. — Lorsqu'un port dessert un mouvement actif de voyageurs, on doit y trouver des installations de nature à assurer, dans des conditions confortables, l'embarquement et le débarquement des personnes et aussi la rapide manutention des colis.

Embarquement et débarquement des voyageurs. — Il importe qu'une place à quai soit exclusivement réservée aux paquebots faisant un service régulier de voyageurs.

Dans les ports sans marée, l'embarquement et le débarquement s'opèrent sans difficulté, au moyen de passerelles volantes à garde-corps, dont une extrémité repose sur le quai et l'autre sur le pont du navire.

Lorsque ces mouvements ont lieu dans le bassin d'échouage d'un port à marée, à toute heure de la journée, c'est-à-dire quelle que soit la hauteur de la mer, il convient que le quai offre plusieurs étages (Exemple : croquis de Calais, ci-dessous)[1], de sorte que

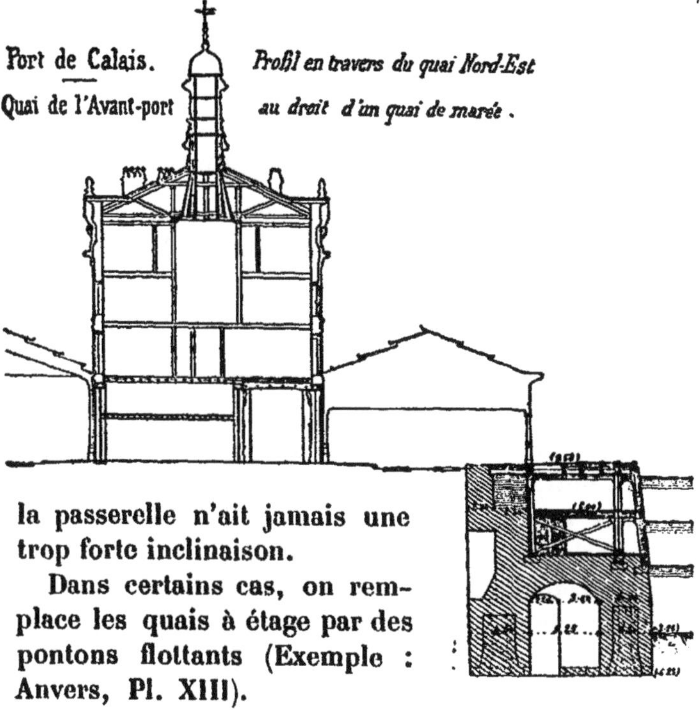

la passerelle n'ait jamais une trop forte inclinaison.

Dans certains cas, on remplace les quais à étage par des pontons flottants (Exemple : Anvers, Pl. XIII).

Le passager arrivé à terre doit trouver, à proxi-

1. Exposition universelle à Paris, 1889. *Notices sur les modèles, dessins, etc., relatifs aux travaux des ponts et chaussées*, réunis par les soins du ministère des Travaux publics.

mité du lieu de débarquement, une large salle d'attente, convenablement aménagée, où il pourra se rendre, sans être exposé aux intempéries, pour se reposer et se réconforter.

La salle d'attente ou buffet sera en communication directe avec la halle où la douane visite les colis.

Si le point de débarquement est éloigné de la ville, il est utile que le voyageur rencontre, près du débarcadère, un hôtel pour y passer au besoin la nuit.

En arrière de la salle d'attente, il est désirable qu'il soit établi une gare spéciale de voyageurs ou, tout au moins, une station de voitures.

Manutention des colis. — En ce qui concerne les colis, leur manutention rapide exige, le plus souvent, qu'on les empile sur des cadres que soulèvent des grues.

509. Éclairage. — Les quais faisant partie des voies publiques doivent être éclairés au même titre que celles-ci ; toutefois, comme il importe, pendant la nuit, d'assurer la surveillance des marchandises qui y sont déposées, il est utile que les appareils d'éclairage y soient multipliés.

Ordinairement, l'éclairage se fait au moyen de becs de gaz, et il faut que les candélabres soient placés en dehors de la zone où circulent les appareils mobiles (grues, etc.).

Mais l'éclairage de certaines zones du port doit satisfaire, en outre, à des conditions spéciales pour que le mouvement de la navigation puisse, lorsque cela est nécessaire, se faire aussi bien de nuit que de jour, dans des conditions satisfaisantes de sécurité.

A ce point de vue, c'est l'éclairage de la surface d'eau des bassins, et plus spécialement celui des abords des passages des bateaux (tels qu'avant-ports, écluses des bassins à marée, passes entre musoirs, etc.), qu'il convient d'assurer.

La solution de cet éclairage est cherchée aujourd'hui dans l'emploi des foyers intensifs que procure la lumière électrique ; mais il est nécessaire que les marins qui gouvernent les navires ne soient pas exposés à des radiations éblouissantes.

L'idéal serait que l'éclairage fût analogue à celui d'un beau clair de lune. On a été ainsi amené, après expériences [1], à adopter des foyers placés à une grande hauteur, de 20 à 25 mètres au-dessus des quais, et espacés de 200 mètres environ. Mais il importe que des abat-jour réflecteurs garantissent, contre ces clartés intenses (300 becs Carcel) les yeux du capitaine ou du pilote.

Un nouveau problème particulier aux ports maritimes se présente pour l'éclairage des formes de radoub pendant la nuit ; les navires ont, en effet, souvent besoin d'éviter toute perte de temps dans leurs travaux de grattage, de peinture, de réparation, etc.

Dans ce cas, il convient que les foyers puissent être abaissés jusque dans l'intérieur de la forme pour éclairer les dessous de la carène. A cet effet, des pilônes soutiennent des lampes électriques mobiles, suspendues à des câbles manœuvrés au moyen de treuils.

1. Nouvel éclairage de l'avant-port et de l'entrée des bassins au Havre.

510. Utilisation des quais. — Le développement linéaire à donner aux quais d'un port dépend du perfectionnement de son outillage, de la nature du trafic, de la largeur des terre-pleins de dépôt, des habitudes locales, etc.

On peut considérer aujourd'hui comme un résultat pratique :

1° Qu'un quai étroit, de 20 à 25 mètres, non outillé, dans un port de commerce peu actif, est susceptible de desservir un trafic de marchandises, embarquées ou débarquées annuellement, réprésentant environ 200 tonnes par mètre courant.

2° On arrive assez facilement avec des quais un peu plus larges, de 25 à 40 mètres, non outillés, mais où le trafic est actif, à une moyenne de 300 à 400 tonnes par mètre courant.

3° Un quai large, de 50 à 100 mètres, bien outillé, peut donner, en moyenne, de 500 à 700 tonnes.

4° Quand un quai, dans ces conditions, est affecté d'une manière à peu près continue à des débarquements ou embarquements de marchandises spéciales, de manutention facile (charbons, minerais, etc.), on peut atteindre un rendement de 800 à 1.200 tonnes.

On voit donc l'intérêt qu'il y a, en général, à augmenter la surface des quais et à perfectionner leur outillage de manutention [1].

1. *Notice sur l'exploitation des ports maritimes*, par M. Le Rond, ingénieur des ponts et chaussées. — *Annales des ponts et chaussées*, 1886, 2e semestre.

§ 4

TAXES DES PORTS

511. Généralités. — Un port bien aménagé et bien outillé, desservi par de nombreuses voies d'accès faciles et économiques, est naturellement dans de bonnes conditions pour attirer à lui la navigation.

Toutefois, cela ne suffit pas; il faut, en outre, qu'un port soit un centre actif de négociations commerciales.

Ainsi, l'on voit des ports dont les installations matérielles, créées d'ensemble et à grands frais, sont aussi satisfaisantes que possible, et dont cependant les bassins sont presque vides de navires (Exemples : Flessingue, Calais).

Mais, lorsque l'on compare deux ports peu éloignés, dans des situations à peu près analogues et comme organisation d'outillage et comme transactions commerciales, il intervient, en faveur de l'un ou de l'autre, des considérations spéciales tirées des taxes que l'on y perçoit, soit sur les navires, soit sur les marchandises, soit sur les transports à l'intérieur, etc., considérations qui sont de nature à dévier le courant de la navigation d'après l'importance de ces taxes.

Cependant, ces différences de taxes peuvent être compensées par d'autres avantages tenant notamment à l'importance, comme marché, de chacun de ces ports.

Ainsi, Liverpool est certainement l'un des centres

maritimes où les tarifs sont le plus élevés, et cependant il n'en est pas moins un des plus fréquentés.

512. Bases des taxes. — En France, les taxes portent principalement sur le tonnage des navires, tandis que la marchandise ne supporte, pour ainsi dire, pas de taxes spéciales de port (mais elle est grevée des droits de douane).

En Espagne, au contraire, c'est la marchandise presque seule qui paie les frais de port et le navire en est à peu près exonéré[1].

En Angleterre, on trouve des taxes portant à la fois sur le tonnage et la cargaison[2].

Il semble que ce dernier système est plus logique que ceux de France et d'Espagne.

513. Principales charges que doit supporter un navire entrant dans un port.

A. *Droits de feu.* — En France, il n'existe pas de droits d'éclairage ni de balisage, mais on en prélève ailleurs, notamment en Angleterre.

B. *Pilotage.* — La plupart des navires entrant dans un port sont tenus de se faire piloter.

En général, le pilotage a lieu par des corporations dont le recrutement et le service sont fixés et les tarifs réglementés.

En France, cette réglementation a lieu par décrets.

1. Voir *Étude sur l'organisation, l'outillage et la réglementation des principaux ports de commerce européens de la Méditerranée*, par Laroche.
2. Voir *Étude sur l'organisation, l'outillage et la réglementation des principaux ports de l'Europe septentrionale*, par Plocq et Laroche.

C. *Remorquage*. — Un navire peut avoir besoin non seulement d'être piloté, mais encore d'être remorqué.

Le remorquage est généralement libre, en France notamment, et la rémunération se traite de gré à gré, en raison de l'offre et de la demande.

Cependant, dans certains ports, comme à Dunkerque, les chambres de commerce ont créé un service de remorquage à tarifs réguliers, et les navires qui ne se font pas remorquer sont néanmoins obligés d'acquitter une certaine taxe pour l'entretien du service, que l'on considère comme d'utilité publique.

D. *Droits de quai et de tonnage*. — On a dit qu'en France les droits de port étaient surtout perçus sur les navires.

Les deux taxes principales ainsi réclamées à la navigation sont les droits de quai et de tonnage.

Le droit de quai a été établi en vertu de la loi du 30 janvier 1872 sur la marine marchande.

Il frappe les navires français ou étrangers (sans distinction de pavillon), chargés en totalité ou en partie, venant de l'étranger ou des colonies et possessions françaises.

Le droit n'est pas applicable :

1° Aux navires arrivant sur lest, qu'ils repartent chargés ou non ; 2° aux navires faisant le cabotage ; 3° aux navires qui, faisant des escales successives dans plusieurs ports, pendant le même voyage, ont acquitté la taxe au port de prime abord ; 4° aux yachts de plaisance et aux navires de guerre ; 5° aux navires en relâche forcée.

La base de perception est le tonnage légal du navire. Ce tonnage est établi conformément à la méthode Moorsom (voir le décret du 24 mai 1873).

La loi du 30 janvier 1872 était applicable à l'Algérie, mais les droits ainsi perçus ont eu, pour la fréquentation des ports algériens, des conséquences fâcheuses. Ces ports reçoivent, en effet, beaucoup de grands navires qui n'y font que des escales; bien que leurs opérations commerciales fussent minimes, ils étaient quand même frappés de droits presque prohibitifs, puisque la taxe portait sur le tonnage légal des navires.

Une loi du 20 mars 1875 a donc judicieusement modifié la base de perception de cette taxe; elle porte maintenant sur le tonneau d'affrètement des marchandises embarquées ou débarquées.

Le tonneau d'affrètement (voir le décret du 25 août 1861) est soumis à deux conditions :

1° Ne pas dépasser, emballage compris, un cube de $1^{m},44$; 2° sous ce volume, ne pas peser plus de 1.000 kilogrammes.

Pour les marchandises plus lourdes, le tonneau d'affrètement est compté au poids; pour les marchandises plus légères, au volume, ou, en terme de marine, à l'encombrement.

Des taxes locales, désignées sous le nom de droits de tonnage, sont aussi quelquefois perçues sur les navires, en vertu de la loi du 19 mai 1866.

La perception en est autorisée par des décrets rendus en la forme de réglements d'administration publique; le montant de ces taxes est affecté au paiement des emprunts contractés par les Chambres de commerce pour l'exécution de travaux d'amélioration ou d'achèvement des ports. Les Chambres de commerce sont considérées, dans ce cas, comme les représentants autorisés des intérêts généraux de la localité au point de vue commercial.

La taxe ne peut s'élever au delà de 2 fr. 50 par tonneau de jauge; mais, pour ne pas éloigner leur clientèle maritime, ce maximum n'a jamais été demandé par les Chambres de commerce; en fait, les taxes perçues n'atteignent, dans aucun de nos ports, 1 franc par tonneau de jauge.

514. Taxes perçues pour l'usage des engins de manutention, des hangars et des voies ferrées des quais. — En France, la presque totalité de l'outillage des ports, en ce qui concerne les grues et les hangars, a été établie par les Chambres de commerce.

Celles-ci en ont la concession pour cinquante ans; elles doivent, en principe, administrer cet outillage de façon à ne pas en tirer de bénéfice, mais sans subir de perte.

En cas de bénéfice réalisé dans l'exploitation, les taxes à percevoir pour l'usage des grues et hangars sont abaissées; en cas de perte, les taxes ne doivent pas être élevées au-dessus de chiffres maxima fixés par l'acte de concession, mais le déficit peut être comblé à l'aide des ressources provenant de droits de tonnage.

Il en résulte que les taxes locales varient d'un port à l'autre.

Les voies ferrées des quais appartiennent toujours

aux compagnies de chemins de fer dont les réseaux aboutissent aux ports.

Les taxes à percevoir pour le chargement, le déchargement et la circulation des wagons sur ces voies sont homologuées par le ministre des Travaux publics.

CHAPITRE XI

CANAUX MARITIMES[1]

515. Généralités. — Les canaux maritimes destinés à être fréquentés par les plus grands navires de l'époque actuelle sont encore en petit nombre, et leur création ne remonte qu'à une époque relativement récente.

Le premier en date, le plus célèbre et celui dont la création a donné les résultats commerciaux et économiques les plus remarquables est le canal de Suez (Pl. III, Fig. 1 des *Travaux maritimes*, ouvrage du même auteur).

C'est à l'occasion de ce canal qu'ont été étudiées la plupart des questions que comporte ce genre d'ouvrage ; c'est aussi sur ce canal que l'expérience a fait reconnaître les améliorations dont les projets primitifs étaient susceptibles pour donner satisfaction aux convenances de la navigation, tant au point de vue de la sécurité qu'à celui de la rapidité de la circulation.

Le canal de Suez est sans écluses, bien qu'il

1. Voir, dans la bibliographie, la liste des ouvrages qui donnent des renseignements sur les canaux dont il est parlé dans ce chapitre.

débouche dans la mer Rouge, où la marée peut avoir plus de 2 mètres d'amplitude.

Le canal de Saint-Pétersbourg à Cronstadt, le canal de Corinthe et le chenal de Tunis (qu'on peut assimiler à un canal de navigation) sont aussi sans écluses. Ces deux derniers ouvrages ne sont pas encore terminés.

Le canal d'Amsterdam à la mer du Nord, et le canal de Tancarville (entre le Havre et Tancarville, sur la Seine), tous deux en exploitation, ont des écluses, à l'une au moins de leurs extrémités.

Le canal de la mer du Nord à la Baltique, en Allemagne ; le canal de Manchester à Liverpool, en Angleterre ; ainsi que le canal de la Basse-Loire, entre Nantes et Saint-Nazaire ; tous trois en construction, sont non seulement munis d'écluses à leurs extrémités, mais encore en différents points de leur parcours.

Un canal maritime exige nécessairement l'existence ou la création d'un port à chacun de ses débouchés.

L'exécution de ces ports ne comporte pas d'autres explications que celles qui ont été données dans l'ouvrage intitulé : *Travaux maritimes*, du même auteur.

Si des écluses sont établies sur le canal, le problème de la construction de ces ouvrages spéciaux rentre dans les questions examinées au chapitre II.

Toutefois, dans les canaux maritimes à bief de partage, le problème de l'alimentation prend une importance toute particulière.

Il en est de même de la question de la hauteur

des chutes. On sait qu'au point de vue de la rapidité de la circulation, il convient de diminuer, autant que possible, le nombre des biefs.

Les seuls points spéciaux relatifs à l'exécution des canaux maritimes peuvent donc se réduire au tracé en plan et à la détermination de la section transversale.

516. Plan. — D'une manière générale, on peut dire que le tracé d'un canal doit se composer d'alignements droits aussi longs que possible, raccordés par des courbes à très grands rayons.

Au canal de Suez, on avait d'abord adopté quelques courbes qui n'avaient pas plus de 1.000 à 1.500 mètres de rayon ; mais l'expérience a fait reconnaître qu'elles étaient trop raides pour assurer la conduite régulière des navires, eu égard à la vitesse qu'ils doivent pouvoir réaliser en marche (10 kilomètres à l'heure), et on a dû prendre, comme rayon minimum, un chiffre de 2.000 à 2.500 mètres.

Il paraît désirable d'atteindre, autant que possible, de 3.000 à 4.000 mètres pour le rayon des courbes.

Lorsque l'augmentation du rayon des courbes n'est pas pratiquement réalisable dans des conditions suffisamment économiques, à cause du relief du sol par exemple, on peut améliorer les conditions de la circulation des navires en élargissant le canal sur la rive convexe.

517. Section transversale. — L'élément capital de la section d'un canal est la largeur au plafond, car le reste de la section transversale se trouve déterminé, pour une profondeur admise, par la pente sous laquelle peuvent se tenir les talus, pente qui, dans les terrains meubles, varie : suivant la nature du sol ; suivant le rapport qui existe entre la section au maître couple des plus grands navires et la section transversale du canal ; et aussi suivant la vitesse à laquelle les bateaux sont autorisés à marcher.

Il est évident que plus le canal sera large, plus la navigation pourra y être sûre, facile et rapide ; mais,

Canal de Suez : Terrains bas du lac Menzaleh.

toutes choses égales d'ailleurs, le cube des terrassements augmente avec la largeur.

Or, comme la création d'un canal maritime est toujours une entreprise très dispendieuse, on s'efforce

Canal de Saint-Pétersbourg à Cronstadt.

de réduire la largeur à ce qui est strictement nécessaire pour les besoins de la navigation.

A Suez, la largeur au plafond a été déterminée en

admettant que deux navires ne se croiseraient jamais en marche ; et l'on en a conclu qu'une largeur de 22 mètres au plafond serait suffisante.

Dans les canaux exécutés après le canal de Suez, la largeur au plafond a été généralement fixée de 22 à 26 mètres ; cependant, elle atteint 36m,60 au canal de Manchester et 85 mètres au canal de Saint-Pétersbourg.

Mais la largeur de 22 mètres environ n'est admissible qu'à la condition qu'il existe, le long du canal, de distance en distance, des élargissements où puissent se garer les navires qui doivent s'arrêter, pour laisser passer les bateaux en marche qui les croisent.

Canal de Corinthe.

La largeur du plafond dans les garages a été

Chenal de Tunis.

d'abord augmentée de 15 mètres, au canal de Suez, et par suite portée à 37 mètres.

Canal d'Amsterdam à la mer du Nord.

Profil dans les parties basses.

Profil dans les parties en tranchée.

Toutefois, l'existence de garages a un grave inconvénient par le fait que les navires doivent s'y arrêter en des points fixes et déterminés, ce qui réduit notablement la capacité de fréquentation.

Cet inconvénient est devenu tel sur le canal de Suez, qu'on s'est décidé à donner partout, dès à présent, 37 mètres de largeur au plafond, en réservant pour l'avenir la convenance d'un élargissement ultérieur.

Canal du Havre à Tancarville.

Profil entre le Havre et Harfleur.

Il en résulte qu'un navire peut s'arrêter et se garer en un point quelconque du canal, de façon à laisser la voie libre au bateau croiseur en marche,

Canal de la mer du Nord à la Baltique.

Parties en tranchée. *Traversée des terrains tourbeux.*

tout en ne subissant que le temps d'arrêt strictement nécessaire.

Il importe d'observer que l'insuffisance de la lar-

Canal maritime de la Basse-Loire.

Profil-type dans les prairies des Champs-Neufs

geur de 22 mètres, au canal de Suez, tient notamment à la vitesse que les navires sont admis à réaliser[1] et à la longue durée du parcours total (environ 160 kilomètres).

Mais, lorsque le canal est court, lorsque les navires marchent à vitesse modérée, par temps calme, et gouvernent très bien, deux bateaux peuvent se croiser, surtout si l'un d'eux est de faible échantillon.

C'est ce qui se pratique quelquefois sur le parcours du canal d'Amsterdam à la mer du Nord.

518. Profondeur du canal. — Le canal doit évidemment offrir au-dessous du plus bas niveau de la mer, dans chaque section, une profondeur telle que les navires, dont la calaison arrière est maximum, aient encore une hauteur d'eau suffisante sous leur quille.

Quand on a projeté le canal de Suez, on avait admis que la calaison maximum ne dépasserait pas $7^{m},50$, et l'on avait ajouté, à cette profondeur, une hauteur supplémentaire de $0^{m},50$; le canal de Suez a donc été exécuté avec une profondeur normale de 8 mètres.

Mais depuis, le tirant d'eau des navires qui le fréquentent n'a cessé d'augmenter et quelques-uns de ces bâtiments ont jusqu'à 8 mètres de calaison à l'arrière. On s'est alors décidé à porter le mouillage du canal à $8^{m},50$.

Les projets d'avenir comportent même un nouvel approfondissement de $0^{m},50$, car, dès aujourd'hui, quelques navires se présentent aux entrées du canal avec un tirant d'eau de $8^{m},50$, ce qui exige, pour rendre leur passage possible, des opérations d'arrimage ou d'allègement.

1. 10 kilomètres à l'heure.

On sait que la profondeur a une double importance, en ce sens que les navires transitant sont mus par leur propre hélice, qui est naturellement placée à la partie basse de l'arrière de la coque. Or, d'une part, la propulsion de l'eau par l'hélice agit sur le fond du canal et tend à le dégrader ; d'autre part, la réaction du fond sur cette eau en mouvement influe à son tour sur la bonne gouverne du navire, phénomène qui ne se produit pas en pleine mer.

Enfin, il doit nécessairement passer une certaine quantité d'eau de l'avant à l'arrière du navire pendant sa marche, et il est admis aujourd'hui que le facile dégagement de cette eau est notablement favorisé par un accroissement de la hauteur disponible entre la quille et le fond du canal.

519. Des talus. — Dans la plupart des cas, les canaux sont creusés dans des terrains meubles, et, souvent même, pour certaines parties au moins de leur parcours, dans des sols de qualité médiocre, plus ou moins ébouleux, tels que sable vaseux, par exemple.

Les talus d'un canal peuvent donc avoir des pentes variables d'un point à l'autre.

Si l'on s'en rapporte à l'expérience de la traversée du canal de Suez dans des terrains vaseux, il semble que l'on peut admettre que les talus se tiennent assez facilement sous une inclinaison de 3 de base pour 1 de hauteur, au moins depuis le fond jusqu'à une hauteur variable, de 1 mètre à $2^{m},50$, par exemple, au-dessous du plan d'eau.

Dans les terrains rocheux, l'inclinaison des talus peut être très raidie ; au canal de Corinthe, on a adopté, en pareil cas, des talus atteignant, en certains points, jusqu'à 10 de hauteur pour 1 de base.

Mais, dans la partie du profil qui s'étend, comme on vient de le dire, de la surface de l'eau jusqu'à environ 2^m,50 de profondeur, il se produit des phénomènes particuliers qui exigent des dispositions spéciales en terrains meubles.

520. Des banquettes. — Les navires pendant leur marche sont immédiatement suivis par une onde liquide, dont la hauteur dépend de la vitesse du bateau et du rapport de la section du maître couple à celle du canal.

Dans le canal de Suez, pour les grands paquebots, marchant à raison de 10 kilomètres à l'heure, cette hauteur peut atteindre 0^m,70 à 0^m,80 au-dessus du plan d'eau.

Cette lame, sorte de mascaret, déferle violemment sur les rives, tend à les corroder et à faire retomber dans le canal les matières ainsi mises en suspension.

D'un autre côté, lorsque l'on construit un canal dans un terrain meuble, on n'est jamais sûr de la pente que pourront prendre les talus sous l'eau.

Pour se réserver la possibilité, d'une part, d'adoucir les talus si la nécessité s'en fait sentir, et, d'autre part, pour empêcher la chute dans le canal des matières éboulées par les lames, on est conduit à ménager une banquette horizontale d'une certaine largeur, arasée à une certaine profondeur, de 1 mètre à 2^m,50 par exemple, au-dessous du plan d'eau.

La largeur de cette banquette est très variable, suivant la nature du terrain; elle peut atteindre depuis 3 à 5 mètres jusqu'à 15 à 20 mètres.

La berge du canal se continue au-dessus de la banquette par un talus doux.

C'est ce talus qui est particulièrement attaqué et dégradé par le déferlement de la lame qui suit le navire.

Lorsque l'eau du canal est à peu près douce, on

Canal maritime de Suez : Protection des berges.

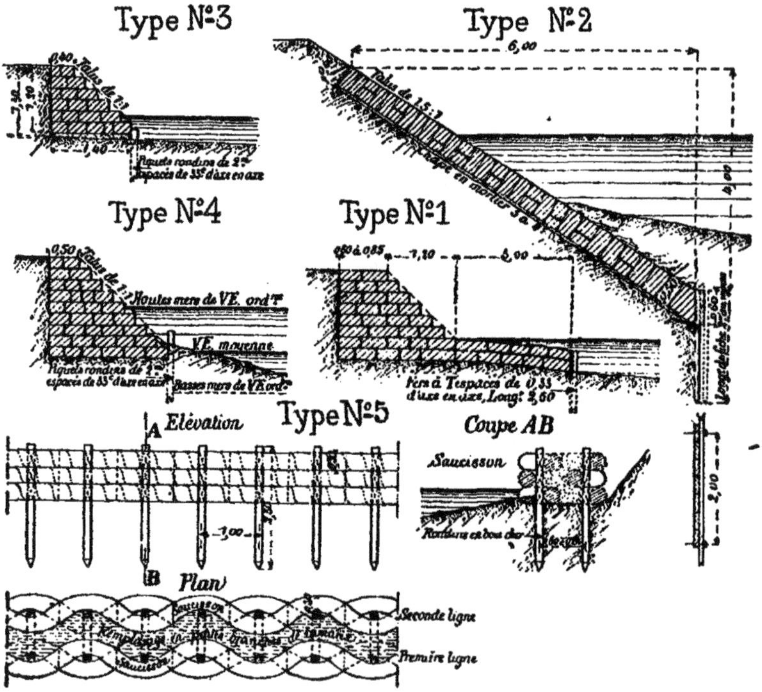

peut faire croître près de la ligne d'eau des végétations, telles que roseaux, glaïeuls, tamarix, etc., qui amortissent rapidement le déferlement[1] (Exemples : canal de Tancarville, canal de la Basse-Loire, p. 422).

Mais, lorsque cette ressource fait défaut, la défense du talus, depuis le niveau de la banquette jusqu'à 1 mètre au-dessus du plan d'eau, devient un problème assez difficile, qui ne comporte pas de solution générale.

Dans certains cas, on a pu se contenter d'une protection en fascines ou en enrochements à pierres perdues[2]; dans d'autres cas, on a été obligé de faire des talus maçonnés à pierres sèches ou à bain de mortier.

Lorsqu'on doit recourir aux défenses en enrochements ou en maçonnerie, il importe de retenir les pierres par une file de pieux, soit en bois, soit en fer (voir les croquis, p. 426, relatifs au canal de Suez), empêchant les moellons de descendre dans la cuvette du canal.

521. Exécution. — L'exécution d'un canal maritime comporte des terrassements considérables, partie au-dessus, partie au-dessous de l'eau.

Les travaux à sec n'exigent aucune indication spéciale qu'on ne trouve dans les cours de routes, de chemins de fer, de canaux ordinaires, etc.

Pour les excavations sous l'eau, il se présente une question spéciale relative aux moyens de transport des déblais.

1. Au canal de Suez, dont l'eau est salée, des infiltrations d'eau saumâtre, au pied des talus des grandes tranchées d'El Guisr et du Sérapéum, avaient permis, en certains points, la végétation de tamarix et de roseaux.

2. Canal de Saint-Pétersbourg à Cronstadt (p. 420) ; canal de la mer du Nord à la Baltique (p. 422).

La partie qui avoisine les débouchés est habituellement portée en mer. On ne saurait trop rappeler, à cette occasion, que les dragages doivent être déchargés le plus loin possible du débouché du canal, par de grands fonds et dans des régions d'où les courants ne puissent pas les ramener vers l'entrée. Des sondages répétés sont nécessaires pour reconnaître que le sommet des dépôts ainsi formés en mer n'atteint jamais un niveau susceptible de gêner les mouvements de la navigation aux abords.

Les dépôts de dragages faits en mer, à Port-Saïd, près du débouché du canal de Suez dans la Méditerranée, ont formé un banc qui n'a pas encore complètement disparu depuis plus de vingt ans et dont la présence ne laisse pas que d'offrir quelques inconvénients.

Lorsque ce moyen de transport devient trop onéreux, on peut déverser les dragages dans des caisses portées par des chalands ; les chalands sont amenés près de grues qui enlèvent les caisses et rejettent leur contenu soit sur la berge, soit dans des wagons qui transportent les déblais à la décharge.

Mais il arrive souvent que de longues parties du tracé sont ouvertes dans des terrains peu élevés au-dessus du niveau de l'eau. On a imaginé pour ce cas plusieurs dispositifs ingénieux qui permettent de déposer directement les dragages sur la berge du canal.

On peut citer, notamment, les dragues à long couloir du canal de Suez[1], les dragues à refoulement

1. *Percement de l'isthme de Suez : Description des travaux et ouvrages définitifs, des machines et des appareils mis en œuvre sur les chantiers;* etc., par M. Monteil, ingénieur de la Compagnie du canal de Suez; Paris, imprimerie des Annales industrielles, 18, rue Lafayette.

terdam à la mer du Nord et au canal de Tancar-ville, et l'emploi des transporteurs à courroie sans fin[1] (voir croquis ci-contre).

Chacun de ces systèmes a donné lieu, d'ailleurs, à de nombreuses modifications destinées à mieux adapter les appareils aux convenances du travail dans chaque cas particulier.

L'emploi des longs couloirs et des tuyaux de refoulement exige que les matériaux dragués soient non seulement meubles, mais encore qu'ils puissent être délayés ou même mis en suspension dans l'eau qui les transporte, de façon à assurer leur écoulement sous une faible pente dans les longs couloirs ou sous une faible pression dans les tuyaux.

Terrassier à vapeur français.

522. Exploitation. — On a vu que, dans l'état actuel de la fréquentation du canal de Suez, il a été reconnu nécessaire que les navires puissent se croiser en un point quelconque du parcours sur les alignements droits (le croisement dans les courbes est

1. *Canal du Havre à Tancarville.* Notice par M. Maurice Widmer, ingénieur des ponts et chaussées ; Le Havre, imprimerie Lemale et Cie — *Génie civil*, tome VIII.

jugé maintenant encore trop dangereux). Il en résulte la nécessité d'installer sur les rives un très grand nombre de poteaux d'amarrage, auxquels les navires frappent leurs aussières avant et arrière.

La distance entre ces poteaux ne paraît pas devoir excéder 120 mètres environ.

La navigation de jour n'offre pas de difficultés spéciales, parce que les pilotes sont guidés par la vue des deux rives du canal, le long desquelles sont d'ailleurs mouillées des bouées, distantes de 500 mètres à peu près, qui délimitent le chenal navigable.

Dans la traversée des lacs, où les berges du canal disparaissent sous l'eau, leur emplacement est signalé par des balises, et le chenal est indiqué par des bouées.

La navigation de nuit présente, au contraire, de très sérieuses sujétions, surtout dans les parties courbes du tracé.

Elle exige, comme dans la partie maritime des rivières, l'emploi de feux (feux fixes, bouées lumineuses, etc.).

Le problème de la navigation sur le canal de Suez pendant la nuit n'a été considéré comme résolu que le jour où l'on a pu munir les navires d'un puissant foyer électrique, placé à leur avant, qui éclaire la route à une assez grande distance devant eux.

Le ministère des Travaux publics vient de publier un volume intitulé : « Quatrième Congrès international de navigation intérieure, tenu à Manchester en 1890 ; rapport des délégués français sur les travaux du Congrès; Paris, Imprimerie Nationale, 1892. » On trouvera dans cet ouvrage des indications intéressantes sur quelques canaux maritimes, et notamment sur le canal de Manchester. On y trouvera aussi des renseignements instructifs sur la défense des berges des canaux fréquentés par les navires à vapeur.

Cette dernière question a fait l'objet de rapports spéciaux au cinquième Congrès international de navigation intérieure, tenu à Paris en 1892. On signalera notamment ceux de M. Peslin, ingénieur en chef des ponts et chaussées, sur la consolidation des berges des canaux dans la région du nord de la France, et de M. Hoerschelmann, ingénieur des voies de communication à Saint-Pétersbourg, sur quelques travaux de ce genre exécutés en Russie.

BIBLIOGRAPHIE

PORTS MARITIMES

TOME SECOND

PORTS MARITIMES

CHAPITRE VI

MOYENS D'OBTENIR ET D'ENTRETENIR LA PROFONDEUR DANS LES PORTS

EXTRACTION DES ROCHES SOUS-MARINES. ENLÈVEMENT DES ALLUVIONS.

Martin (Colonel). — *Étude sur les procédés employés au port de Cherbourg pour faire sauter le roc du Roule.* — *Mémorial de l'officier du génie*, n° 17.

Verrier. — *Rapport sur les travaux de mines pour l'extraction de la roche La Rose.* — Brest, 1858, 1 vol. in-4.

Degrand. — *Extraction des roches dans les passes, sans trous de mines.* — *Annales des ponts et chaussées*, 1854, tome I.

Villotte. — *Appareil à air comprimé, employé au dérasement de la roche La Rose, à Brest :*

1° Paris, Gadreau, 1882. 1 vol. in-8 ;

2° *Note de Hersent.* — *Annales industrielles*, 26 mai 1878.

Travaux de dérochement exécutés sur la Tees. — *Annales des ponts et chaussées*, 1879, tome I.

Port de New-York. — *Travaux de dérochement de ce port.* — *Annales des travaux publics*, 1880, tome I.

Lauer. — *Destruction des roches sous l'eau.* — *Annales de la construction*, août 1882.

Fondation et exploration sous-marines par le procédé Toselli. — *Revue industrielle*, 3 juillet 1884.

Cadart (G.). — *Procédés employés en Amérique pour l'extraction des roches sous-marines.* — *Annales des ponts et chaussées*, 1884, tome II.

Submarine explosion at Willets, Long Island. — *Engineering*, 31 octobre 1885.

Vernon-Harcourt. — *Blasting operation of Hell gate, à New-York :*

1° *Ingénieurs civils de Londres*, tome LXXXV ;

2° *Oppermann.* — *Nouvelles Annales*, décembre 1885 ;

3° *Génie civil*, 21 novembre 1885.

Extraction des roches dans le port de Blyth. — *Annales des Travaux publics*, septembre 1885.

Note sur l'explosion du flood Rock, *port de New-York*. — *Génie civil*, 16 janvier 1886.

Submarine Minig. — *Étude générale*. — Série d'articles : *Engineering*, 14 octobre, 12 novembre 1887, 5 octobre 1888, et plusieurs articles en 1889 et 1890.

Lobnitz. — *Description de sa dérocheuse et étude sur les dérochements :*

1° *Génie civil*, 28 décembre 1888 ;

2° *Nouvelles Annales*, mars 1890.

Étude sur le dérasement de la barre de Saint-Nazaire. — *Nouvelles Annales de la construction*, avril 1888.

Williamson and **Hener**. — *Report upon the removal of Blossom-Roch, in San-Francisco Harbour* (Californie). — *Washington*, 1871, 1 vol. in-4.

Abbot. — *Report of the experiments and investigation system of submarine Mines. Harbour the United-States*. — Washington, 1881, 1 vol. in-4.

Verrier. — *Application de la poudre à la Roche le Salou*. — *Mémorial des travaux hydrauliques de la marine*, 1862, n° 1.

Fondation dans le rocher au moyen de dynamite. — *Revue industrielle*, 7 mars 1888.

La Gournerie (De). — *Bateau sous-marin employé pour les roches du Croisic*. — *Annales des ponts et chaussées*, 1er semestre 1848.

Callon. — *Appareil respiratoire de Galibert*. — *Annales des ponts et chaussées*, 2e semestre 1864.

Denayrouse. — *Étude sur l'appareil Rouquayrol*. — Paris, 1865 ; 1 broch. in-8, Arthur Bertrand.

Hersent. — *Note sur la cloche à dérochement de la roche La Rose :*

1° *Ingénieurs civils*, 1879, 1881 ;

2° *Annales industrielles*, 26 mai 1878.

Waddington. — *Cloche ou bateau sous-marin de son invention*. — *La Lumière électrique*, 7 avril 1888.

Zedé. — *Cloche à plonger ou bateau sous-marin :*

1° *Compte rendu de l'Académie des sciences*, 1886, tome I, page 809 ; 17 décembre 1888 ;

2° *Revue industrielle*, décembre 1888 ;

3° *Annales industrielles*, 16-30 décembre 1888 ;

4° *Revue maritime et coloniale*, février 1889.

Cloche à plongeur employée au dérasement des roches sous-marines du port de Brest. — Livraison 18 du *Portefeuille de l'École des Ponts et Chaussées*.

CHAPITRE VII

OUVRAGES ET APPAREILS POUR LA RÉPARATION DES NAVIRES

QUAIS ET GRILS DE CARÉNAGE. — BASSINS DE RADOUB.
SYSTÈME DE FERMETURE DES BASSINS DE RADOUB. — BATEAUX-PORTES
ÉPUISEMENT DES BASSINS DE RADOUB. — CALES DE HALAGE.
APPAREILS ÉLÉVATEURS. — APPAREILS FLOTTANTS.

Poilly. — *Gril de carénage de Boulogne*. — *Portefeuille des Conducteurs*, 1864.

Lechalas (M.-C.). — *Note sur la forme de carénage de Paimbœuf*. — Paris, 1865, une brochure in-8. — *Annales des ponts et chaussées*, 1865, tome I.

Martinenq. — *Guide des calculs de déplacement de la stabilité hydrostatique des navires*. — Paris, Bernard et Cie, 1888, 1 vol. in-4.

Sauli (D.) — *Dei bacini di carenaggio, e particolarmente di quello costrutto nel porto di Genova, dal 1847 al 1851*. — Genova, 1852, 1 texte et atlas; 2 vol. in 8.

Choquet-Lindu. — *Description des trois formes du port de Brest*. — Brest, Romain-Malassis, 1757, 1 vol. in-folio.

Noel. — *Construction des trois bassins de radoub du port de Toulon*. — *Annales des ponts et chaussées*, 1850, tome I, page 175.

Bonnin (J.) et **Corréard**. — *Rapport concernant le projet des formes à construire sur les rives Sud et Ouest de l'arrière-bassin de Cherbourg*. — Brest et Cherbourg, 1835; texte, 1 vol. in-4, lithogr.; atlas, 1 vol. in-folio.

Mangin (A.) et **Bernard**. — *Travaux hydrauliques et bâtiments civils*. — *Formes de radoub du port de Cherbourg*. — Cherbourg, 1855, 1 brochure in-4, atlas in-folio.

Hardy. — *Étude sur la forme du bassin d'Alger*. — *Annales des ponts et chaussées*, 1862, tome I.

Stœcklin. — *Notice sur la construction du bassin de radoub de Suez* (Égypte). — Bordeaux, Aug. Bord, 1867, in-vol. in-8.

Angiboust. — *Note sur la construction du bassin de Rochefort*. — *Mémorial des Travaux hydrauliques de la marine*, 1869, livr. 2.

Sébillotte (L.-A.). — *Construction des ports et bassins de radoub de Marseille*, 2e édition. — Marseille, Bernascon, 1877; texte, 1 vol. in-4; atlas, 1 vol. in-folio.

Étude sur le bassin de radoub de la darse de Missiessy, à Toulon :

1° *Annales industrielles*, 28 juin 1878;

2° *Engineering*, 15 novembre 1878.

Note sur la construction du bassin de radoub de Blackwall. — *Engineering*, 9 août 1878.

Pasqueau. — *Etude sur le bassin de radoub de Bordeaux* :

1° *Exposition de* 1889, 1 vol. in-folio;

2° *Annales industrielles*, 4-11 janvier 1880.

Description des bassins de radoub du Havre :
1° Livraison 9 du *Portefeuille de l'École des Ponts et Chaussées ;*
2° *Annales des travaux publics,* juillet 1881 ;
3° *Portefeuille de l'Ecole centrale,* 1887-1888 ;
4° *Génie civil,* 26 janvier 1889.

Donald. — *Forme de radoub. — Suppression des fondations. — Génie civil,* 20 août 1885.

Bassin de radoub en bois, construit à New-York :
1° *Génie civil,* 11 avril 1885 ;
2° *Engineering,* 27 mars 1885.

Bassin et forme de radoub du port de Saint-Nazaire. — *Portefeuille de l'Ecole centrale,* 1886-1887.

Bonata. — *Étude sur les bassins de radoub des ports italiens, Gênes, Livourne,* etc. — *Mémoire des ingénieurs et architectes de Rome,* octobre 1888.

Note sur le bassin de radoub du port de Gênes. — *Génie civil,* 30 novembre 1889.

Prolongement du bassin de radoub de Livourne. — *Génie civil,* 15 février 1890.

Montagnier. — *Fondations à l'air comprimé de son invention.* — Paris, 1880, 1 vol. in-8.

Étude sur les caissons métalliques appliqués au port de Toulon :
1° *Annales des travaux publics,* 1880, n° 1 ;
2° *Ingénieurs-mécaniciens de Londres,* juin 1878.

Voisin-Bey. — *Rapport sur les fondations du bassin de radoub de Toulon.* — *Bulletin de la Société d'encouragement,* janvier 1881.

Harduin. — *Notice sur le batardeau avec puits à l'abri duquel a été construit le bassin de radoub de Lorient.* — Exposition de Londres, 1882, 1 vol. in-4.

Pœtsch. — *Méthode de congélation des terrains pour les fondations. — Annales des mines,* 1885, tome II. — *Revue universelle des mines,* 1884, n° 2.

Alby. — *Étude sur la congélation des terrains.* — *Annales des ponts et chaussées,* tome II, 1887.

Étude générale sur les fondations à une grande profondeur. — *Annales des travaux publics,* juin 1886.

Zschokke. — *Travaux hydrauliques et fondations pneumatiques exécutés en France et en Italie de 1888 à 1889.* — Paris, Chaix, 1889, 1 vol. in-8.

Hersent. — *Étude générale sur les fondations à l'air comprimé. — Travaux de ports.* — Paris, Chaix, 1889. — Texte et atlas, 2 vol. in-4.

Étude générale sur les fondations dans les ports de commerce. — *Ingénieurs civils de Londres,* tome LXXXVII.

Ridley. — *Description of the Cofferdams in the execution of the Thames embankment. — Ingénieurs civils* de Londres, tome XXXI, page 24.

Stuart. — *The naval dry dock of United-States.* — New-York, 1852, 1 vol. in-4.

Heider. — *Der Baü der vereinigten slip und Trocken. — Dock in Triest,* 1856, 1 vol. in-4.

Andrew. — *Docks Malta. — The Somers and docks. — Mémoire des Ingénieurs civils de Londres,* tome XXXIII, page 352.

Les travaux d'agrandissement des docks du port de Portsmouth. — *Ingénieurs civils de Londres*, tome LXIV.

Neustadt. — *Emploi de l'eau sous pression pour la manœuvre d'un vantail de bassin de radoub.* — Armengaud, *Publications industrielles*, tome XIX.

Bayle (J.-B.-G.). — *Note sur un projet de bateau-porte en fer pour le bassin n° 3, à Toulon.* — Paris, 1846, un cahier, in-4, lithogr.

Bateau-porte avec caisson des docks de Birkenkead, 1864. — *Erbkam. Zeitschrift fur Bauwesen de Berlin*, planches 23 et 24, page 121.

Bateau-porte des docks de Mersey. — *The Artizan*, août 1865.

Hardy. — *Bateau-porte de l'une des formes sèches du port d'Alger.* — Armengaud, *Publications industrielles*, 1865, tome XVI, page 231.

Bateaux-portes. — Construction et emploi. — Note : *Revue maritime et coloniale*, décembre 1874.

Gariel, Poulet et **Luneau.** — *Bateau-porte de Greenock.* — *Annales des ponts et chaussées*, 1876, tome I.

Description du bateau-porte de Bordeaux. — *Bassin.* — *Annales industrielles*, 22 novembre 1880, 13 mai 1883 (Voir aussi l'atlas du port de Bordeaux, à l'École des Ponts et Chaussées).

Bateaux-formes of Ship Reed. — *Ingénieurs civils de Londres*, 1885.

Notions sur le bateau-porte des docks de la Clyde. — *Engineering*, 3 décembre 1886.

Note sur le bateau-porte des docks secs d'Esquinalt (Colombia). — *Engineering*, 27 juillet 1888.

Rapport sur un projet de bateau-porte pour le bassin n° 2, à Lorient. — *Mémorial du Génie maritime*, 1888, n° 4.

Hersent. — *Bassin de radoub de Saïgon.* — *Bateau-porte :*

1° Texte et atlas in-folio ;
2° *Ingénieurs civils de France*, août 1889;
3° *Annales des travaux publics*, juillet 1885.

Bateau-porte de Saint-Nazaire. — Voir *Notice sur l'Exposition de* 1889 (Ministère des Travaux publics).

Description du bateau-porte du port du Havre. — *Engineering*, 29 novembre 1889.

Bateaux-portes des États-Unis. — *Voir Stuart Dry Docks.*

Bateau-porte du bassin de Marseille :

1° Voir l'ouvrage déjà cité de Sébillotte, page 437 ;
2° Barret, *Etude sur les ports.*

Épuisement des formes de carénage au moyen de la marée. — Armengaud, *Publications industrielles*, tome XV.

Bruès. — *Etude sur les épuisements du bassin de radoub de Rochefort.* — *Mémorial des travaux hydrauliques de la marine*, 1869, n° 2.

Mouraille. — *Appareils d'épuisement pour les bassins de radoub de Toulon :*

1° *Revue industrielle*, 30 novembre 1881 ;
2° *Portefeuille des Machines*, 1876.

Épuisement des formes de radoub au moyen de pompes centrifuges. — *Annales des travaux publics de Belgique*, tome XLIV.

Armengaud. — *Traité des machines hydrauliques.* — Paris, Armengaud, 1858, 2 vol. in-4.

Morin et Tresca. — *Étude générale sur les machines élévatoires.* — Paris, 1863, 1 vol. in-8.

Gérardin. — *Théorie des moteurs hydrauliques.* — *Alimentation du canal de l'Aisne à la Marne.* — 1872, texte in-8 et atlas in-folio.

Durand-Claye (Alf.). — *Les pompes centrifuges simples et accouplées.* — *Annales des ponts et chaussées*, 1873, tome I.

Montchoisy. — *Rapport et expériences comparatives entre les pompes Greindl, Caméré, Neut et Dumont.* — *Mémorial du Génie maritime*, 1879, livraison 3.

Courtois. — *Étude sur les machines centrifuges, pompes*, etc. — Paris, Dunod, 1881, 1 vol. in-8.

Neut et Dumont. — *Épuisement du bassin de radoub du port de Saint-Nazaire :*

1° Paris, 1884, 2 vol. in-4 ;

2° Armengaud, *Publications industrielles*, tome XXI.

Riedler. — *Machines et pompes d'épuisement.* — *Étude générale.* — *Revue universelle des Mines*, 1884, tome I.

Étude générale sur les pompes d'épuisement. — *Système Greindl.* — Paris, 1885, une brochure in-4.

Machines d'épuisement des bassins d'Anvers. — *Annales industrielles*, 26 septembre 1886.

Dumont. — *Description de ses pompes centrifuges.* — Lille, 1887, une brochure in-4.

Farcot. — *Notice sur les pompes centrifuges.* — Paris, 1888, une brochure in-8. — *Extrait des Annales des ponts et chaussées.*

Machines employées pour les épuisements des marais de Fos. — *Ingénieurs civils de France*, mai 1889.

Hartmann. — *Die Pumpen.* — Berlin, 1889, 1 vol. in-8.

Vigreux. — *Étude générale sur les pompes et machines hydrauliques, à l'Exposition de 1889.* — Paris, Bernard, 1890, 1 vol in-4.

Buchetti. — *Les machines hydrauliques à l'Exposition de 1889.* — Paris, Bernard, 1890, 1 vol. in-4.

Poillon. — *Traité théorique et pratique des pompes et machines à élever les eaux.* — Paris, Bernard, 1888-1891, 3 vol. in-4.

Pompe horizontale élévatoire avec machine à vapeur pour épuisements. — Armengaud, *Publications industrielles*, tomes XXII et XXXII.

Cale de halage avec plan incliné du port de Sébastopol. — *Nouvelles Annales de la construction*, 1862.

Description de la cale sèche du port d'Anvers. — *Portefeuille de l'École centrale*, 1886.

Notes sur les cales sèches de New-York et du Havre. — *Annales industrielles*, 16 octobre 1887.

Note sur la cale de halage du port de Rouen. — *Annales industrielles*, 10 avril 1887.

Gouggs. — *Floatting dry dock.* — *Mechanical Magazine*, vol. L, page 506.

Floating Dock, Gate Dundee Harbour. — *Ingénieurs civils de Londres*, 1859, pages 108 et 405.

Chevallier. — *Mémoire sur les docks flottants de Clark.* — *Mémorial des Travaux hydrauliques*, 1860.

Rennie Docks floating :

1° *Mechanical Magazine*, 1861 ;

2° *Artizan*, mars 1861 ;

3° Oppermann, *Portefeuille des Machines*, novembre 1861 ;

4° *Annales industrielles*, 1872, 22 décembre ;

5° *Proceedings des Ingénieurs de Londres*, tome XXXI.

Clark. — *Docks hydrauliques à piles tubulaires.*

1° Oppermann, *Nouvelles Annales*, 1862 ;

2° *Annales des mines*, 1861 ;

3° *Ingénieurs civils de Londres*, 1866 ;

4° *Proceedings des Ingénieurs de Londres*, tome XXV.

Dry Docks. — *Report of the Committee on naval affairs*, New-York, 1862, 1 vol. in-8.

Delacour. — *Bassin de radoub flottant de Bordeaux :*

1° *Annales des ponts et chaussées*, 1862, tome I, page 221 ;

2° *Annales industrielles*, 4 et 11 janvier 1880.

Specification to be observed in the construction of a floating dock, for the Belfast. — 1863, une brochure in-8.

Branswell. — *Floating docks.* — *Ingénieurs-mécaniciens de Birmingham*, 1867, page 81.

Mallet. — *Étude sur les docks pour la mise à sec des vaisseaux.* — *Exposition de* 1867. — *Mémoire des Ingénieurs civils de France*, pages 479, 582, 1887.

Janicki. — *Étude sur les divers systèmes de docks flottants.* — *Ingénieurs civils de France*, 1871.

Brull. — *Etude sur les docks flottants du système Janicki.* — 1871, une brochure in-8 (Extrait des *Ingénieurs civils de France*, 1871).

Amerikanisch Docks. — *Ingénieurs civils de Londres*, 1872, page 321.

Docks flottants et cales de réparation, par Clark et Standfield. — *Revue industrielle*, 1877, 10 janvier.

Étude sur les docks flottants de Saigon :

1° *Mémorial du Génie maritime*, 1878, n° 1 ;

2° Oppermann, *Portefeuille des Machines*, 1879.

Étude générale sur les docks flottants. — *Annales industrielles*, 1878, 7 avril, 12 et 26 mai.

Clark. — *Nouvelles modifications apportées à ses docks flottants :*

1° *Génie civil*, 15 décembre 1883 ;

2° *Engineering*, 18 juillet 1884.

Clark. — *Description des docks flottants de Barrow.* — *Revue industrielle*, 23 juillet 1884.

Description des docks flottants de Cardiff. — *Génie civil*, 6 septembre 1884, 26 novembre 1887. — *Annales industrielles*, 24 juillet 1887.

Docks secs en bois construits à New-York :

1° *Génie civil*, 11 avril 1885 ;

2° *Engineering*, 27 mars 1885.

Docks flottants de Rotterdam :

1° Oppermann, *Portefeuille des Machines*, mars 1886 ;

2° *Ingénieurs civils*, octobre 1885 ;

3° *Génie civil*, 1 mai 1886.

The san Fernando dry dock, à Buenos-Ayres. — *Engineering*, 19 novembre 1887.

Étude sur les docks hydrauliques de Bombay. — *Engineering*, 25 novembre 1887.

Étude sur l'application de l'eau sous pression aux docks flottants. — *Mémorial de l'officier du Génie*, n° 25.

Dry docks at Esquinalt British (Colombia). — *Engineering*, 22 juillet 1888.

Bassins de radoub ou docks flottants à fonctionnement hydraulique. — *Génie civil*, 23 février 1889.

Hamburg. — *Docks ou docks flottants, système Clark.* — *Engineering*, 10 mai 1889.

On the new steel dock gates of Limerick floating dock. — *Mémoire des Ingénieurs civils de Londres*, 1889, tome XCVII.

Dry Dock at Halifax. — Nouvelle-Ecosse. — *Engineering*, 31 janvier 1890.

Clark. — *Dock flottant automatique.* — *Revue industrielle*, 30 avril 1879 et 27 avril 1889.

Étude générale sur les docks flottants. — *Annales industrielles*, 1878, 7 avril, 12 et 26 mai.

CHAPITRE VIII

DÉFENSE DES COTES

PERRÉS. — REVÊTEMENTS. — ÉPIS. — ENDIGUEMENTS, ETC.

(*Voir aussi le chapitre II de Travaux maritimes.*)

Crépin. — *Étude sur les polders et watringues du nord de la France.* — *Annales des ponts et chaussées*, 1881, tome I.

Consolidation des plages et des rives des grands fleuves. — Épis. — *Annales des travaux publics*, août 1887.

Watson. — *Étude sur les épis et les endiguements de la Hollande :*

1° *Ingénieurs civils de Londres*, tome XLI, page 166 ;

2° *Ingénieurs du Hanovre*, 1888, in-4, n° 8.

Étude sur les endiguements des côtes. — *Ingénieurs civils de Londres*, tome LI.

Monticelli (G. de). — *Difensa della cita et del porto di Brindisi.* — Napoli, 1832, 1 vol. in-8.

Fortin. — *Étude sur les travaux maritimes de la France.* — *Défense des côtes.* — Caen, 1847, une brochure in-8.

Hardy. — *Défenses des côtes d'Alger.* — *Annales des ponts et chaussées*, 1862, tome I.

Payen. — *Étude générale sur les travaux exécutés pour la défense de la pointe de Grave.* — *Mémorial des travaux hydrauliques de la marine*, années 1862, 1863, 1864.

Reclus. — *De l'embouchure de la Gironde et de la pointe de Grave.* — *Défense des côtes.* — *Revue des Deux-Mondes*, 15 décembre 1862.

Communication faite à la Société des Ingénieurs civils de France sur les endiguements à la mer. — *Mémoire des Ingénieurs civils*, 1867.

Beaucé (De). — *Etude sur les digues de l'île de Ré.* — *Annales des ponts et chaussées*, 1882, tome I.

Étude sur la consolidation des plages et des rives des grands fleuves. — *Annales des travaux publics*, août 1887.

Étude sur les endiguements des côtes et rivières de la Hollande. — *Mémoires des Ingénieurs du Hanovre*, 1888.

Endiguements et consolidation des rives du Mississipi, de 1877 à 1880. — Un dossier in-4.

Scott. — *On the defense of Spithead, including a description of a new system of submarine fondation.* — London, 1862, 1 vol. in-8.

Étude générale sur les endiguements des ports et fleuves de la Hollande. — *Ingénieurs civils de Londres*, tome XLI.

Notions générales sur l'endiguement des côtes. — *Ingénieurs civils de Londres*, tome LI.

Guillain. — *Côtes de France entre Calais et Boulogne.* — *Dragage et entretien.* — *Mémoire des Ingénieurs civils de Londres*, tome LXXX.

Ministère des Travaux publics. — *Commission des endiguements et des alluvions.* — Procès-verbaux, 1 vol. in-4.

CHAPITRE IX

ÉCLAIRAGE ET BALISAGE DES COTES

FEUX. — PHARES. — BALISES. — BOUÉES. — SIGNAUX.

Fresnel (Aug.). — *Œuvres complètes* publiées par MM. de Sénarmont, Verdet et Léonor Fresnel. — Paris, Imprimerie impériale, 1866-1871, 3 vol. in-4.

Fresnel (L.). — *Instruction sur l'organisation et la surveillance du service des phares et des fanaux des côtes de France.* — Paris, Imprimerie royale, 1842, 1 vol. in-8.

Reynaud (Léonce). — *Mémoire sur l'éclairage et le balisage des côtes de France.* — Paris, Imprimerie impériale, 1864; texte, 1 vol. in-4; atlas, 1 vol. in-folio.

Reynaud (Léonce). — *État de l'éclairage et du balisage des côtes de France au 1er janvier 1876.* — Paris, Imprimerie nationale, 1876, 1 vol. in-8.

Allard. — *Mémoire sur l'intensité et la portée des phares, comprenant la description de quelques appareils nouveaux, ainsi que des études sur la transparence des flammes, la vision des feux scintillants et la transparence nocturne de l'atmosphère.* — Paris, Imprimerie nationale, 1876, 1 vol. in-4.

Allard. — *Mémoire sur les phares.* — Paris, Rothschild, 1890, 1 vol. in-4 (Voir aussi, dans les *Annales des ponts et chaussées*, une série de mémoires de l'auteur sur les phares).

Voisin-Bey. — *École des Ponts et Chaussées.* — Notes prises par les élèves au cours de Travaux maritimes. — Chapitre VIII, *Eclairage* *et balisage des côtes.* — Paris, 1873-1874, un cahier in-4, lithogr.

Dépôt des phares. — *Catalogue des appareils d'éclairage et autres objets déposés au Musée du service des phares.* — Paris, Imprimerie nationale, 1878, 1 vol. in-12.

Sautter et Lemonnier. — *Collection des types adoptés dans le service des phares. — Phares. — Bouées. — Signaux.* — Paris, 1887, 1 vol. in-4.

Mayo. — *Descripcion de los aparatos de alumbrados.* — Madrid, 1860, 1 vol. in-folio.

Album de photographies de divers phares construits en Espagne dans ces derniers temps. — Madrid, 1867, 1 vol. in-folio.

De la Sala. — *Senales maritimas*, 1868, brochure in-8 et dessins.

Ministerio dei Lavori publici. — *Album dei Fari, illustrato dalle notizie intorno il loro carattere e posizione non che da quella intorno alle spèse di costruzione ed impianto et di annuo loro mantenimento ed illuminazione.* — 1 vol. in-folio obl.

Reports of committee on the state and management of light-houses, floating lights. — London, 1834 and 1845, 2 vol. petit in-folio.

Report on improvement in the light-house, system. — London, 1 brochure in-8 et 1 atlas in-folio (sans date).

Report on the light-house board on the condition of the light-house establishment of the United-States under the act of march 3, 1851. — Washington, 1852, 1 vol. in-8.

Phares des États-Unis. — *Recueil de dessins relatifs aux phares des États-Unis.* — New-York, 1866-1867, 2 vol. in-folio.

Collection de documents sur les phares des Etats-Unis d'Amérique. — Washington, 1869 à 1872. — Texte, 24 vol. ou brochures in-8 ou in-4 ; atlas in-folio.

Degrand. — *Extrait d'un mémoire sur le balisage et l'éclairage maritime en Angleterre et en Écosse.* — Paris, Dalmont, 1856, 1 vol. in-8.

Etude générale sur les phares et sur l'éclairage des côtes. — *Zeitch. für Bauwesen*, 1887.

Bourdelles. — *Rapport sur l'éclairage des c tes de la Tunisie.* — Imprimerie nationale, 1887, 1 vol. in-4.

Etude générale sur les phares modernes. — (Voir le tome 1 du *Catalogue de l'exposition du ministère des Travaux publics*, 1889).

Stevenson. — *A rudimentary history of construction and illumination of light-houses.* — London, 1850, 1 vol. in-12.

Henderson. — *On light-house apparatus and lanterns.* — London, 1869, 1 vol. in-8.

Labat. — *Documents sur le phare de Cordouan.* — Bordeaux, 1888, 1 vol. in-4.

Description du phare d'Alicante. — Livraison 2 du *Portefeuille de l'École des Ponts et Chaussées.*

Notice sur les phares des Baleines. — Livraison 3 du *Portefeuille de l'École des Ponts et Chaussées.*

Dessin du phare de Kermovan. — Livraison 3 du *Portefeuille de l'École des Ponts et Chaussées.*

Phare de Walde. — Livraison 4 du *Portefeuille de l'Ecole des Ponts et Chaussées.*

Fresnel et Potel. — *Stabilité du phare de Belle-Isle.* — *Annales des ponts et chaussées*, 1831, tome III ; et 1835, tome I.

Morice. — *Description du nouveau phare de Barfleur.* — *Annales des ponts et chaussées*, 1834, tome I.

Morice. — *Notice sur le phare du cap de la Hogue.* — *Annales des ponts et chaussées*, 1838, tome I.

Stevenson (Al.). — *Account of the Skerryvore light-house, with notes on the illumination of light-houses.* — London, 1848, 1 vol. in-4.

Vionnois. — *Notice sur le phare de Biarritz.* — *Annales des ponts et chaussées*, 1855, tome II.

Marin. — *Description du phare des Barges.* — *Annales des ponts et chaussées*, 1863, tome II.

Douglass. — *The new Eddystone light-house :*

1° *Mémoire des Ingénieurs civils de Londres*, tome LXXV, page 10;
2° *Génie civil*, 31 mai 1884.

Description du phare de Rothersand :

1° *Génie civil*, 26 mai 1888;
2° *Engineering*, 1887, 2 et 16 décembre;
3° *Portefeuille du Conducteur*, série 20, n° 9.

Étude sur l'éclairage du port de Hambourg. — *Annales des ponts et chaussées*, 1888, tome I.

Island light-house Belfast Longil. — *Ingénieurs-mécaniciens de Londres*, juillet 1888.

Description du phare en pierre de Dornburth. — *Zeitch. für Bauwesen*, 1889. — Livraisons 10 à 12.

Lacroix. — *Notice sur la construction du phare d'Armen.* — Quimper, 1880, une brochure in-8.

Etude sur le phare métallique des Roches-Douvres. — Livraison 12 du *Portefeuille de l'École des Ponts et Chaussées.*

Rigolot. — *Constructions métalliques.* — *Types de phares en tôle.* — Paris, 1866, 1 vol. in-folio.

Description du phare en tôle de la Nouvelle-Calédonie. — Exposition de 1867, ministère des Travaux publics.

Anderson. — *Étude sur les phares en fer et en tôle.* — *Revue industrielle*, 18 avril 1883.

Note sur le phare métallique de Port-Vendres. — *Génie civil*, 22 février 1890.

Quinette de Rochemont. — *Phare électrique de la Hève.* — *Annales des ponts et chaussées*, 1870, tome I.

Malézieux. — *Etude générale sur l'éclairage électrique.* — *Annales des ponts et chaussées*, 1876, tome II.

Allard. — *Les Phares électriques.* — Paris, Challamel, 1881, 1 vol. in-4.

Richard. — *Étude générale sur l'éclairage électrique des côtes de France et d'Angleterre*, avec bibliographie. — Journal : *La Lumière électrique*, 23 septembre 1882.

Meritens. — *Conférence sur les phares électriques.* — Journal : *La Lumière électrique*, 28 novembre 1885.

Lucas (Félix). — *Les machines magnéto-électriques et l'arc voltaïque des phares.* — *Annales des ponts et chaussées*, 1885, tome II.

Description des phares électriques de Macquarie et de Tino :

1° Journal : *La Lumière électrique*, 12 février 1887 ;
2° *Mémoires des Ingénieurs civils de Londres*, tome LXXXVII, p. 213.

Stevenson. — *Éclairage électrique du phare de l'île de May :*
1° *Ingénieurs-mécaniciens de Londres*, août 1887 ;
2° *Portefeuille des Machines*, novembre 1887.

Étude sur l'application de la lumière électrique aux phares. — Journal : *La Lumière électrique*, 25 février 1889.

Douglass. — *The electric light proposed on applied to light-house illumination.* — *Mémoires des Ingénieurs civils de Londres*, tomes LV et LVII.

Description du phare électrique de Planier. — Livraison 18 du *Portefeuille de l'École des Ponts et Chaussées.*

Seyrig. — *Les Phares flottants.* — *Description.* — Paris, Chaix, 1883 1 vol. in-8.

Ribière. — *Étude sur les feux flottants.* — *Congrès des Travaux maritimes*, 1889.

Description des phares flottants à Wandelaar. — *Annales des Travaux publics de Belgique*, tome XLI.

Description d'appareils de phares. — Livraison 8 du *Portefeuille de l'École des Ponts et Chaussées.*

Note sur la balise d'Antioche. — Livraison 4 du *Portefeuille de l'École des Ponts et Chaussées.*

Quinette de Rochemont. — *Bouée.* — *Sifflet automobile.* — *Annales des ponts et chaussées*, 1879, tome I.

Bouée lumineuse appliquée au canal de Suez. — *Annales industrielles*, 14 avril 1888.

Sirènes et signaux de brumes. — *Annales industrielles*, 19 juin 1887.

Trompettes pour signaux pendant les tempêtes :
1° *Bulletin de la Société d'encouragement*, juin 1889 ;
2° *Génie civil*, 16 février 1889.

Colin. — *Notice sur l'éclairage aux huiles minérales.* — Paris, Dunod, 1870, 1 vol. in-8.

Reynaud (Léonce). — *Application de l'huile minérale à l'éclairage des phares.* — Paris, Dunod, 1873, une brochure in-8.

Rapport au Trinity house sur le mérite des huiles, du gaz et de l'électricité pour l'éclairage des phares. — Le journal : *L'Électricien*, 26 décembre 1885.

Description de la tour-balise en béton du Soulard, à Lorient :
1° *Catalogue de l'Exposition du ministère des Travaux publics en 1889* ;
2° *Nouvelles Annales*, juillet 1890.

CHAPITRE X

EXPLOITATION DES PORTS

AMÉNAGEMENT ET OUTILLAGE DES QUAIS. — HANGARS. MAGASINS.

Barret (L.). — *Notes sur l'aménagement des ports de commerce.* — Paris, Lacroix, 1875, 1 vol. grand in-8.

Couvreux et **Hersent.** — *Nouvelles installations maritimes du port* *d'Anvers.* — *Notice sur les travaux projetés et les moyens employés pour leur exécution.* — Bruxelles, 1880; texte, 1 vol. in-4; atlas, 1 vol. in-folio.

Vauthier. — *Outillage maritime de la France.* — *Étude sur les ports intérieurs.* — Paris, Chaix, 1882, 1 vol. in-8.

Étude sur l'aménagement des ports de commerce. — *Annales des travaux publics*, 1884, février et décembre 1885.

Laroche. — *Exploitation des ports.* — *Étude sur les principaux ports de commerce européens de la Méditerranée.* — Paris, Challamel, 1885, 1 vol. in-4.

Plocq et Laroche. — *Exploitation des ports.* — *Étude sur les principaux ports de commerce du nord de l'Europe.* — Paris, Challamel, 1886, 1 vol. in-4.

Flachat. — *Documents divers sur la question des docks de Londres et de Marseille.* — 1836 à 1839, 3 brochures in-8.

Vuigner. — *Docks-entrepôts de la Villette.* — *Détails pratiques sur les diverses constructions de cet établissement.* — Paris, Dunod, 1861, 2 vol. in-4.

Harrison. — *On the Tyne Docks at South-Shields.* — London, 1860, une brochure in-8 (Extrait des minutes of *Proceedings of civil Engineers*, London, volume XVIII).

Étude sur les docks-magasins Victoria, à Londres. — *Annales industrielles*, 1869, mars, avril et mai.

Description des nouveaux docks-magasins de New-York. — *Nouvelles Annales*, 1872, janvier, février.

Étude sur les docks-magasins de Feijenoord, à Rotterdam :

1° *Nouvelles Annales*, mai, juin 1881;

2° *Ingénieurs-architectes de Vienne*, 1882, n° 2.

Port de Cardiff. — *Étude sur l'installation des machines et des docks.* — *Ingénieurs-mécaniciens de Londres*, 1884.

Étude sur les docks-magasins pour les ports de commerce. — *Annales des Travaux publics*, février 1884.

Description des docks et magasins de Hull :

1° *Engineering*, mai 1886;

2° *Mémoires des Ingénieurs civils de Londres*, tome XCII.

Étude sur les docks-magasins de Liverpool et de Berkenhead. — *Voies ferrées.* — *Zeitch. für Bauwesen*, 1886, n°s 9 et 10.

Bômches. — *Description des docks-magasins de Marseille.* — *All. Bauzeitung de Vienne*, 1887.

Description de divers docks de Glascow. — *Engineering*, 9 août 1889.

Vernon-Harcourt. — *Description of the new South Dock.* — *Mémoire des Ingénieurs civils de Londres*, tome XXXIV.

Neustadt. — *De l'emploi de l'eau comme moyen de transmission de force dans les docks.* — Paris, Chaix, 1866, une brochure in-8.

Barret (L.). — *Note sur les appareils hydrauliques mus par l'eau sous pression en service dans les établissements de la Cie des Docks et Entrepôts de Marseille.* — Marseille, 1870, 1 vol. in-4, lithogr.

Sartiaux. — *Appareils hydrauliques de la gare maritime d'Anvers.* — *Annales des ponts et chaussées*, 1876, tome II.

Systèmes hydrauliques divers employés à Amsterdam pour le trans-

port et le mouvement des marchandises dans les ports. — *Ingénieurs civils de France*, 1882, n° 3.

Le Picard. — *Étude sur l'organisation et l'outillage des ports de commerce.* — Rouen, Lapierre, 1883, une brochure in-8.

Sautter-Lemonnier. — *Installation hydraulique à basse pression pour docks et entrepôts.* — *Portefeuille des Machines*, août 1884.

Barret (L.). — *Port de Trieste.* — *Projet d'aménagement et d'outillage.* — Marseille, 1885, 1 vol. in-4.

Note sur l'outillage hydraulique des nouveaux bassins du port de Marseille. — *Annales des ponts et chaussées*, 1885, tome I.

Guérard. — *Installation de l'outillage commercial du port de Marseille.* — 1885, un dossier in-4.

Étude sur l'outillage du port de Hambourg. — *Annales des ponts et chaussées*, 1888, tome I.

Widmer et **Desprez.** — *Outillage mécanique employé au Havre.* — *Congrès des Travaux maritimes*, 1889, 2 brochures in-8.

Hersent. — *Projet d'une installation maritime du port de Lisbonne.* — Paris, Chaix, 1889, 1 vol. in-8.

Port de Dublin. — *Outillage hydraulique.* — *Ingénieurs-mécaniciens de Londres*, juillet 1888.

Armengaud. — *Publication industrielle.* — *Grues.* — Paris, 1840 à 1892, 34 vol. in-4 et atlas.

Neustadt. — *Grues et appareils de levage à chaîne Galle.* — Paris, 1868, 1 vol. in-4.

Etude sur les grues employées en Angleterre pour élever les grains. — *Mémoires des Ingénieurs civils de Londres*, tome LXXVII.

Grue élévatoire employée à Liverpool pour le chargement des grains. — *Revue des Machines-outils*, novembre 1890.

Elevator der Hauptstadt. — *Budapest.* — *Système Ulrich.* — Vienne, 1880, 1 vol. in-folio.

Etude générale sur les grandes grues employées en France. — *Engineering*, 21 novembre 1884.

Vigreux. — *Appareils sous pression.* — *Manutentions hydrauliques.* — Paris, Bernard, 1890, 1 vol. in-8.

Description de la grue Armstrong du port d'Anvers. — *Portefeuille de l'École centrale*, 1876.

Armstrong. — *Grue de 100 tonnes de son système.* — *Génie civil*, 13 février 1887.

Duguet. — *Du chargement et du déchargement des charbons sur les chemins de fer et sur les voies navigables.* — Paris, Baudry, 1879, 1 vol. in-8 (Voir aussi *Revue universelle des Mines*, 1878, juillet et août).

Grues et jetées de triage pour le chargement de la houille par la gravité, employées en Amérique. — *Génie civil*, 23 février 1884.

Etude d'une grue à action directe et continue pour les charbons dans les ports. — *Revue industrielle*, 15 octobre, 13 novembre 1885.

Etude sur une installation pour le chargement et le déchargement des wagons de charbon dans les ports anglais. — *Annales industrielles*, 11 septembre, 6 et 20 novembre 1887.

Grue flottante du port de Calcutta. *Engineering*, 25 août 1882.

Grues de 20 tonnes et au-dessus pour débarcadères sur les quais. — *Portefeuille de l'École centrale*, 1882 et 1883.

Grue tournante de 6 tonnes, employée au port de Glascow. — *Engineering*, 11 décembre 1885.

Kerviler et Préverez. — *Mâture de 80 tonnes, établie à Saint-Nazaire par la Société des Ateliers et Chantiers de la Loire.* — *Annales des ponts et chaussées*, 1887, tome II.

Grue flottante des docks de Tilburg. — *Engineering*, 8 août 1887.

Bigue ou grue hydraulique de 120 tonnes du port de Marseille. — *Revue des Machines-outils*, décembre 1888.

Grue mobile circulaire du port de Belfast. — *Engineering*, 9 novembre 1888.

Grande grue mobile pour décharger les navires. — *Génie civil*, 25 février 1888.

Chrétien (J.). — *Grues et monte-charges à vapeur et à traction directe.* — Paris, 1889, une brochure in-8.

Grues hydrauliques employées au bassin Bellot, au Havre :

1° *Génie civil*, 24 août 1889 ;
2° *Annales industrielles*, 23 juin 1889.

Grues et appareils hydrauliques employés à la gare Saint-Lazare. — *Portefeuille des Machines*, janvier et mars 1890.

Grue fixe de 100 tonnes, employée aux docks Alexandre, à Belfast :

1° *Engineering*, 24 janvier 1890 ;
2° *Annales des Travaux publics*, février 1890.

Etude sur un ponton de débarcadère. — *Mémoires des Ingénieurs de Vienne*, 1882, n° 2.

Note sur le débarcadère de Southport. — *Mémoires des Ingénieurs civils de Londres*, tome II, page 292.

Description du débarcadère flottant de Birkenhead :

1° *Portefeuille de l'École des Ponts et Chaussées*, livraison 9 ;
2° *Zeitch. für Bauwesen*, 1863 ;
3° *Mémoires des Ingénieurs civils de Londres*, tome L.

Pont-bateau pour débarcadère. — *Mémoires des Ingénieurs civils de Londres*, tome LXX.

Débarcadère flottant employé dans divers ports anglais. — *Mémoires des Ingénieurs civils de Londres*, tome LXX.

Débarcadère flottant du port de Calcutta. — *Engineering*, 15 sept. 1882.

Débarcadère à voie de fer employé en Angleterre. — *Engineering*, 22 septembre 1882.

Carson. — *Description d'un débarcadère flottant.* — *Engineering*, 3 août 1883.

Débarcadère de Liverpool. — *Enlèvement des sables sous ce débarcadère.* — *Génie civil*, 2 mars 1889.

Hersent. — *Embarcadère flottant du port d'Anvers.* — *Nouvelles Annales*, décembre 1889.

Types divers de hangars à marchandises. — *Portefeuille des Conducteurs*, 1863, 4e série.

Etude sur les hangars des ports belges et hollandais. — *Annales des travaux publics*, mai 1882.

Types de hangars du chemin de fer de l'Ouest. — *Portefeuille de l'Ecole centrale*, 1886.

Etude sur les hangars du port d'Anvers. — *Annales industrielles*, 15 août 1886.

Sartiaux. — *Disposition des voies ferrées dans les ports.* — *Revue générale des Chemins de fer*, juillet 1882.

Etude sur une gare maritime à établir à Barrow. — *Revue générale des chemins de fer*, avril 1885.

Lechalas (G.). — *Ports d'Anvers et de Gand.* — *Annales des ponts et chaussées*, 1882, tome II.

Colson. — *Situation financière et exploitation du port de Liverpool.* — *Annales des ponts et chaussées*, 1884, tome II.

Le Rond. — *Exploitation des ports.* — *Annales des ponts et chaussées*; 1886, tome II.

Fournier de Flaix. — *Appropriation des ports à la grande navigation.* — Paris, Guillaumin, 1887, 1 vol. in-8.

Colson et **Roume.** — *Organisation financière des ports maritimes de l'Angleterre.* — *Annales des ponts et chaussées*, 1888, tome I.

Robert. — *Ports de Marseille et d'Anvers.* — *Annales des ponts et chaussées*, 1888, tome II.

Règlement de police des ports de commerce. — Paris, Imprimerie impériale, 1855, un cahier in-4.

Dispositions adoptées pour les bassins à pétrole du port de Hambourg. — *Mémoires des Ingénieurs de Vienne*, 1881, n° 6.

CHAPITRE XI

CANAUX MARITIMES

Gobert. — *Étude générale sur les canaux maritimes.* — *Revue universelle des mines*, mars, avril, mai, juin 1881.

Croizette-Desnoyers. — *Étude sur les travaux publics de la Hollande*, 1874. — 2 vol. in-4. — *Le canal d'Amsterdam à la mer.*

Etudes sur les travaux du canal maritime d'Amsterdam :

1° *Ingénieurs civils de Londres*, tome LXII ;

2° *Annales des travaux publics*, années 1880, 1885 et 1890.

Saint-Yves. — *Etude sur le canal de Corinthe.* — *Annales des ponts et chaussées*, 1888, tome II.

Etudes sur les travaux du canal maritime de Corinthe :

1° *Génie civil*, années 1890-1891 ;

2° *Annales des travaux publics*, années 1886, 1887 et 1888.

Etudes sur le canal maritime de Saint-Pétersbourg à Cronstadt :

1° *Annales des ponts et chaussées*, 1887, tome I ; 1885, tome II ;

2° *Annales industrielles*, 1883 ;

3° *Annales des travaux publics*, 1883 ;

4° *Société des Ingénieurs civils*, 1883.

Etudes sur le canal de la mer du Nord à la Baltique :

1° *Annales des ponts et chaussées*, 1887, tome II ; 1891, tome I, page 103 ;

2° *Génie civil*, années 1887, 1888 ;

3° *Annales des travaux publics*, 1886-1889 ;

4° Baensch. — *Vom bau des Nord-Ostsee-Kanals.* — 1 vol. gr. in-4 ;

5° Dahlstrom. — *Erlauterungsberichte zu den generellen Vorarbeiten für den bau des Nord-Ostsee-Kanals*, 1 vol. in-4.

Canal maritime de Manchester :

1° *Annales des ponts et chaussées*, 1888, tome II;
2° *Génie civil*, 1883;
3° *Engineering*, 1882 à 1890;
4° *Nouvelles Annales de la construction*, juillet 1884 et février 1888;
5° *Annales des travaux publics*, 1888.

Canal de Suez :

1° *Description des travaux et ouvrages définitifs, des machines et des appareils mis en œuvre sur les chantiers, des procédés et du matériel employés pour l'exploitation du canal maritime*, par Monteil, ingénieur de la Cie du Canal de Suez. — Paris, imprimerie des *Annales industrielles*, 18, rue Lafayette.
2° *Travaux d'entretien*. — *Annales de la construction*, 1883; *Annales industrielles*, 1870-1871;
3° *Pieux d'amarrage et balisage*. — *Annales industrielles*, 1872;
4° *Exploitation et entretien*. — *Génie civil*, tome III, années 1882-1883;
5° *Travaux d'élargissement*. — *Génie civil*, tome V, année 1884.

Canal maritime de Tancarville :

1° *Rapport sur l'exposition du Havre, en* 1887;
2° *Nouvelles Annales de la construction*, novembre 1887;
3° *Portefeuille de l'École des Ponts et Chaussées*, livraison du tome III.

Canal maritime de la Basse-Loire :

1° Lalanne, *Observations préliminaires de la commission chargée de l'examen du projet du canal maritime de Nantes à la mer*, 1873; un cahier in-4, lithogr.;
2° *Exposition universelle à Paris*, en 1889.

Percement d'un canal de grande navigation entre l'Inde et Ceylan. — *Annales des Travaux publics*, 1884.

Canal des deux mers, en Ecosse. — *Génie civil*, années 1889 et 1890.

Hersent et **Couvreux**. — *Canal de Gand à Terneuzen* (section belge). — *Travaux de creusement et d'élargissement*. — *Notice sur les moyens d'exécution employés notamment sur les travaux de dragage*. — Paris, Broise, 1878, 1 vol. in-4.

ADDITION A LA BIBLIOGRAPHIE

MÉMOIRES PRÉSENTÉS AU Ve CONGRÈS INTERNATIONAL DE NAVIGATION INTÉRIEURE.

Paris, juillet 1892.

Franzius. — *L'amélioration des fleuves dans leur partie maritime.*

Troost et **Vandervin**. — *Amélioration de l'embouchure de l'Escaut.*

Corthell. — *Amélioration de l'embouchure des fleuves, principalement en Amérique.*

Guérard. — *Amélioration de l'embouchure du Rhône.*

Mengin-Lecreulx. — *La Seine maritime.*

Vernon-Harcourt. — *Amélioration de la partie maritime des fleuves, y compris leurs embouchures.*

Welker. — *Amélioration de la voie fluviale de Rotterdam à la mer.*

Bela de Gonda. — *La régularisation des portes de fer et autres cataractes du Bas-Danube.*

De Timonoff. — *Les embouchures du Volga.*

Peslin. — *Consolidation des berges des canaux dans la région du nord de la France.*

Hoerschelmann. — *Sur quelques travaux de consolidation des berges des canaux exécutés en Russie.*

Van der Sleyden. — *Consolidation des berges des canaux des Pays-Bas.*

CORBEIL. — IMPRIMERIE CRÉTÉ-DE L'ARBRE.

www.ingramcontent.com/pod-product-compliance
Ingram Content Group UK Ltd.
Pitfield, Milton Keynes, MK11 3LW, UK
UKHW020256230726
13925UKWH00001B/87